JavaScript

程序设计  标准教程

未来科技＿＿＿＿＿＿＿＿＿＿＿＿＿＿＿＿编著

U0280875

中国水利水电出版社
www.waterpub.com.cn
·北京·

内 容 提 要

　　本书从初学者角度出发，用通俗易懂的语言、丰富多彩的示例，详细介绍了使用 JavaScript 语言进行 Web 程序开发必知必会的技术。本书以 ECMAScript 6 标准为基础讲解 JavaScript 语言的各种语法特点和应用。全书共分 12 章，包括 JavaScript 快速入门、JavaScript 基本语法、数组、函数、对象、字符串与正则表达式、BOM、DOM、事件、CSS、Web 服务与 Ajax 以及面向对象编程。所有知识都结合具体示例进行介绍，涉及的程序代码都给出了详细的注释，有助于读者轻松领会 JavaScript 语言精髓，快速提高开发技能。本书配备了极为丰富的学习资源，其中配套资源包括 251 节教学视频（可以扫描二维码进行学习）、素材及源程序；附赠的拓展学习资源包括习题及面试题库、案例库、工具库、网页模板库、网页素材库、网页配色库、网页案例库等。

　　本书内容翔实、结构清晰、循序渐进，基础知识与案例实战紧密结合，既可作为 JavaScript 初学者的入门教材，又可作为高等院校网页设计与制作、网站建设、Web 前端开发等专业的教学用书或教材。

图书在版编目（CIP）数据

JavaScript程序设计标准教程 : 视频教学版 / 未来
科技编著. -- 北京 : 中国水利水电出版社, 2025. 4.
ISBN 978-7-5226-3065-6

Ⅰ. TP312.8

中国国家版本馆CIP数据核字第2025A7N111号

书　　名	JavaScript 程序设计标准教程（视频教学版） JavaScript CHENGXU SHEJI BIAOZHUN JIAOCHENG
作　　者	未来科技　编著
出版发行	中国水利水电出版社 （北京市海淀区玉渊潭南路 1 号 D 座　100038） 网址：www.waterpub.com.cn E-mail: zhiboshangshu@163.com 电话：（010）62572966-2205/2266/2201（营销中心）
经　　售	北京科水图书销售有限公司 电话：（010）68545874、63202643 全国各地新华书店和相关出版物销售网点
排　　版	北京智博尚书文化传媒有限公司
印　　刷	河北文福旺印刷有限公司
规　　格	185mm×260mm　16 开本　17 印张　454 千字
版　　次	2025 年 4 月第 1 版　2025 年 4 月第 1 次印刷
印　　数	0001—3000 册
定　　价	59.80 元

前　言

Preface

随着网络技术的进步以及 Web 应用的不断拓展，其核心技术 JavaScript 越来越受到人们的关注。JavaScript 语言灵活、轻巧，它兼顾函数式编程和面向对象编程的特点，非常受 Web 开发人员的欢迎。本书根据 ECMAScript 6 标准为基础，系统地讲解 JavaScript 语言的各种语法特点和应用。

本书内容

本书分为 4 部分，共 12 章，具体内容如下。

第 1 部分：JavaScript 概述，包括第 1 章。这部分内容主要介绍 JavaScript 语言的基本概念和基本知识，以及如何快速上手测试 JavaScript 代码。

第 2 部分：JavaScript 核心编程，包括第 2～6 章。这部分内容是 JavaScript 语言的核心部分，主要介绍了变量、数据类型、运算符、表达式、语句、数组、函数、对象、字符串与正则表达式等 JavaScript 语言核心知识及用法。

第 3 部分：JavaScript DOM，包括第 7～11 章。这部分内容主要包括 BOM（浏览器对象模型），介绍了与浏览器窗口进行交互的对象和方法；DOM（文档对象模型），介绍了与 HTML 文档进行交互的对象和方法；事件，介绍了与用户进行互动的方法；CSS（脚本化样式），介绍了控制 CSS 的方法；Ajax（异步通信），介绍了与服务器进行通信的方法。

第 4 部分：JavaScript 高级应用，包括第 12 章。这部分内容主要介绍 JavaScript 面向对象编程技术，如类、构造函数和原型等。

本书编写特点

📖　实用性强

本书把"实用"作为编写的首要原则，重点选取实际开发工作中用到的知识点，并按知识点的使用频率进行了详略调整，目的是希望读者能用最短的时间掌握 JavaScript 语言开发的必备知识。

📖　入门容易

本书思路清晰、语言通俗、操作步骤详尽。读者只要认真阅读本书，把书中所有示例认真地练习一遍，并独立完成所有的实战案例，便可以熟练掌握 JavaScript。

📖　讲解透彻

本书把知识点融入大量的示例中，并结合实战案例进行讲解和拓展，力求让读者"知其然，也知其所以然"。

📖　系统全面

本书内容从零开始到实战应用，丰富详尽，知识系统全面，讲述实际开发工作中用得到的知识点。

📖 **操作性强**

本书颠覆了传统的"看"书观念，是一本能"操作"的图书。书中示例遍布每个小节，并且每个示例的操作步骤都清晰明了，简单模仿就能快速上手。

本书显著特色

📖 **体验好**

扫一扫二维码，随时随地观看视频。 书中几乎每个章节都提供了二维码，读者可以通过手机微信的"扫一扫"功能，随时随地观看相关的教学视频（若个别手机不能播放，请参考前言中的"本书学习资源列表及获取方式"，下载后在计算机上观看）。

📖 **资源多**

从配套到拓展，资源库一应俱全。 本书不仅提供了几乎覆盖全书的配套视频和素材源文件，还提供了拓展的学习资源，如习题及面试题库、案例库、工具库、网页模板库、网页配色库、网页素材库、网页案例库等，开阔视野、贴近实战，学习资源一网打尽！

📖 **示例多**

示例丰富详尽，边做边学更快捷。 跟着大量的示例去学习，边学边做，从做中学，使学习更深入、更高效。

📖 **入门易**

遵循学习规律，入门与实战相结合。 本书编写模式采用"基础知识+中小示例+实战案例"的形式，内容由浅入深、循序渐进，从入门中学习实战应用，从实战应用中激发学习兴趣。

📖 **服务快**

提供在线服务，随时随地可交流。 本书提供 QQ 群、资源下载等多渠道贴心服务。

本书学习资源列表及获取方式

本书的学习资源十分丰富，全部资源分布如下。

📖 **配套资源**

（1）本书的配套同步视频共计 251 节（可以扫描二维码观看或下载观看）。

（2）本书的素材及源程序，共计 556 项。

📖 **拓展学习资源**

（1）习题及面试题库（共计 1000 题）。

（2）案例库（各类案例 4395 个）。

（3）工具库（HTML、CSS、JavaScript 手册等共 60 部）。

（4）网页模板库（各类模板 1636 个）。

（5）网页素材库（17 大类）。

（6）网页配色库（613 项）。

（7）网页案例库（共计 508 项）。

📖 **以上资源的获取及联系方式**

（1）读者扫描下方的二维码或关注微信公众号"人人都是程序猿"，发送"Java3065"到公众号后台，获取资源下载链接，然后将此链接复制到计算机浏览器的地址栏中，根据提示下载即可。

（2）加入本书学习交流 QQ 群：799942366（请注意加群时的提示），可进行在线交流学习，作者将不定时在群里答疑解惑，帮助读者无障碍地快速学习本书。

（3）读者还可以通过发送电子邮件至 961254362@qq.com 与我们联系。

本书约定

为了节约版面，本书中所显示的示例代码大都是局部的，示例的全部代码可以按照上述资源获取方式下载。

部分示例可能需要服务器的配合，可以参阅示例所在章节的相关说明。

学习本书中的示例，要用到 Edge、Firefox 或 Chrome 浏览器，建议根据实际运行环境选择安装上述浏览器的最新版本。

本书所列出的插图可能会与读者实际环境中的操作界面有所差别，这可能是由于操作系统平台、浏览器版本等不同而引起的，一般不影响学习，在此特别说明。

本书适用对象

本书适合以下读者阅读：初学编程的自学者；编程爱好者；大、中专院校的老师和学生；相关培训机构的老师和学员；制作毕业设计的学生；初、中级程序开发人员；程序测试及维护人员；参加实习的程序员。

关于作者

本书由未来科技团队负责编写，并提供在线支持和技术服务。

未来科技是由一群热爱 Web 开发的青年骨干教师组成的一支技术团队，主要从事 Web 开发、教学培训、教材开发等业务。该团队编写的同类图书在很多网店的销量都名列前茅，让数十万名读者轻松跨进了 Web 开发的大门，为 Web 开发的普及和应用做出了积极的贡献。

由于作者水平有限，书中疏漏和不足之处在所难免，欢迎读者朋友不吝赐教。广大读者如有好的建议、意见，或在学习本书时遇到疑难问题，可以联系我们，我们会尽快为您解答。

编　者

目 录

Contents

第 1 章　JavaScript 快速入门

【学习目标】

❯ 了解 JavaScript 的用途和发展历史。

❯ 了解 JavaScript 和 ECMAScript 的关系。

❯ 掌握 JavaScript 的基本用法。

JavaScript 是一种比较流行的编程语言，也是学习网页设计和 Web 开发必须掌握的基础工具。它可以直接嵌入 HTML 网页中，由浏览器一边解释一边执行，也可以在服务器端运行，如 Node.js 就可以让 JavaScript 运行在服务器端，使用 JavaScript 构建 Web 服务器。本章将简单介绍 JavaScript 的概况、历史，以及基本用法。

1.1　认识 JavaScript

1.1.1　JavaScript 简介

JavaScript 是一种脚本语言。所谓脚本，就是说程序不能独立运行，不具备系统开发的能力，只能够通过宿主环境（如网页浏览器、Node.js）来运行。

JavaScript 核心知识包括以下两部分。

（1）基本语法：如变量、数据类型、操作符、命令语句等。

（2）标准库：提供一系列具有各种功能的类型对象，如 Number、String、Boolean、Object、Array、Function 等。用户通过调用各种类型对象的方法可以完成任务。

除此之外，宿主环境也会提供专用的 API，以供 JavaScript 调用。例如，网页浏览器会提供三大类 API。

（1）BOM 类：操作浏览器以及客户端相关对象。

（2）DOM 类：操作网页文档中的各种对象。

（3）Web 类：实现 Web 应用的各种功能，如本地存储、文件操作、异步请求、网页绘图、多线程、多媒体控制等。

Node.js 会提供各种与服务器端相关的 API，如文件系统、HTTP 网络服务、数据库服务、二进制数据处理、状态管理等。

1.1.2　JavaScript 的特点

JavaScript 具有以下特点。

1. 简单、易学

JavaScript 语法简单易学，起步门槛低，只要有浏览器，就能够运行 JavaScript 程序；只要有文本编辑器，就能够编写 JavaScript 程序。

2．强大的功能

（1）用法灵活，表现力强。JavaScript 既支持过程式编程，又支持函数式编程，所有值都是对象，可以方便地调用，不需要预定义。

（2）支持编译运行。JavaScript 虽然是一种解释型语言，但是在现代浏览器中，JavaScript 程序都是编译后运行，运行效率接近于二进制程序。

（3）事件驱动设计。JavaScript 采用事件驱动和非阻塞式设计，适合高并发环境，在服务器端，普通的硬件设备就可以承受巨大的访问量。

3．浏览器兼容性强

JavaScript 是目前唯一一种通用的浏览器脚本语言，所有浏览器都支持它。它可以让网页呈现动态效果，能够为用户提供良好的互动体验。

4．广泛的应用领域

JavaScript 逐渐超越了浏览器脚本语言的范畴，正在向通用系统语言发展。

（1）Web 服务。在 Node.js 的加持下，JavaScript 可以开发服务器端的大型项目，使网站的前端和后端都可以用 JavaScript 进行开发成为现实。

（2）操作数据库。大部分 NoSQL 数据库允许 JavaScript 直接操作。基于 SQL 语言的开源数据库 PostgreSQL 支持 JavaScript 作为操作语言。

（3）移动平台开发。PhoneGap 能够把 JavaScript 和 HTML5 进行打包，使 JavaScript 程序能够同时在 iOS 和 Android 上运行。React Native 能够把 JavaScript 组件编译成原生组件，从而使 JavaScript 程序具备优异的性能。

（4）内嵌脚本语言。很多设备选择 JavaScript 作为内嵌的脚本语言，如 Adobe 公司的 PDF 阅读器 Acrobat 等。

（5）跨平台的桌面应用程序。Chromium OS、Windows 8 等操作系统直接支持 JavaScript 编写应用程序，无须依赖浏览器。

随着 HTML5 的普及，浏览器的功能越来越强大，JavaScript 可以调用许多系统功能，如操作本地文件、调用摄像头和麦克风等硬件设备。

5．开放性

JavaScript 是一种开放型语言，具有开放性，其遵循 ECMA-262 标准，主要通过 V8 和 SpiderMonkey 等引擎实现，这些引擎质量高。

1.1.3　JavaScript 的历史

1995 年 2 月，Netscape（网景）公司发布 Netscape Navigator 2 浏览器，并在这个浏览器中免费提供了一个开发工具——LiveScript。当时 Sun 公司的 Java 语言比较流行，Netscape 就把 LiveScript 改名为 JavaScript，这就是最初的 JavaScript 1.0 版本。

由于 JavaScript 1.0 很受欢迎，于是 Netscape 在 Netscape Navigator 3 中发布了 JavaScript 1.1 版本。1997 年，欧洲计算机制造商协会（European Computer Manufacturers Association，ECMA）以 JavaScript 1.1 为基础制定了脚本语言的标准规范，并命名为 ECMAScript（简称 ES）。之所以不命名为 JavaScript，主要有以下两个原因。

（1）商标限制。JavaScript 已经被 Netscape 公司注册为商标。

（2）体现公益性。ECMA 是 JavaScript 标准的制定者，要确保规范的开放性和中立性。

1998 年，国际标准化组织（International Organization for Standardization，ISO）采用了 ECMAScript 标准。自此以后，各大浏览器厂商就以 ECMAScript 为标准，设计 JavaScript 的实现引擎，JavaScript 的历史也由混乱走向了统一。ECMAScript 标准的主要版本说明见表 1.1。

表 1.1　ECMAScript 标准的主要版本说明

版　　本	发布日期	说　　明
ECMAScript 1	1997 年 6 月	发布首版
ECMAScript 2	1998 年 6 月	修改规范，使之完全符合 ISO/IEC 16262 国际标准
ECMAScript 3	1999 年 12 月	增加正则表达式、更好的文字处理、新的控制语句、try/catch 异常处理、更加明确的错误定义、数字输出格式等
ECMAScript 4	2007 年 10 月	由于升级方案太过激进，各大厂商意见分歧巨大，该方案未通过
ECMAScript 5	2009 年 12 月	完善了 ECMAScript 3 版本。新增严格模式、数组迭代方法和函数绑定，改进了对象属性的定义和访问方式（getter 和 setter），以及 JSON 的支持
ECMAScript 5.1	2011 年 6 月	使规范更符合 ISO/IEC 16262:2011 第三版
ECMAScript 6（简称 ES6）或 ECMAScript 2015（简称 ES2015）	2015 年 6 月	重大版本更新，引入了许多新的语言特性，如 let 和 const 语句、模板字符串、解构赋值、箭头函数、默认参数值、剩余参数、二进制数据、类、模块化和迭代器等，改进了字符串操作、Promise 对象和生成器函数等
ES7（ES2016）	2016 年 6 月	新增指数运算符和 Array.prototype.includes()方法
ES8（ES2017）	2017 年 6 月	新增对象属性的定义顺序和 String.prototype.padStart()方法，改进了异步函数和共享内存并发模型
ES9（ES2018）	2018 年 6 月	新增异步迭代器和正则表达式命名捕获组，改进了 Promise.prototype.finally()方法和正则表达式的性能
ES10（ES2019）	2019 年 6 月	新增 Array.prototype.flat() 方法和 String.prototype.trimStart() 方法，改进了 try/catch 语句和 Array.prototype.sort()方法的稳定性
ES11（ES2020）	2020 年 6 月	新增可选链操作符和动态导入，改进了字符串操作和 Promise 对象的处理
ES12（ES2021）	2021 年 6 月	新增逻辑赋值运算符和 String.prototype.replaceAll()方法，改进了数字类型的操作和 Promise 对象的处理
ES13（ES2022）	2022 年 6 月	新增顶级 await、错误原因、正则 d 标志、String.prototype..at()方法、Object.hasOwn()函数，改进类的成员字段表示方式
ES14（ES2023）	2023 年 6 月	新增从头到尾搜索数组和通过副本更改数组的方法、Hashbang 语法、Symbol 作为 WeakMap 的键

1.2　熟悉开发工具

JavaScript 开发工具包括网页浏览器和代码编辑器。网页浏览器用于执行和调试 JavaScript 代码，代码编辑器用于高效编写 JavaScript 代码。

1.2.1　网页浏览器

JavaScript 主要寄生于网页浏览器中，学习 JavaScript 语言之前，应先了解浏览器。目前主流浏览器包括 IE/Edge、FireFox、Opera、Safari 和 Chrome。

网页浏览器内核可以分为渲染引擎和 JavaScript 引擎两部分。它们负责取得网页内容（HTML、XML、图像等）、整理信息（如加入 CSS 等），以及计算网页的显示方式，最后输出显示。JavaScript 引擎负责解析 JavaScript 脚本，执行 JavaScript 代码，实现网页的动态效果。

1.2.2　代码编辑器

使用任何文本编辑器都可以编写 JavaScript 代码，但是为了提高开发效率，建议选用专业的开发工具。代码编辑器主要分为两种：集成开发环境（Integrated Development Environment，IDE）和轻量编辑器。

（1）IDE：包括 VScode（Visual Studio Code，免费）和 webStorm（收费），两者都可以跨平台使用。

> 📢 **注意**
>
> VSCode 与 Visual Studio 是不同的工具，后者为收费工具，是强大的 Windows 专用编辑器。

（2）轻量编辑器：包括 Sublime Text（跨平台，共享）、Notepad++（Windows 平台，免费）、Vim 和 Emacs 等。轻量编辑器适用于单文件的编辑，但是由于各种插件的加持，使它与 IDE 在功能上没有太大的差距。

本书推荐使用 VSCode 作为 JavaScript 代码编辑工具。它结合了轻量级文本编辑器的易用性和大型 IDE 的开发功能，具有强大的扩展能力和社区支持，是目前最受欢迎的编程工具。访问官网下载（https://code.visualstudio.com/Download），注意系统类型和版本，然后安装即可。

安装成功之后，启动 VSCode，在界面左侧单击第 5 个图标按钮，打开扩展面板，输入关键词：Chinese，搜索 Chinese (Simplified)（简体中文）Language Pack for Visual Studio Code 插件，安装该插件，汉化 VSCode 操作界面。

再搜索 Live Server，并安装该插件。安装之后，在编辑好的网页文件上右击，从弹出的快捷菜单中选择 Open with Live Server 命令，即可创建一个具有实时加载功能的本地服务器，并打开默认网页浏览器预览当前文件。

1.2.3　开发者控制台

现代网页浏览器都提供了 JavaScript 控制台，用来查看 JavaScript 错误，并允许通过 JavaScript 代码向控制台输出消息。在菜单中查找"开发人员工具"，或者按 F12 键即可快速打开控制台。在控制台中，错误消息带有红色图标，警告消息带有黄色图标。

1.3　使用 JavaScript

扫一扫，看视频

1.3.1　编写第一个程序

JavaScript 程序不能独立运行，只能在宿主环境中执行。通常可以把 JavaScript 代码放在网页中，借助浏览器环境来运行。

在 HTML 页面中嵌入 JavaScript 脚本需要使用<script>标签，用户可以在<script>标签中直接编写 JavaScript 代码。具体步骤如下。

（1）新建 HTML 文档，并保存为 test.html。

（2）在<head>标签内插入一个<script>标签。

（3）为<script>标签设置 type="text/javascript"属性。现代浏览器默认<script>标签的脚本类型为 JavaScript，因此可以省略 type 属性，如果考虑到兼容早期版本浏览器，则要设置 type属性。

（4）在<script>标签内输入 JavaScript 代码"document.write("<h1>Hi,JavaScript!</h1>");"。

```
<!doctype html>
<html>
<head>
<meta charset="utf-8">
<title>第一个 JavaScript 程序</title>
<script type="text/javascript">
document.write("<h1>Hi,JavaScript!</h1>");
</script>
</head>
<body></body>
</html>
```

在 JavaScript 脚本中，document 表示网页文档对象，document.write()表示调用 document对象的 write()方法，在当前网页源代码中写入 HTML 字符串"<h1>Hi,JavaScript!</h1>"。

注意

JavaScript 代码严格区分大小写。为了避免输入混乱、语法错误，建议统一采用小写字符编写代码。

（5）保存网页文档，在浏览器中预览，其显示效果如图 1.1 所示。

图 1.1　第一个 JavaScript 程序

1.3.2　新建 JavaScript 文件

扫一扫，看视频

JavaScript 程序不仅可以放在 HTML 文档中，也可以放在独立的 JavaScript 文件中。JavaScript 文件是文本文件，扩展名为.js，使用任何文本编辑器都可以编辑。新建 JavaScript文件的步骤如下。

（1）新建文本文件，保存为 test.js。

（2）打开 test.js 文件，在其中编写如下代码：

```
alert("Hi,JavaScript!");
```

在上面的代码中，alert()表示 window 对象的方法，调用该方法将弹出一个提示对话框，显示参数字符串"Hi, JavaScript!"。

（3）保存 JavaScript 文件。把 JavaScript 文件和网页文件放在同一个目录下。

注意

　　JavaScript 文件不能独立运行，需要导入网页中，通过浏览器来执行。使用<script>标签可以导入 JavaScript 文件。

（4）新建 HTML 文档，保存为 test.html。

（5）在<head>标签内插入一个<script>标签。定义 src 属性，设置属性值为指向外部 JavaScript 文件的 URL 字符串。代码如下：

```
<script type="text/javascript" src="test.js"></script>
```

提示

　　使用<script>标签包含外部 JavaScript 文件时，默认文件类型为 JavaScript，因此，不管加载的文件扩展名是不是.js，浏览器都会按 JavaScript 脚本来解析。

（6）保存网页文档，在浏览器中预览，其显示效果如图 1.2 所示。

图 1.2　在网页中导入 JavaScript 文件

注意

　　定义 src 属性的<script>标签不应再包含 JavaScript 代码。如果嵌入了代码，则只会下载并执行外部 JavaScript 文件，而嵌入代码则会被忽略。

扫一扫，看视频

1.3.3　延迟执行 JavaScript 文件

　　<script>标签有一个布尔型属性 defer。设置该属性可以延迟执行 JavaScript 文件，即等页面解析完毕后再执行。

　　【示例】在该示例中，外部文件 test.js 包含的脚本将延迟到浏览器解析完网页之后再执行。浏览器先显示网页标题和段落文本，然后才弹出提示文本。如果不设置 defer 属性，则执行顺序是相反的。

（1）test.html 中的代码如下：

```
<!doctype html>
<html>
<head>
<script type="text/javascript" defer src="test.js"></script>
</head>
<body>
<h1>网页标题</h1>
```

```
<p>正文内容</p>
</body>
</html>
```

（2）test.js 中的代码如下：

```
alert("外部文件");
```

提示

defer 属性适用于外部 JavaScript 文件，不适用于<script>标签包含的 JavaScript 脚本。

1.3.4 异步加载 JavaScript 文件

扫一扫，看视频

在默认情况下，网页都是同步加载外部 JavaScript 文件的，如果 JavaScript 文件比较大，就会影响后面 HTML 代码的解析。用户可以为<script>标签设置 async 属性，让浏览器异步加载 JavaScript 文件。异步加载 JavaScript 文件时，浏览器不会暂停，而是继续解析，这样能节省时间，提升响应速度，同时异步加载的 JavaScript 文件在执行时不分先后顺序。

【示例】以 1.3.3 小节中的示例为例，如果为<script>标签设置 async 属性，然后在浏览器中预览，则会看到网页标题和段落文本同步，或者先显示出来，然后或同步弹出提示文本。如果不设置 async 属性，只有先弹出提示文本之后，才开始解析并显示网页标题和段落文本。

```
<!doctype html>
<html>
<head>
<script type="text/javascript" async src="test.js"></script>
</head>
<body>
<h1>网页标题</h1>
<p>正文内容</p>
</body>
</html>
```

提示

async 是 HTML5 新增的布尔型属性，通过设置 async 属性，就不用顾虑<script>标签的放置位置，用户可以根据习惯继续把很多大型 JavaScript 库文件放在<head>标签内。

1.3.5 认识 JavaScript 代码块

扫一扫，看视频

代码块就是使用<script>标签包含的 JavaScript 代码段。
【示例 1】在下面的代码中，使用两个<script>标签分别定义两个 JavaScript 代码块。

```
<script>                              //JavaScript 代码块 1
var a =1;
</script>
<script>                              //JavaScript 代码块 2
function f(){
    alert(1);
```

```
}
</script>
```

浏览器在解析这个 HTML 文档时，如果遇到第一个<script>标签，则 JavaScript 解释器会等到这个代码块的代码都加载完后，先对代码块进行预编译，然后再执行。执行完毕再继续解析后面的 HTML 代码，同时 JavaScript 解释器也准备好处理下一个代码块。

【示例 2】如果在一个 JavaScript 代码块中调用后面代码块中声明的变量或函数，就会提示语法错误。例如，当 JavaScript 解释器执行下面代码时就会提示语法错误，显示变量 a 未定义。

```
<script>                              //JavaScript 代码块 1
alert(a);
</script>
<script>                              //JavaScript 代码块 2
var a =1;
</script>
```

如果把两个代码块放在一起就不会出现上述错误，合并代码如下：

```
<script>                              //JavaScript 代码块 1
alert(a);
var a =1;
</script>
```

提示

JavaScript 是按块执行的，但是不同块都属于同一个作用域（全局作用域），下面块中的代码可以访问上面块中的变量。

扫一扫，看视频

1.3.6　JavaScript 注释

注释就是不被 JavaScript 引擎解析的一串字符信息。JavaScript 有以下两种注释。

（1）单行注释：//单行注释信息。

（2）多行注释：/*多行注释信息*/。

【示例 1】单行注释信息可以位于脚本内任意位置，用于描述指定代码行或多行的功能。

```
//程序描述
function toStr(a){                    //块描述
    //代码段描述
    return a.toString();              //语句描述
}
```

使用单行注释时，"//"后面的当前行内的任意字符都不被解析，包括代码。

【示例 2】使用 "/*" 和 "*/" 可以定义多行注释信息。

```
/*!
 * jQuery JavaScript Library v3.3.1
 * https://jquery.com/
 * Date: 2018-01-20T17:24Z
 */
```

在多行注释中，包含在 "/*" 和 "*/" 符号之间的任何字符都视为注释文本而被忽略掉。

扫一扫，看视频

1.3.7　JavaScript 格式化

在 JavaScript 中，分隔符不被解析，主要用于分隔各种标识符、关键字、直接量等信息。因此，常用分隔符格式化代码，对程序进行排版，以便阅读和维护。

提示

　　分隔符是各种不可见字符的集合，包括空格（\u0020）、水平制表符（\u0009）、垂直制表符（\u000B）、换页符（\u000C）、不中断空白（\u00A0）、字节序标记（\uFEFF）、换行符（\u000A）、回车符（\u000D）、行分隔符（\u2028）、段分隔符（\u2029）等。

【示例】对下面一行代码：

```
function toStr(a){return a.toString();}
```

使用分隔符格式化，显示如下：

```
function toStr(a) {
    return a.toString();
}
```

这样更容易阅读，用户可以根据个人习惯设计排版格式。一般 JavaScript 编辑器都会提供代码自动格式化的功能。

注意

　　JavaScript 引擎一般采用最长行匹配的原则，以不恰当的方式将一句代码换行，容易引发异常或错误。不能在标识符、关键字等名字内部使用分隔符。在字符串或者正则表达式内，分隔符是有意义的，不能随意去掉或添加。

1.4　案例实战：使用 console 对象

扫一扫，看视频

console 对象用于 JavaScript 调试，由浏览器提供，主要有以下两个用途。

（1）显示网页代码运行时的错误信息。

（2）提供了一个命令行接口，用来与网页代码互动。

在浏览器中按 F12 键一般可以打开控制台窗口。通过 console 对象向 JavaScript 控制台写入消息，该对象包含下列方法。

（1）error (message)：将错误消息记录到控制台。

（2）info(message)：将信息性消息记录到控制台。

（3）log(message)：将一般消息记录到控制台。

（4）warn(message)：将警告消息记录到控制台。

下面结合案例简单地演示 log()方法的使用。

【案例 1】使用 console 对象的 log()方法可以在控制台输出信息，如图 1.3 所示。

```
console.log("Hi, World");
```

【案例 2】使用 log()方法可以输出格式化字符串，其中第一个参数为模板字符串，第二个参数以及后面的参数为要传递的变量，如图 1.4 所示。

```
var today = new Date();
console.log("今天是%d年%d月%d日", today.getFullYear(), today.getMonth(),
today.getDate());
```

图 1.3　在控制台输出信息

图 1.4　在控制台输出格式化信息

 提示

console.log()可以使用 C 语言 printf()风格的占位符，不过其支持的占位符种类较少，只支持字符串（%s）、整数（%d 或%i）、浮点数（%f）和对象（%o）。

本 章 小 结

本章首先简单介绍了 JavaScript 语言的发展历史，以及功能和特点；然后介绍了网页浏览器、代码编辑器和开发者控制台等工具；最后具体讲解了如何使用 JavaScript 编写正确的代码，包括代码的存放位置、执行方式、代码块的概念，以及代码注释和格式化。希望通过对本章的学习，读者能够初步掌握 JavaScript 语言的基本使用方法。

课 后 练 习

一、填空题

1. JavaScript 核心知识包括＿＿＿＿＿和＿＿＿＿＿两个部分。
2. JavaScript 语言以＿＿＿＿＿为标准进行实现。
3. 网页浏览器内核可以分为＿＿＿＿＿和＿＿＿＿＿两部分。
4. 代码编辑器主要分为＿＿＿＿＿和＿＿＿＿＿两种。
5. JavaScript 注释包括＿＿＿＿＿和＿＿＿＿＿两种方法。

二、判断题

1. JavaScript 是通用编程语言，可以设计桌面程序。　　　　　　　　　　（　　　）
2. JavaScript 程序只能够在网页浏览器中运行。　　　　　　　　　　　　（　　　）
3. JavaScript 程序可以跨平台使用。　　　　　　　　　　　　　　　　　（　　　）
4. JavaScript 代码严格区分大小写。　　　　　　　　　　　　　　　　　（　　　）
5. 多行注释中可以包含 JavaScript 代码。　　　　　　　　　　　　　　　（　　　）

三、选择题

1. （　　）是 JavaScript 单行注释语法。
　　A. //　　　　　　B. #　　　　　　　C. /* */　　　　　D. <!-- -->

2. 下列四个选项中，关于 JavaScript 的描述错误的是（　　）。
　　A. JavaScript 是脚本语言，不能够进行系统开发
　　B. JavaScript 程序不能够独立运行，它依赖宿主环境
　　C. JavaScript 是 Java 的派生语言
　　D. JavaScript 语言简单易学，功能强大

3. （　　）不是 JavaScript 代码编辑器。
　　A. VSCode　　　B. webStorm　　　C. Sublime Text　　D. Chrome

4. 下面四种说法中，正确的一项是（　　）。
　　A. JavaScript 源代码不能够格式化
　　B. JavaScript 注释中不能包含 JavaScript 标识符
　　C. 在一个网页文档中最多包含一个 JavaScript 代码块
　　D. JavaScript 代码可以存放在网页中，也可以存放在独立的文件中

5. （　　）方法可以实现在控制台输出信息。
　　A. alert()　　　B. log()　　　　　C. write()　　　　　D. prompt()

四、简答题

1. 简单介绍一下网页浏览器提供的三大 API。
2. 根据个人理解简述 JavaScript 语言的特点。

五、编程题

新建一个 JavaScript 文件，编写一段代码，在控制台输出"Hello World"信息。

拓 展 阅 读

扫描下方二维码，了解关于本章的更多知识。

第 2 章　JavaScript 基本语法

【学习目标】

↳ 了解变量并能够正确使用变量。

↳ 理解基本数据类型。

↳ 灵活使用运算符和表达式。

↳ 了解 JavaScript 语句。

↳ 灵活设计分支结构和循环结构。

↳ 正确使用流程控制语句和异常处理语句。

JavaScript 语言的核心主要描述了代码底层是如何工作的,包括变量、数据类型、运算符、语句以及相关内置功能,然后在此基础之上才可以构建复杂的解决方案。JavaScript 遵循 ECMA-262 标准,并大量借鉴 C、Java、Perl 等语言的语法特色。ECMA-262 第 5 版（ES5）是目前为止最受浏览器支持的一个版本,现代主流浏览器几乎或全部实现了第 6 版（ES6）的规范。因此本书内容也是基于 ECMAScript 第 6 版进行讲解的。

2.1　变　　量

2.1.1　认识变量

在编程语言中,变量是一种用于存储数据的标识符（名称）。它允许用户在程序执行过程中跟踪和操作数据。变量具有以下基本属性。

（1）变量名:每个变量都有一个唯一的名称,用于在程序中访问该变量的值。

（2）数据类型:变量可以存储不同类型的数据,如整数、浮点数、字符串等。JavaScript 不要求在声明变量时指定数据类型,它可以根据所赋的值决定变量的类型。

（3）赋值:通过赋值操作,可以将数据存储到变量中。赋值语句将一个值或表达式赋给变量,使变量持有该值。

（4）变量的作用域:变量的作用域是指变量在程序中可见和可访问的范围。

（5）变量的生命周期:变量的生命周期是指变量存在的时间段。变量可以在声明时创建,在其作用域结束时销毁。

扫一扫,看视频

2.1.2　变量的命名规则

在编程语言中,所有名字统一称为标识符。JavaScript 的标识符包括变量名、函数名、参数名、类名、对象名、属性名和方法名等。合法的标识符应遵循以下规则。

（1）第一个字符必须是字母、下划线（_）或美元符号（$）。

（2）除了第一个字符外,其他位置可以使用 Unicode 字符。一般建议仅使用 ASCII 字符,不建议使用双字节的字符。

（3）不能与 JavaScript 中的关键字和保留字重名。

（4）可以使用 Unicode 转义序列。例如，字符 a 可以使用 "\u0061" 表示。

JavaScript 严格区分大小写。为了避免输入混乱、语法错误，建议统一采用小写字符编写代码。在以下情况下可以使用大写字符。

（1）类和构造函数的首字母建议大写。

【示例】该示例调用预定义的构造函数 Date()，创建一个时间对象，最后把时间对象转换为字符串显示出来。

```
d = new Date();                      //获取当前日期和时间
console.log(d.toString());           //显示日期
```

（2）如果标识符由多个单词组成，可以考虑使用骆驼命名法：除首个单词外，后面单词首字母大写。例如，typeOf、printEmployeePaychecks。

2.1.3 声明变量

扫一扫，看视频

在 JavaScript 中，声明变量有 6 种方法，其中 ES5 支持 var 和 function 命令，ES6 新增了 let 和 const 命令，另外 import 和 class 命令也可以声明变量。

一个 var 命令可以声明一个或多个变量，当声明多个变量时，应使用逗号分隔变量。在声明变量的同时，也可以为变量赋值，未赋值的变量，初始化为 undefined（未定义）值。

【示例 1】使用等号（=）运算符可以为变量赋值，等号左侧为变量，右侧为被赋的值。

```
var a;                               //声明一个变量，初始值为 undefined
var a, b, c;                         //声明多个变量
var b = 1;                           //声明并赋值，初始值为 1
```

var 命令允许重复声明同一个变量，也可以反复初始化变量的值。例如：

```
var a = 1;
var a = 2;
```

ES6 新增了 let 命令，用于声明块级变量。let 与 var 的用法相同，但是声明的变量只在 let 命令所在的代码块内有效。例如，在代码块（大括号）之中，使用 let 命令声明一个变量 a，如果在代码块外调用变量 a，则会抛出异常，此时变量 a 只在大括号内有效。

```
{let a = 1;}
```

【示例 2】在 for 循环体内使用 let 命令声明计数器，这样可以避免外部变量污染。下面示例中，计数器 i 只在 for 循环体内有效，在循环体外引用就会抛出异常。

```
for (let i = 0; i < 10; i++) {
    console.log(i);                  //正常访问
}
console.log(i);                      //抛出异常
```

在 for 循环结构中，设置循环变量的()部分是一个父作用域，而循环体内部{}是一个单独的子作用域。

ES6 新增的 const 命令用于声明只读常量。一旦声明，常量的值就不能修改。

【示例 3】下面的代码试图改变常量的值，会抛出异常。

```
const PI = 3.1415;
PI = 3;                              //抛出异常
```

使用 const 命令声明变量的同时，必须立即赋值，只声明不赋值就会抛出异常。

【示例4】const 的作用域与 let 命令相同：只在声明所在的块级作用域内有效。

```
if (true) {
    const MIN = 5;
}
MIN                                        //抛出异常
```

提示

var、let 和 const 这 3 个命令都可以声明变量，但是它们也存在一些不同，具体说明如下。

（1）变量提升：使用 var 命令声明变量时，可以先使用后声明。而 let 命令和 const 命令则禁止这种语法行为，在声明之前使用变量，抛出异常。

（2）暂时性死区：在代码块内，使用 let 命令和 const 命令声明变量之前，该变量是不可以使用的，在语法上这被称为暂时性死区。

（3）禁止重复声明：let 命令和 const 命令不允许在相同作用域内重复声明同一个变量。

2.1.4　变量的作用域

变量的作用域是指变量在程序中可以访问的有效范围，也称为变量的可见性。JavaScript 变量可以分为全局变量和局部变量两种。

（1）全局变量：变量在整个页面脚本中都是可见的，可以被自由访问。

（2）局部变量：变量仅能在声明的函数内部或者代码块内可见，函数外或代码块外是不允许访问的。在函数内，可以使用 var 命令或 let 命令声明局部变量，而在代码块中只能使用 let 命令或 const 命令声明局部变量。

声明全局变量有以下 3 种方式。

（1）在任何函数体外直接使用 var 命令声明。

（2）直接添加到顶层对象上。在浏览器环境中，全局作用域对象为 window。

```
window.f = 'value';
```

（3）直接使用未经声明的变量，以这种方式定义的全局变量称为隐式全局变量。

```
f = 'value';
```

注意

全局变量具有污染性，大量使用全局变量会降低程序的可读性和安全性，用户应避免使用全局变量。在 ES6 中，有效减少使用全局变量的次数，可以多使用 let 命令或 const 命令。

在 JavaScript 函数体内，所有声明的变量、参数、内部函数对外都是不可见的，外界是无法访问内部数据的。

ES5 只有全局作用域和函数作用域，ES6 新增了块级作用域。所谓块级作用域，就是任何一对大括号中的语句集都属于一个作用域，在其中定义的所有变量在大括号外都是不可见的。使用 let 命令或 const 命令可以新增块级作用域。

【示例】在该示例中，函数内有两个块级作用域，都声明了变量 n，运行后输出 1。这表示外层代码块不受内层代码块的影响。如果两次都使用 var 命令定义变量 n，最后输出的值才是 2。

```
function f1() {
```

```
    let n = 1;
    if (true) {
        let n = 2;
    }
    console.log(n);                        //1
}
```

2.1.5　解构赋值

扫一扫，看视频

使用等号（＝）运算符可以为变量赋值，等号左侧为变量，右侧为具体的值。

ES6 实现了一种复合声明和赋值的语法，称为解构赋值。在解构赋值中，等号右边的值是一个数组或对象等结构化的值，左边的值使用模拟数组和对象语法结构指定一个或多个变量名。当一个解构赋值发生时，一个或多个值将从右边的值中被提取，并存储到左边命名的变量中。

【示例 1】该示例从数组中提取 3 个元素的值，按照对应位置的映射关系为 3 个变量赋值，则 a、b、c 变量的值分别为 1、2、3。

```
let [a, b, c] = [1, 2, 3];                 //a=1, b=2, c=3
```

解构语法本质属于模式匹配，只要等号两边的模式相同，左边的变量就会被赋予对应的值。

【示例 2】下面的代码使用嵌套数组结构进行解构赋值，等号左右两侧的结构相同，因此 a、b、c 变量的值分别为 1、2、3。

```
let [a, [b, [c]]] = [1, [2, [3]]];         //a=1, b=2, c=3
```

对象解构赋值是先找到同名属性，然后再赋给对应的变量。

【示例 3】在下面的代码中，等号左边的 3 个变量的次序与等号右边两个同名属性的次序不一致，但是对取值完全没有影响，其中 a 和 b 分别为 1 和 2。由于变量 c 没有对应的同名属性，导致它取不到值，最后等于 undefined。

```
let { a, b, c } = { b: 2, a: 1};           //a=1, b=2, c=undefined
```

字符串可以被转换成一个类似数组的对象，因此字符串也可以解构赋值。

【示例 4】在下面的代码中，变量 a、b、c、d、e 分别为"h"、"e"、"l"、"l"、"o"。

```
const [a, b, c, d, e] = 'hello';           //a="h", b="e", c="l", d="l", e="o"
```

函数的参数也可以使用解构赋值。

【示例 5】在下面的代码中，函数 add()的参数虽然是一个数组，但是数组参数会被解构为变量 x 和 y。对于函数内部的代码来说，它们能够访问的参数就是 x 和 y。

```
function add([x, y]){
    return x + y;                          //x=x, y=y
}
add([1, 2]);                               //3
```

2.2　数 据 类 型

数据类型是指数据存储的一种机制，它规定了数据存储的格式、范围和操作方式。在编程中，正确使用数据类型可以提高程序的效率和可靠性。

扫一扫，看视频

2.2.1 基本数据类型

JavaScript 支持 7 种基本数据类型，见表 2.1。

表 2.1 JavaScript 的 7 种基本数据类型

数 据 类 型	说　　明
Null	空值
Undefined	未定义的值
Symbol	独一无二的值
Number	数字
String	字符串
Boolean	布尔型
Object	对象

这些数据类型可以分为以下 3 类。

（1）简单的值：字符串、数字和布尔型。

（2）复杂的值：对象。

（3）特殊的值：空值、未定义的值和独一无二的值。

复杂的值是一种结构化的数据，JavaScript 内置的数据结构主要包括对象和数组。

使用 typeof 运算符可以检测上述 7 种基本数据类型。typeof 是一元运算符，放在单个操作数之前，操作数可以是任意类型，它的值是指定操作数类型的字符串表示，具体说明见表 2.2。

表 2.2 typeof 运算符返回的值

值（x）	返回值（typeof x）	值（x）	返回值（typeof x）
undefined	"undefined"	任意 BigInt	"bigint"
null	"object"	任意字符串	"string"
true 或 false	"boolean"	任意符号	"symbol"
任意数字或 NaN	"number"	任意函数	"function"
任意非函数对象	"object"		

【示例】下面的代码使用 typeof 运算符分别检测常用值的类型。

```
console.log(typeof 1);                  //"number"
console.log(typeof "1");                //"string"
console.log(typeof true);               //"boolean"
console.log(typeof {});                 //"object"
console.log(typeof []);                 //"object "
console.log(typeof function(){});       //"function"
console.log(typeof null);               //"object"
console.log(typeof undefined);          //"undefined"
console.log(typeof Symbol()) ;          //"symbol"
```

扫一扫，看视频

2.2.2 数字

数字（Number）也称为数值或数。

1．数值直接量

当数字直接出现在程序中时，被称为数值直接量。在 JavaScript 代码中，直接输入的任何数字都被视为数值直接量。

【示例 1】数值直接量可以细分为整型直接量（整数）和浮点型直接量（浮点数）。浮点数就是带有小数点的数值，而整数是不带小数点的数。

```
var int = 1;                          //整数
var float = 1.0;                      //浮点数
```

整数一般都是 32 位数值，而浮点数一般都是 64 位数值。

注意

> JavaScript 的所有数字都是以 64 位浮点数形式存储的，包括整数。例如，2 与 2.0 是同一个数。

【示例 2】浮点数可以使用科学记数法来表示。

```
var float = 1.2e3;
```

其中，e（或 E）表示底数，其值为 10，而 e 后面跟随的是 10 的指数。指数是一个整数，可以取正负值。上面的代码等价于：

```
var float = 1.2*10*10*10;
var float = 1200;
```

【示例 3】科学记数法表示的浮点数也可以转换为普通的浮点数。例如：

```
var float = 1.2e-3;
```

等价于：

```
var float = 0.0012;
```

但不等价于：

```
var float = 1.2*1/10*1/10*1/10;        //返回 0.0012000000000000001
var float = 1.2/10/10/10;              //返回 0.0012000000000000001
```

提示

> （1）整数精度：$-2^{53} \sim 2^{53}$（$-9007199254740992 \sim 9007199254740992$），如果超出了这个范围，将会失去尾数的精度。
> （2）浮点数精度：$\pm 1.7976931348623157 \times 10^{308} \sim \pm 5 \times 10^{-324}$，遵循 IEEE754 标准定义的 64 位浮点格式。

2．二进制、八进制和十六进制数值

JavaScript 支持把十进制数值转换为二进制、八进制和十六进制等不同进制的数值。

【示例 4】十六进制数值以 "0X" 或 "0x" 作为前缀，后面跟随十六进制的数值直接量。

```
var num = 0x1F4;                       //十六进制数值
console.log(num);                      //返回 500
```

十六进制的数值是 0~9 和 a~f 的数字或字母任意组合，用来表示 0~15 之间的某个数。

提示

在 JavaScript 中，可以使用 Number 的 toString(16)方法把十进制整数转换为十六进制字符串表示。

在 ES6 中，还可以使用"0b"或"0B"作为前缀定义二进制数值（以 2 为基数），或者使用"0o"或"0O"作为前缀定义八进制数值（以 8 为基数）。例如：

```
0o764;                            //八进制数值，等于十进制数值 500
0b11                             //二进制数值，等于十进制数值 3
```

提示

二进制、八进制或十六进制的数值在参与数学运算时，返回的都是十进制数值。

3. 特殊的数值常量

JavaScript 定义了几个特殊的数值常量，其说明见表 2.3。

表 2.3 特殊的数值常量

名　　称	说　　明
Infinity	无穷大。数值超过了浮点型所能够表示的范围。负无穷大为-Infinity
NaN	非数值。不等于任何数值，包括其本身。当 0 除以 0 时会返回这个特殊值
Number.MAX_VALUE	最大数值
Number.MIN_VALUE	最小数值，一个接近 0 的值
Number.NaN	非数值，与 NaN 常量相同
Number.POSITIVE_INFINITY	表示正无穷大的数值
Number.NEGATIVE_INFINITY	表示负无穷大的数值

扫一扫，看视频

2.2.3 字符串

字符串（String）是由 0 个或多个 Unicode 字符组成的字符序列。0 个字符表示空字符串。

1. 字符串直接量

字符串必须包含在单引号或双引号中。字符串直接量具有以下特点。

（1）如果字符串包含在双引号中，则字符串内可以包含单引号；反之，可以在单引号中包含双引号。例如，定义 HTML 字符串时，习惯使用单引号定义字符串，HTML 中包含的属性值使用双引号包裹，这样不容易出现错误。例如：

```
console.log('<meta charset="utf-8">');
```

（2）字符串需要在一行内表示，换行表示是不允许的。例如：

```
console.log("字符串
直接量");                          //抛出异常
```

如果要换行显示字符串，可以在字符串中添加换行符（\n）。例如：

```
console.log("字符串\n 直接量");          //在字符串中添加换行符
```

（3）如果要多行表示字符串，可以在换行结尾处添加反斜杠（\）。反斜杠和换行符不作为字符串直接量的内容。例如：

```
console.log("字符串\
直接量");                                    //显示"字符串直接量"
```

（4）在字符串中插入特殊字符，需要使用转义字符。例如，在英文文本中常用单引号表示撇号，此时如果使用单引号定义字符串，就应该添加反斜杠转义单引号，这样单引号就不再被解析为定义字符串的标识符，而是作为撇号使用。

```
console.log('I can\'t read.');               //显示"I can't read."
```

（5）字符串中每个字符都有固定的位置。第 1 个字符的下标位置为 0，第 2 个字符的下标位置为 1，以此类推。最后一个字符的下标位置是字符串长度（length）减去 1。

2．转义字符

转义字符是字符的一种间接表示方式。在特定环境中，无法直接使用字符自身表示。例如，在字符串中包含说话内容：

```
"子曰："学而不思则罔，思而不学则殆。""
```

由于 JavaScript 已经赋予了双引号为字符串直接量的标识符，如果在字符串中包含双引号，就必须使用转义字符表示。

```
"子曰:\"学而不思则罔，思而不学则殆。\""
```

2.2.4　布尔型

布尔型（Boolean）仅包含两个值：true 和 false，其中，true 代表"真"，而 false 代表"假"。

注意

> 在 JavaScript 中，undefined、null、""、0、NaN 和 false 这 6 个特殊值转换为布尔值时为 false，俗称为假值。除了假值之外，其他任何类型的值转换为布尔值时都是 true。

【示例】使用 Boolean()函数可以强制把任意类型的值转换为布尔值。

```
console.log(Boolean(0));                      //返回 false
console.log(Boolean(NaN));                    //返回 false
console.log(Boolean(null));                   //返回 false
console.log(Boolean(""));                     //返回 false
console.log(Boolean(undefined));              //返回 false
```

2.2.5　Null

Null 类型只有一个值，即 null，null 表示空值，常用于定义一个空的对象。

使用 typeof 运算符检测 null 值，返回"object"，表明它是 Object 类型，但是 JavaScript 把它归为一类特殊的原始值。

设置变量的初始值为 null，可以定义一个备用的空对象，即特殊的非对象。

【示例】如果检测一个对象为空，则可以对其进行初始化。

```
if(men == null) {
```

```
        men = {
            //初始化对象 men
        }
    }
```

扫一扫，看视频

2.2.6 Undefined

Undefined 类型也只有一个值，即 undefined，undefined 表示未定义的值。当声明变量未赋值时，或者定义属性未设置值时，默认值都为 undefined。

【示例1】undefined 值是由 null 值派生而来的，因此 ECMA-262 将它们定义为表面上相等的值。null 和 undefined 都表示空缺的值，转换为布尔值都是假值 false，可以相等。

```
console.log(null == undefined);              //返回 true
```

null 和 undefined 属于不同类型，使用全等运算符（===）或 typeof 运算符可以区分。

```
console.log(null === undefined);             //返回 false
console.log(typeof null);                    //返回"object"
console.log(typeof undefined);               //返回"undefined "
```

【示例2】检测一个变量是否初始化，可以使用 undefined 快速检测。

```
var a;                                       //声明变量
console.log(a);                              //返回变量默认值为 undefined
(a == undefined) && (a = 0);                 //检测变量是否初始化，否则为其赋值
console.log(a);                              //返回初始值 0
```

也可以使用 typeof 运算符检测变量的类型是否为 Undefined。

```
(typeof a == "undefined") && (a = 0);        //检测变量是否初始化，否则为其赋值
```

扫一扫，看视频

2.2.7 Symbol

ES6 引入一种新的基本数据类型，即 Symbol，它表示独一无二的值。Symbol 值通过 Symbol()函数生成。凡是属性名属于 Symbol 类型的，都是独一无二的，可以保证不会与其他属性名产生冲突。

【示例】在下面的代码中，变量 s 就是一个独一无二的值。typeof 运算符的结果表明变量 s 是 Symbol 数据类型，而不是字符串之类的其他类型。

```
let s = Symbol();
console.log(typeof s);                       //"symbol"
```

Symbol()函数可以接收一个字符串作为参数，表示对 Symbol 实例的描述信息，主要是为了当在控制台中显示或者转换为字符串时，方便区分不同的 Symbol 值。

2.3 运 算 符

2.3.1 认识运算符和表达式

运算符就是能够对操作数执行特定运算并返回值的符号。大部分运算符由标点符号表示。如+、-、*等；少部分由单词表示，如 delete、typeof、void、instanceof、in 等。操作数表示参

与运算的对象，包括直接量、变量、对象、对象属性、数组、数组元素、函数、表达式等。表达式表示计算的式子，由运算符和操作数组成。表达式必须返回一个计算值，最简单的表达式是一个变量或直接量，使用运算符把多个简单的表达式连接在一起，就构成了一个复杂的表达式。

JavaScript 定义了 50 多个运算符。根据运算符需要操作数的个数不同，可以分为 3 类。

（1）一元运算符：一个运算符仅对一个操作数执行运算，如取反、递加、递减、转换数字、类型检测、删除属性等运算。

（2）二元运算符：一个运算符必须包含两个操作数。例如，两个数相加，两个值比较。大部分运算符都需要两个操作数配合才能够完成运算。

（3）三元运算符：一个运算符必须包含 3 个操作数，如条件运算符。

运算符的优先级决定了执行运算的顺序。例如，1+2*3 的结果是 7，而不是 9，因为乘法的优先级高于加法。

 注意

使用小括号可以改变运算符的优先顺序。例如，(1+2)*3 的结果是 9，而不再是 7。

绝大多数运算符都遵循先左后右的顺序进行结合运算。只有一元运算符、三元运算符和赋值运算符遵循先右后左的顺序进行结合运算。

2.3.2　算术运算

扫一扫，看视频

算术运算符包括加（+）、减（−）、乘（*）、指数运算符（**）、除（/）、余数运算符（%）和数值取反运算符（−）。下面对几个重要的运算符进行介绍。

余数运算也称为模运算。例如：

```
console.log(3 % 2);                    //返回余数 1
```

模运算主要针对整数进行操作，也适用于浮点数。例如：

```
console.log(3.1 % 2.3);                //返回余数 0.8000000000000003
```

递增（++）和递减（−−）运算就是通过与自己相加 1 或相减 1，然后再把结果赋值给左侧操作数，以实现改变自身结果的一种简洁方法。

作为一元运算符，递增和递减只能作用于变量、数组元素或对象属性，不能作用于直接量。根据位置的不同，可以分为以下 4 种运算方式。

（1）前置递增（++n）：先递增，再赋值。

（2）前置递减（−−n）：先递减，再赋值。

（3）后置递增（n++）：先赋值，再递增。

（4）后置递减（n−−）：先赋值，再递减。

【示例】比较递增和递减 4 种运算方式所产生的结果。

```
var a=b=c=4;
console.log(a++);                //返回 4，先赋值，再递增，运算结果不变
console.log(++b);                //返回 5，先递增，再赋值，运算结果加 1
console.log(c++);                //返回 4，先赋值，再递增，运算结果不变
console.log(c);                  //返回 5，变量的值加 1
console.log(++c);                //返回 6，先递增，再赋值，运算结果加 1
console.log(c);                  //返回 6，变量的值也加 1
```

扫一扫，看视频

提示

递增运算符和递减运算符是相反的操作，在运算之前都会试图转换值为数值类型，如果失败，则返回 NaN。

指数运算也称为幂运算。例如：

```
console.log(2 ** 3);                    //8
```

该运算符是右结合，而其他算术运算符都是左结合。当多个指数运算符连用时，是从最右边开始计算的。例如：

```
console.log(2 ** 3 ** 2);               //512
```

上面的代码相当于 2 ** (3 ** 2)，先计算第 2 个指数运算符，而不是第 1 个。

2.3.3 逻辑运算

逻辑运算包括逻辑与（&&）、逻辑或（||）和逻辑非（!）。

1. 逻辑与运算

逻辑与运算（&&）是只有当两个操作数都为 true 时，才返回 true，否则返回 false。

逻辑与是一种短路逻辑：如果左侧表达式的值可以转换为 false，那么就会结束运算，直接返回第 1 个操作数的值；如果第 1 个操作数为 true，或者可以转换为 true，则再进一步计算第 2 个操作数（右侧表达式）的值并返回。

【示例 1】利用逻辑与运算检测变量并进行初始化。

```
var user;                               //定义变量
(! user && console.log("没有赋值"));    //返回提示信息"没有赋值"
```

等效于：

```
var user;                               //定义变量
if(! user){                             //条件判断
    console.log("没有赋值");
}
```

2. 逻辑或运算

逻辑或运算（||）是如果两个操作数都为 true，或者其中一个为 true，就返回 true，否则返回 false。逻辑或也是一种短路逻辑：如果左侧表达式的值可以转换为 true，那么就会结束运算，直接返回第 1 个操作数的值；如果第 1 个操作数为 false，或者可以转换为 false，则计算第 2 个操作数（右侧表达式）的值并返回。

【示例 2】结合&&和||运算符可以设计多分支结构。

```
var n = 3;
(n == 1) && console.log(1) ||
(n == 2) && console.log(2) ||
(n == 3) && console.log(3) ||
(! n) && console.log("null");
```

由于&&运算符的优先级高于||运算符的优先级，所以不必使用小括号进行分组。

3. 逻辑非运算

逻辑非运算（!）作为一元运算符，直接放在操作数之前，把操作数的值转换为布尔值，然后取反并返回。

【示例3】如果对操作数执行两次逻辑非运算操作，就相当于把操作数转换为布尔值。

```
console.log(!0);                    //返回 true
console.log(!!0);                   //返回 false
```

 提示

逻辑与和逻辑或运算的返回值不必是布尔值，但是逻辑非运算的返回值一定是布尔值。

扫一扫，看视频

2.3.4 关系运算

关系运算也称为比较运算，需要两个操作数，运算结果总是布尔值。

1. 大小比较

比较大小关系的运算符有 4 个，其说明见表 2.4。

表 2.4 比较大小关系的运算符

运　算　符	说　　　明
<	如果第 1 个操作数小于第 2 个操作数，则返回 true，否则返回 false
<=	如果第 1 个操作数小于或者等于第 2 个操作数，则返回 true，否则返回 false
>=	如果第 1 个操作数大于或等于第 2 个操作数，则返回 true，否则返回 false
>	如果第 1 个操作数大于第 2 个操作数，则返回 true，否则返回 false

操作数可以是任意类型的值，但是在执行运算时，会被转换为数值或字符串，然后再进行比较。如果是数值，则比较大小；如果是字符串，则根据字符编码表中的编号值，从左到右逐个比较每个字符。例如：

```
console.log(4>3);                   //返回 true，直接利用数值大小进行比较
console.log("a">"3");               //返回 true，字符 a 编码为 61，字符 3 编码为 33
console.log("a">3);                 //返回 false，字符 a 被强制转换为 NaN
```

 注意

为了设计可控的比较运算，建议先检测操作数的类型并主动转换类型。

2. 等值比较

等值比较运算符包括 4 个，其详细说明见表 2.5。

表 2.5 等值比较运算符

运　算　符	说　　　明
＝＝（相等）	比较两个操作数的值是否相等
!= （不相等）	比较两个操作数的值是否不相等

续表

运 算 符	说 明
===（全等）	比较两个操作数的值是否相等，同时检测它们的类型是否相同
!== （不全等）	比较两个操作数的值是否不相等，同时检测它们的类型是否不相同

在相等运算中，应注意以下几个问题。

（1）如果操作数是布尔值，则先将其转换为数值，其中 false 转换为 0，true 转换为 1。

（2）如果一个操作数是字符串，另一个操作数是数值，则先尝试把字符串转换为数值。

（3）如果一个操作数是字符串，另一个操作数是对象，则先尝试把对象转换为字符串。

（4）如果一个操作数是数值，另一个操作数是对象，则先尝试把对象转换为数值。

（5）如果两个操作数都是对象，则比较引用地址。如果引用地址相同，则相等，否则不相等。

提示

> NaN 与任何值都不相等，包括其自身。null 和 undefined 值相等。在相等比较中，null 和 undefined 不允许被转换为其他类型的值。

在全等运算中，应注意以下几个问题。

（1）如果两个操作数都是简单的值，则只要值相等、类型相同，就全等。

（2）如果一个操作数是简单的值，另一个操作数是复合型对象，则不全等。

（3）如果两个操作数都是复合型对象，则比较引用地址是否相同。

【示例 1】 下面是两个对象的比较，由于它们都引用相同的地址，所以返回 true。

```
var a = {};
var b = a;
console.log(a === b) ;                    //返回 true
```

下面两个对象虽然结构相同，但是地址不同，所以不全等，返回 false。

```
var a = {};
var b = {};
console.log(a === b) ;                    //返回 false
```

【示例 2】 对于简单的值，只要类型相同、值相等，它们就是全等，不必考虑表达式运算的过程变化，也不用考虑变量的引用地址。

```
var a = "1" + 1;
var b = "11" ;
console.log(a === b);                     //返回 true
```

扫一扫，看视频

2.3.5 赋值运算

赋值运算符的左侧操作数必须是变量、对象属性或数组元素，也称为左值。例如，下面写法是错误的，因为左侧的值是一个固定的值，不允许操作。

```
1 = 100;                                  //返回错误
```

赋值运算有以下两种形式。

（1）简单的赋值运算（=）：把等号右侧操作数的值直接赋给左侧的操作数，因此左侧操作数的值会发生变化。

（2）附加操作的赋值运算：赋值之前先对两侧操作数执行特定运算，然后把运算结果再赋给左侧操作数，具体说明见表 2.6。

表 2.6　附加操作的赋值运算符

运　算　符	说　　明	示　　例	等　效　于
+=	加法运算或连接操作并赋值	a += b	a = a + b
−=	减法运算并赋值	a −= b	a = a − b
*=	乘法运算并赋值	a *= b	a = a * b
**=	指数运算并赋值	a **= b	a = a ** b
/=	除法运算并赋值	a /= b	a = a / b
%=	取模运算并赋值	a %= b	a = a % b
<<=	左移位运算并赋值	a <<= b	a = a << b
>>=	右移位运算并赋值	a >>= b	a = a >> b
>>>=	无符号右移位运算并赋值	a >>>= b	a = a >>> b
&=	位与运算并赋值	a &= b	a = a & b
|=	位或运算并赋值	a |= b	a = a | b
^=	位异或运算并赋值	a ^= b	a = a ^ b
&&=	先逻辑与后赋值	a &&= b	a = a && b
||=	先逻辑或后赋值	a ||= b	a = a || b
??=	先 null 判断后赋值	a ??= b	a = a ?? b

【示例 1】 使用赋值运算符设计复杂的连续赋值表达式。

```
var a = b = c = d = e = f = 100;              //连续赋值
//在条件语句的小括号内进行连续赋值
for(var a = b = 1; a < 5; a ++){  console.log(a + "" + b);  }
```

赋值运算符的结合性是从右向左，所以最右侧的赋值运算先执行，然后再向左赋值，以此类推，所以连续赋值运算不会引发异常。

【示例 2】 在下面的表达式中，逻辑与左侧的操作数是一个赋值表达式，右侧的操作数也是一个赋值表达式。但是左侧赋的值是一个简单值，右侧是把一个函数赋值给变量 b。

```
var a;                               //定义变量 a
console.log(a = 6 && (b = function(){     //逻辑与运算表达式
    return a;                        //返回变量 a 的值
  })
);                                   //结果返回 undefined
```

由于赋值运算作为表达式使用具有副作用，使用时要慎重，应确保不会引发异常。对于上面的表达式，更安全的写法如下：

```
var a = 6;                           //定义并初始化变量 a
b = function(){                      //定义函数对象 b
    return a;
}
console.log(a && b());               //逻辑与运算，根据 a，决定是否调用函数 b
```

2.3.6　位运算

位运算就是对二进制数执行逐位整数运算。例如，1+1=2，在十进制计算中是正确的，但是在二进制计算中，1+1= 10；对于二进制数 100 取反，等于 001，而不是-100。

位运算符有 7 个，分为以下两类。

（1）逻辑位运算符：位与（&）、位或（|）、位异或（^）和位非（～）。

（2）移位运算符：左移（<<）、右移（>>）和无符号右移（>>>）。

1. 逻辑位运算

逻辑位运算符与逻辑运算符的运算方式是相同的，但是针对的对象却不同。逻辑位运算符针对的是二进制的整数值，而逻辑运算符针对的是非二进制的值。

（1）&运算符。&（位与）运算符对两个二进制操作数逐位进行比较，并根据表 2.7 所列的换算表返回结果。

表 2.7　&运算符

第 1 个数的位值	第 2 个数的位值	运 算 结 果
1	1	1
1	0	0
0	1	0
0	0	0

提示

在位运算中数值 1 表示 true，0 表示 false。

【示例 1】 12 和 5 进行位与运算，则返回值为 4。

```
console.log(12&5);                    //返回值为 4
```

以算式的形式解析 12 和 5 进行位与运算的过程，如图 2.1 所示。通过位与运算，只有第 3 位的值为全 true，故返回 true，其他位均返回 false。

$$
\begin{array}{rcl}
0000\ 0000\ 0000\ 0000 \quad 0000\ 0000\ 0000\ \mathbf{1100} & = & \mathbf{12} \\
\&\ 0000\ 0000\ 0000\ 0000 \quad 0000\ 0000\ 0000\ \mathbf{0101} & = & \mathbf{5} \\
\hline
0000\ 0000\ 0000\ 0000 \quad 0000\ 0000\ 0000\ \mathbf{0100} & = & \mathbf{4}
\end{array}
$$

图 2.1　12 和 5 进行位与运算

（2）|运算符。|（位或）运算符对两个二进制操作数逐位进行比较，并根据表 2.8 所列的换算表返回结果。

表 2.8　|运算符

第 1 个数的位值	第 2 个数的位值	运 算 结 果
1	1	1
1	0	1
0	1	1
0	0	0

【示例 2】 12 和 5 进行位或运算，则返回值为 13。

```
console.log(12|5);                    //返回值为 13
```

以算式的形式解析 12 和 5 进行位或运算的过程，如图 2.2 所示。通过位或运算，只有第 2 位的值为 false，其他位均返回 true。

```
        0000 0000 0000 0000    0000 0000 0000 1100 | =   12
|       0000 0000 0000 0000    0000 0000 0000 0101 | =    5
_____
        0000 0000 0000 0000    0000 0000 0000 1101 | =   13
```

图 2.2   12 和 5 进行位或运算

（3）^运算符。^（位异或）运算符对两个二进制操作数逐位进行比较，根据表 2.9 所列的换算表返回结果。

表 2.9   ^运算符

第 1 个数的位值	第 2 个数的位值	运 算 结 果
1	1	0
1	0	1
0	1	1
0	0	0

【示例 3】12 和 5 进行位异或运算，则返回值为 9。

```
console.log(12^5);                   //返回值为 9
```

以算式的形式解析 12 和 5 进行位异或运算的过程，如图 2.3 所示。通过位异或运算，第 1 位和第 4 位的值为 true，而第 2 位和第 3 位的值为 false。

```
        0000 0000 0000 0000    0000 0000 0000 1100 | =   12
^       0000 0000 0000 0000    0000 0000 0000 0101 | =    5
_____
        0000 0000 0000 0000    0000 0000 0000 1001 | =    9
```

图 2.3   12 和 5 进行位异或运算

（4）～运算符。～（位非）运算符对一个二进制操作数逐位进行取反操作。

1）把运算数转换为 32 位的二进制整数。

2）逐位进行取反操作。

3）把二进制反码转换为十进制浮点数。

【示例 4】对 12 进行位非运算，则返回值为-13。

```
console.log(～12);                    //返回值为-13
```

以算式的形式解析对 12 进行位非运算的过程，如图 2.4 所示。

```
～       0000 0000 0000 0000    0000 0000 0000 1100 | =   12
_____
        1111 1111 1111 1111    1111 1111 1111 0011 | =  -13
```

图 2.4   对 12 进行位非运算

 提示

位非运算实际上就是对数值进行取负运算，再减去 1。例如：

```
console.log(～12 == -12-1);           //返回 true
```

2．移位运算

移位运算就是对二进制值有规律地进行移位，移位运算可以设计很多奇妙的效果，在图形图像编程中的应用很广泛。

（1）<<运算符。<<运算符执行有符号左移位运算。在移位运算过程中，符号位始终保持不变，右侧空出的位置，则自动填充为 0；如果超出 32 位的值，则自动丢弃。

【示例 5】 把数值 5 向左移 2 位，则返回值为 20。

```
console.log(5<<2);                      //返回值为20
```

用算式进行演示，如图 2.5 所示。

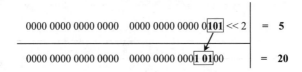

图 2.5　把 5 向左移 2 位运算

（2）>>运算符。>>运算符执行有符号右移位运算。与左移运算操作相反，它把 32 位数字中的所有有效位整体右移。再使用符号位的值填充空位。移动过程中超出的值将被丢弃。

【示例 6】 把数值 1000 向右移 8 位，则返回值为 3。

```
console.log(1000>>8);                    //返回值为3
```

用算式进行演示，如图 2.6 所示。

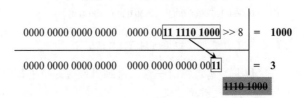

图 2.6　把 1000 向右移 8 位运算

【示例 7】 把数值-1000 向右移 8 位，则返回值为-4。

```
console.log(-1000>>8);                   //返回值为-4
```

用算式进行演示，如图 2.7 所示。当符号位值为 1 时，则有效位左侧的空位全部使用 1 进行填充。

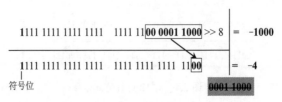

图 2.7　把-1000 向右位移 8 位运算

（3）>>>运算符。>>>运算符执行无符号右移位运算。它把无符号的 32 位整数的所有数位整体右移。对于无符号或正数右移位运算，则无符号右移位与有符号右移位运算的结果是相同的。

【示例8】下面两行表达式的返回值是相同的。

```
console.log(1000>>8);                    //返回值为3
console.log(1000>>>8);                   //返回值为3
```

【示例9】对于负数来说，无符号右移位将使用 0 来填充所有的空位，同时会把负数作为正数来处理，所得结果会非常大。所以，使用无符号右移位运算符时，要特别小心，避免意外错误。

```
console.log(-1000>>8);                   //返回值为-4
console.log(-1000>>>8);                  //返回值为16777212
```

用算式进行演示，如图 2.8 所示。左侧空位不再用符号位的值来填充，而是用 0 来填充。

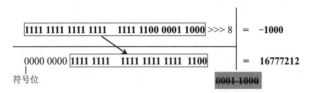

图 2.8　把-1000 无符号右移 8 位运算

2.3.7　其他常用运算符

1．条件运算符

条件运算符是三元运算符，其语法形式如下：

```
b ? x : y
```

b 操作数必须是一个计算值可转换为布尔型的表达式，x 和 y 是任意类型的值。

（1）如果操作数 b 的返回值为 true，则执行 x 操作数，并返回该表达式的值。

（2）如果操作数 b 的返回值为 false，则执行 y 操作数，并返回该表达式的值。

【示例1】定义变量 a，然后检测 a 是否被赋值，如果赋值则使用该值，否则设置默认值。

```
var a = null;                            //定义变量a
typeof a != "undefined" ? a = a : a = 0 ;  //检测变量a是否赋值，否则设置默认值
console.log(a);                          //显示变量a的值，返回null
```

条件运算符可以转换为条件结构：

```
if(typeof a != "undefined")                              //赋值
     a=a;
else                                                     //没有赋值
     a = 0;
console.log(a);
```

也可以转换为逻辑表达式：

```
 (typeof a != "undefined") && (a = a) || (a = 0);        //逻辑表达式
console.log(a);
```

在上面的表达式中，如果 a 已赋值，则执行(a=a)表达式，执行完毕就不再执行逻辑或后面的(a = 0)表达式；如果 a 未赋值，则不再执行逻辑与运算符后面的(a=a)表达式，转而执行逻辑或运算符后面的表达式(a = 0)。

注意

在实战中需要考虑假值的干扰。使用 typeof a != "undefined"进行检测，可以避免在将变量赋值为 false、null、""、NaN 等假值时，也误认为没有赋值。

2. 逗号运算符

逗号运算符是二元运算符，它能够先执行运算符左侧的操作数，然后再执行右侧的操作数，最后返回右侧操作数的值。

【示例 2】逗号运算符可以实现连续运算，如多个变量连续赋值。

```
var a = 1, b = 2, c = 3, d = 4;
```

等价于：

```
var a = 1;
var b = 2;
var c = 3;
var d = 4;
```

注意

与条件运算符、逻辑运算符根据条件来决定是否执行所有操作数不同，逗号运算符会执行所有的操作数，但并非返回所有操作数的结果，它只返回最后一个操作数的值。

提示

逗号运算符可以作为仅需要执行运算，而不需要返回值的情况。在特定环境中，可以在一个表达式中包含多个子表达式，通过逗号运算符让它们全部执行，而不用返回结果。逗号运算符的优先级是最低的。

2.4 语　句

JavaScript 定义了很多语句，用于执行不同的命令。这些语句根据用途可以分为声明、分支控制、循环控制、流程控制、异常处理等种类。如果根据结构又可以分为以下两类。

（1）单句：单行语句，由 0 个、一个或多个关键字及表达式构成，用来完成简单的运算。

（2）复句：使用大括号包含一个或多个单句，用来设计代码块、控制流程等复杂操作。

2.4.1 分支结构

扫一扫，看视频

在正常情况下，JavaScript 脚本是按顺序从上到下执行的，这种结构称为顺序结构。如果使用 if、else 或 switch 语句，则可以改变这种流程顺序，让代码根据条件来选择执行的方向，这种结构称为分支结构。

1. if 语句

if 语句允许程序根据特定的条件执行指定的语句或语句块。其语法格式如下：

```
if (表达式){
    语句块
}
```

如果表达式的值为真，或者可以转换为真，则执行语句块；否则，将忽略语句块。if 语句的流程控制示意如图 2.9 所示。

【示例 1】使用内置函数 random() 随机生成一个 1～100 的整数，然后判断该数能否被 2 整除，如果可以整除，则输出显示。

```
var num = parseInt(Math.random()*99 + 1);    //使用 random() 函数生成一个随机数
if (num % 2 == 0){                           //判断变量 num 是否为偶数
    console.log(num + "是偶数。");
}
```

提示

如果语句块为单句，可以省略大括号。例如：

```
if (num % 2 == 0)
    console.log(num + "是偶数。");
```

2．else 语句

else 语句仅当 if 或 else if 语句的条件表达式为假时执行。其语法格式如下：

```
if (表达式){
    语句块 1
}else{
    语句块 2
}
```

如果表达式的值为真，则执行语句块 1；否则，将执行语句块 2。其流程控制示意如图 2.10 所示。

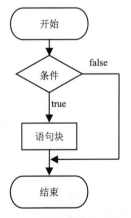

图 2.9　if 语句的流程控制示意

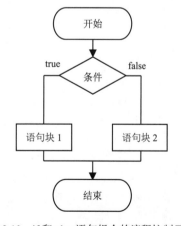

图 2.10　if 和 else 语句组合的流程控制示意

【示例 2】针对示例 1，可以设计二重分支，以实现根据条件显示不同的提示信息。

```
var num = parseInt(Math.random()*99 + 1);    //使用 random() 函数生成一个随机数
if (num % 2 == 0){                           //判断变量 num 是否为偶数
```

```
    console.log(num + "是偶数。");
} else {
    console.log(num + "是奇数。");
}
```

【示例3】if/else 结构可以嵌套，以便设计多重分支结构。

```
var num = parseInt(Math.random()*99 + 1);    //使用 random()函数生成一个 1～100
                                             //之间的随机数
if (num < 60){ console.log("不及格"); }
else if (num < 70){ console.log("及格"); }
else if (num < 85){ console.log("良好"); }
else{ console.log("优秀"); }
```

把 else 与 if 关键字组合在一行内显示，然后重新格式化每个语句，整个嵌套结构的逻辑思路就变得清晰了。其流程控制示意如图 2.11 所示。

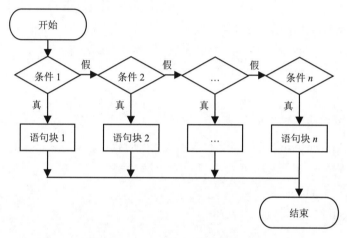

图 2.11   else if 语句的流程控制示意

3．switch 语句

switch 语句专门用来设计多分支条件结构。与 if/else 多分支结构相比，switch 结构更加简洁，执行效率更高。其语法格式如下：

```
switch (条件表达式){
    case 值表达式 1：
        语句列表 1
        break;
    case 值表达式 2：
        语句列表 2
        break;
    ...
    case 值表达式 n：
        语句列表 n
        break;
    default:
        默认语句列表
}
```

switch 语句根据条件表达式的值，依次与 case 后面表达式的值进行比较，如果全等(===)，则执行其后的语句列表，只有遇到 break 语句或者 switch 语句结束时才终止。由于使用全等运算符，因此不会自动转换每个值的类型；如果不相等，则继续查找下一个 case。switch 语句包含一个可选的 default 语句，如果在前面的 case 子句中没有找到相等的条件，则执行 default 语句列表，它与 else 语句类似。switch 语句的流程控制示意如图 2.12 所示。

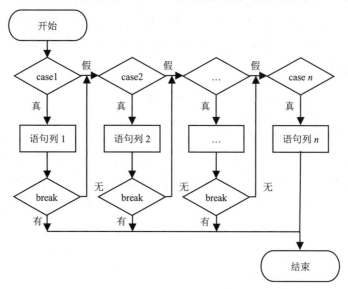

图 2.12　switch 语句的流程控制示意

注意

在 switch 语句中，case 子句只是指明了执行的起点，但是没有指明执行的终点，如果在 case 子句中没有 break 语句，就会发生连续执行的情况，从而忽略后面 case 子句的条件限制，这样就容易破坏 switch 结构的逻辑，因此在每个 case 底部不要忘记加上 break 语句。

【示例 4】使用 switch 语句设计网站登录会员管理模块。

```javascript
var id = 1;
switch (id) {
    case 1:
        console.log("普通会员");
        break;                  //停止执行，跳出 switch
    case 2:
        console.log("VIP 会员");
        break;                  //停止执行，跳出 switch
    case 3:
        console.log("管理员");
        break;                  //停止执行，跳出 switch
    default:                    //上述条件都不满足时，默认执行的代码
        console.log("游客");
}
```

default 是 switch 的子句，可以位于 switch 内任意位置，不会影响多重分支的正常执行。default 语句与 case 语句的简单比较如下。

（1）语义不同：default 为默认项，case 为判例。

（2）功能扩展：default 选项是唯一的，不可以扩展。而 case 选项是没有限制的，可以扩展。

（3）异常处理：default 与 case 扮演的角色不同，case 用于枚举，default 用于异常处理。

2.4.2　循环结构

在程序开发中，存在大量的重复性操作或计算，这些任务必须依靠循环结构来完成。JavaScript 定义了 while、do/while、for、for/in 和 for/of 5 种类型的循环语句。

1．while 语句

while 语句是最基本的循环结构。其语法格式如下：

```
while (表达式){
    语句块
}
```

当表达式的值为真时，将执行语句块，执行结束后，再返回到表达式继续进行判断。直到表达式的值为假，才跳出循环，执行下面的语句。while 循环语句的流程控制示意如图 2.13 所示。

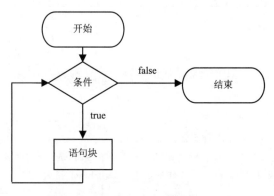

图 2.13　while 循环语句的流程控制示意

【示例 1】使用 while 循环语句输出 1～100 的偶数。

```
var n = 1;                            //声明并初始化循环变量
while(n <= 100){                      //循环条件
    n ++ ;                            //递增循环变量
    if(n%2 == 0) console.log(n);      //执行循环操作
}
```

💡 **提示**

也可以在循环的条件表达式中设计循环增量。

```
var n = 1;                            //声明并初始化循环变量
while(n++ <= 100)                     //循环条件
    if(n%2 == 0) console.log(n);      //执行循环操作
```

2．do/while 语句

do/while 语句与 while 循环语句非常相似，区别在于表达式的值是在每次循环结束时检查，而不是在开始时检查。因此，do/while 循环能够保证至少执行一次循环，而 while 循环就不一定了，如果表达式的值为假，则直接终止循环，不进入循环。其语法格式如下：

```
do{
    语句块
}while (表达式)
```

do/while 循环语句的流程控制示意如图 2.14 所示。

【示例 2】针对示例 1，使用 do/while 结构来设计，则代码如下：

```
var n = 1;                          //声明并初始化循环变量
do {                                //循环条件
    n ++ ;                          //递增循环变量
    if(n%2 == 0) console.log(n);    //执行循环操作
} while(n <= 100);
```

提示

建议在 do/while 结构的尾部使用分号表示语句结束，避免发生意外情况。

3．for 语句

for 语句是一种更简洁的循环结构。其语法格式如下：

```
for (表达式 1; 表达式 2; 表达式 3){
    语句块
}
```

表达式 1 在循环开始前无条件地求值一次，而表达式 2 在每次循环开始前求值。如果表达式 2 的值为真，则执行循环语句块，否则将终止循环，执行下面的代码。表达式 3 在每次循环之后被求值。for 循环语句的流程控制示意如图 2.15 所示。

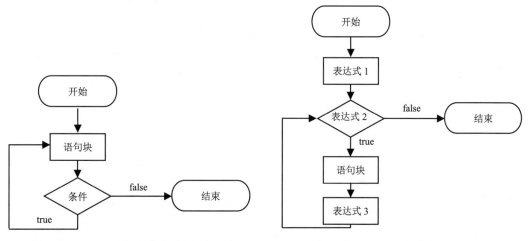

图 2.14　do/while 循环语句的流程控制示意　　　　图 2.15　for 循环语句的流程控制示意

注意

for 语句中的 3 个表达式都可以为空，或者包括以逗号分隔的多个子表达式。在表达式 2 中，所有用逗号分隔的子表达式都会计算，但只取最后一个子表达式的值进行检测。表达式 2 为空，会认为其值为真，意味着将无限循环下去。除了使用表达式 2 结束循环外，也可以在循环语句中使用 break 语句结束循环。

【**示例 3**】使用嵌套循环求 1～100 之间的所有素数。外层 for 循环遍历每个数字，在内层 for 循环中，使用当前数字与其前面的数字求余。如果有至少一个能够整除，则说明它不是素数；如果没有一个被整除，则说明它是素数，最后输出当前数字。

```
for(var i=2 ; i<100 ; i++){          //输出 2～100 之间的素数
    var b = true;
    for(var j = 2; j < i; j++){      //判断 i 能否被 j 整除，
                                     //能被整除则说明不是素数，修改布尔值为 false
        if(i%j == 0)  b = false ;
    }
    if(b) console.log(i);            //输出素数
}
```

4. for/in 语句

for/in 语句是 for 语句的一种特殊形式。其语法格式如下：

```
for ([var] 变量 in <object | array>){
    语句块
}
```

可以在变量前面附加 var 语句，用来直接声明变量名。in 后面是一个对象或数组类型的表达式。在遍历对象或数组的过程中，把获取的每一个值赋给变量。然后执行语句块，其中可以访问变量来读取每个对象属性或数组元素的值。执行完毕，返回，继续枚举下一个元素，以此类推，直到所有元素都被枚举为止。

注意

> 对于数组来说，值是数组元素的下标；对于对象来说，值是对象的属性名或方法名。

【**示例 4**】使用 for/in 语句遍历数组，并枚举每个元素及其值。

```
var a = [1, true, "0", [false], {}];          //声明并初始化数组变量
for(var n in a){                              //遍历数组
    console.log("a[" + n + "] = " + a[n]);    //显示每个元素及其值
}
```

提示

> 使用 while 或 for 语句可以实现相同的遍历操作。例如：
>
> ```
> var a = [1, true, "0", [false], {}];          //声明并初始化数组变量
> for(var n=0; n<a.length; n++){                //遍历数组
>     console.log("a[" + n + "] = " + a[n]);    //显示每个元素及其值
> }
> ```

【**示例 5**】定义一个对象 o，设置 3 个属性，然后使用 for/in 迭代对象属性，把每个属性值寄存到一个数组中。

```
var o ={ x : 1, y : true, z : "true"},    //定义包含 3 个属性的对象
    a = [],                               //临时寄存数组
    n = 0;                                //定义循环变量并初始化为 0
for(a[n ++ ] in o);                       //遍历对象 o，然后把所有属性都赋值到数组中
```

其中，for(a[n ++] in o);语句实际上是一个空的循环结构，分号为一个空语句。

【示例 6】for/in 适合枚举长度不确定的对象。下面使用 for/in 读取客户端 document 对象的所有可读属性。

```
for(var i = 0 in document){
    console.log("document."+i+"="+document[i] +"<br />");
}
```

📢 **注意**

如果对象属性被设置为只读、存档或不可枚举等限制特性，那么使用 for/in 语句就无法枚举了。枚举是没有固定顺序的，因此在遍历结果中会看到不同的排列顺序。

【示例 7】for/in 能够枚举可枚举的属性，包括原生属性和继承属性。

```
Array.prototype.x = "x";              //自定义数组对象的继承属性
var a = [1,2,3];                      //定义数组对象并赋值
a.y = "y";                            //定义数组对象的额外属性
for(var i in a){                      //遍历数组对象 a
    console.log(i+": " + a[i] + "<br />");
}
```

在该示例中，共获取 5 个元素，其中包括 3 个原生元素、一个继承的属性 x 和一个额外的属性 y。如果仅想获取数组 a 的元素值，只能使用 for 循环结构。

```
for(var i = 0; i < a.length ; i ++)
    console.log(i + ": " + a[i] + "<br />");
```

📢 **注意**

for/in 语句适合枚举长度不确定的对象属性。

5. for/of 语句

ES6 新增了一个新的循环语句，即 for/of，主要用于遍历可迭代对象，如数组、字符串、集合和映射等序列对象。其语法格式如下：

```
for ([let] 变量 of <iterable>){
    语句块
}
```

可以在变量前面附加 let 语句，用来直接声明块级变量名。of 后面是一个可迭代对象。在遍历可迭代对象的过程中，会把获取的每一个元素赋值给变量。然后执行语句块，其中可以访问变量来读取每个元素的值。执行完毕，返回，继续迭代下一个元素，以此类推，直到所有元素都被遍历为止。

【示例 8】使用 for/of 循环遍历一个数字数组的元素并计算它们的和。

```
let data = [1, 2, 3, 4, 5, 6, 7, 8, 9], sum = 0;
for(let element of data) {
    sum += element;
}
```

在默认情况下，对象不可迭代。如果要迭代对象的属性，可以使用 for/in 循环，或者结合使用 for/of 与 Object.keys()方法。Object.keys()方法返回一个对象的属性名数组，因为数组是可迭代对象，可以与 for/of 一起使用。

也可以使用 for(let v of Object.values(o))遍历对象包含的属性值，或者使用 for/of 循环、Object.entries()方法以及解构赋值，遍历对象属性的键和值。

Object.entries()方法返回对象属性的键值对数组，针对该示例，实际返回的值为[['x', 1], ['y', 2], ['z', 3]]。使用 for/of 进行迭代，每次迭代的元素是一个数组，使用数组解构进行赋值[k, v]。

【示例 9】使用 for/of 可以迭代字符串。下面迭代字符串，并统计每个字符出现的次数。

```javascript
let frequency = {};
for(let letter of "mississippi") {
    if (frequency[letter]) {
        frequency[letter]++;
    } else {
        frequency[letter] = 1;
    }
}
console.log(frequency)                    //{m: 1, i: 4, s: 4, p: 2}
```

2.4.3 流程控制

使用 label、break、continue、return 语句可以中途改变分支结构、循环结构的流程方向，以提升程序的执行效率。

 说明

return 语句将在本书第 4 章函数中详细说明，本节不作介绍。

1. label 语句

在 JavaScript 中，使用 label 语句可以为一行语句添加标签，以便在复杂结构中设置跳转目标。其语法格式如下：

```
label ：语句块
```

label 为任意合法的标识符，但不能使用保留字，使用冒号分隔标签名与标签语句。

由于标签名与变量名属于不同的命名体系，所以标签名与变量名可以重复。但是，标签名与属性名语法相似，因此不能重名。例如，下面写法是错误的。

```
a:{                                    //标签名
    a:true                             //属性名
}
```

使用点语法、中括号语法可以访问属性，但是无法访问标签语句。

```
console.log(o.a);                      //可以访问属性
console.log(b.a);                      //不能访问标签语句，将抛出异常
```

label 与 break 语句配合使用，主要应用在循环结构、多分支结构中，以便跳出内层嵌套体。

2. break 语句

break 语句能够结束当前 for、for/in、for/of、while、do/while 或者 switch 语句的执行。同时 break 可以接收一个可选的标签名，来决定跳出的结构语句。其语法格式如下：

```
break label;
```

如果没有设置标签名，则表示跳出当前最内层结构。break 语句的流程控制示意如图 2.16 所示。

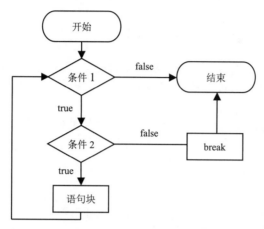

图 2.16　break 语句的流程控制示意

【示例 1】 设计在客户端查找 document 的 bgColor 属性。如果完全遍历 document 对象，会浪费时间，因此设计一个条件，判断所枚举的属性名是否等于 bgColor，如果相等，则使用 break 语句跳出循环。

```
for(i in document){
    if(i.toString() == "bgColor"){
        console.log("document." + i + "=" + document[i] + "<br />");
        break;
    }
}
```

在上面的代码中，break 语句并非跳出当前的 if 结构体，而是跳出当前最内层的循环结构。

【示例 2】 在下面的嵌套结构中，break 语句并没有跳出 for/in 结构，仅仅跳出 switch 结构。

```
for(i in document){
    switch(i.toString()){
        case "bgColor":
            console.log("document." + i + "=" + document[i] + "<br />");
            break;
        default:
            console.log("没有找到");
    }
}
```

【示例 3】 针对示例 2，可以为 for/in 语句定义一个标签 outloop，然后在最内层的 break 语句中设置该标签名，这样当条件满足时就可以跳出最外层的 for/in 循环结构。

```
outloop:for(i in document){
    switch(i.toString()){
        case "bgColor":
            console.log("document." + i + "=" + document[i] + "<br />");
            break outloop;
        default:
            console.log("没有找到");
    }
}
```

📢 **注意**

> break 语句和 label 语句配合使用仅限于嵌套的循环结构，或者嵌套的 switch 结构，并且用于当需要退出非当前层结构时。break 与标签名之间不能够包含换行符，否则 JavaScript 会解析为两条语句。
>
> break 语句的主要功能是提前结束循环或多重分支，主要用在无法预控的环境下，以避免死循环或者空循环。

3．continue 语句

continue 语句用在循环结构内，用于跳过本次循环中剩余的代码，并当表达式的值为真时，继续执行下一次循环。它可以接收一个可选的标签名，来决定跳出的循环语句。其语法格式如下：

```
continue label;
```

continue 语句的流程控制示意如图 2.17 所示。

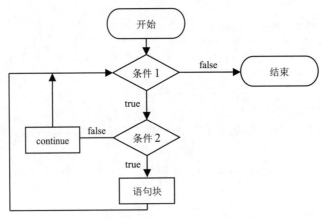

图 2.17　continue 语句的流程控制示意

【**示例 4**】使用 continue 语句过滤数组中的字符串值。

```
var a = [1, "hi", 2, "good", "4", , "" , 3, 4],    //定义并初始化数组 a
    b = [], j = 0;                                 //定义数组 b 和变量 j
for(var i in a){                                   //遍历数组 a
    if(typeof a[i] == "string")                    //如果为字符串则返回，继续下一次循环
        continue;
    b[j ++ ] = a[i];                               //把数字寄存到数组 b
}
console.log(b);                                    //返回 1,2,3,4
```

2.4.4　异常处理

ECMA-262 规范了错误类型，其中 Error 是基类，其他错误类型是子类，都继承 Error 基类。Error 类型的主要用途是自定义错误对象。

1．try/catch/finally 语句

try/catch/finally 是 JavaScript 异常处理语句。其语法格式如下：

```
try{
        //调试代码块
}
catch(e){
        //捕获异常，并进行异常处理的代码块
}
finally{
        //后期清理代码块
}
```

在正常情况下，JavaScript 按顺序执行 try 子句中的代码，如果没有异常发生，将会忽略 catch 子句，跳转到 finally 子句中继续执行。

如果在 try 子句中发生运行时错误，或者使用 throw 语句主动抛出异常，则执行 catch 子句中的代码，同时传入一个参数，引用 Error 对象。

【示例 1】先在 try 子句中制造一个语法错误，然后在 catch 子句中获取 Error 对象，读取错误信息，最后在 finally 子句中提示代码。

```
try{
    1=1;                                //非法语句
}
catch(error){                           //捕获错误
    console.log(error.name);            //访问错误类型
    console.log(error.message);         //访问错误详细信息
}
```

```
finally{                                   //清除处理
    console.log("1=1");                    //提示代码
}
```

catch 和 finally 子句是可选的，在正常情况下应该包含 try 和 catch 子句。

```
try{ 1=1; }
catch(error){}
```

注意

不管 try 子句是否完全执行，finally 子句最后都必须要执行，即使使用了跳转语句跳出了异常处理结构，也必须在跳出之前先执行 finally 子句。

【示例 2】在函数体内设计一个异常处理结构，为每个子句添加一个 return 语句。调用函数后，实际返回的是"finally"，而不是"try"，因为 finally 子句必须最后执行，如果把 finally 子句去掉，函数才会返回"try"。

```
function test(){
    try{
        return "try";
    }catch(error){
        return "catch";
    }finally{
        return "finally";
    }
}
console.log(test());                       //返回"finally"
```

提示

try/catch/finally 语句允许嵌套使用，嵌套的层数不限，同时形成一条词法作用域链。在 try 中发生异常时，JavaScript 会停止程序的正常执行，并跳转到层级最近的 catch 子句（异常处理器）。如果没有找到异常处理器，则会沿着作用域链，检查上一级的 catch 子句，以此类推，直到找到一个异常处理器为止。如果在程序中都没有找到任何异常处理器，将会显示错误。

【示例 3】下面的代码是一个多层嵌套的异常结构，在处理一系列的异常时，内层的 catch 子句通过将异常抛出，就可以将异常抛给外层的 catch 子句来处理。

```
try{                                       //外层异常处理结构
    try{                                   //内层异常处理结构
        test();                            //错误调用
    }
    catch(error){                          //如果是异常引用，则提示这样的信息
        if (error.name == "ReferenceError") console.log("错误参考");
        else  throw error;                 //否则再次抛出一个异常，并把错误信息向上传递
    }
}
catch(error){                              //获取内层异常处理结构中抛出的异常
    console.log("内层 try/catch 不能够处理这个错误");
}
```

提示

ES2019 允许 catch 语句省略参数。

2．throw 语句

throw 语句能够主动抛出一个异常。其语法格式如下：

```
throw 表达式;
```

表达式可以为任意类型，一般为 Error 对象，或者 Error 子类实例。当执行 throw 语句时，程序会立即停止执行。只有当使用 try/catch 语句捕获到被抛出的值时，程序才会继续执行。

【示例 4】在循环体内设计当循环变量大于 5 时，定义并抛出一个异常。

```
try{
    for(var i=0; i<10;i++){
        if(i>5) throw new Error("循环变量的值大于 5 了");//定义错误对象，并抛出异常
        console.log(i);
    }
}
catch(error){ }                          //捕获错误，其中error 就是 new Error()的实例
```

在抛出异常时，JavaScript 也会停止程序的正常执行，并跳转到最近的 catch 子句。如果没有找到 catch 子句，则会检查上一级的 catch 子句，以此类推，直到找到一个异常处理器为止。如果在程序中都没有找到任何异常处理器，将会显示错误。

2.5　案 例 实 战

2.5.1　检测字符串

扫一扫，看视频

使用 typeof 运算符可以检测字符串，但是无法检测字符串对象。例如：

```
var str = String("123");
console.log(typeof str);              //=> string
var str = new String("123");
console.log(typeof str);              //=> object
```

【案例】定义 isString()函数，封装字符串直接量和字符串对象的统一检测方法。

```
function isString(str) {
    //如果typeof 运算返回'string'，或者constructor 指向 String，都说明它是字符串类型
    if (typeof str == 'string' || str.constructor == String) {
        return true;
    } else {
        return false;
    }
}
var str = String("123");
console.log(isString(str));           //=> true
var str = new String("123");
console.log(isString(str));           //=> true
```

2.5.2 检查字符串是否包含数字

【案例】定义 hasNumber()函数，检测字符串中是否包含数字，如果包含数字，则返回 true；如果全部都是非数字字符，则返回 false。

```javascript
function hasNumber(str) {
    let length = str.length;                        //获取字符串的字符个数
    for (let i = 0; i < length; i++) {              //逐个检测每个字符
        if (Number(str[i]) || Number(str[i]) === 0) {//是否为数字字符，或者为0
            return true;                            //数字0为假值，需要单独检测
        }
    }
    return false;
}
let str = 'qwqabd';
console.log(hasNumber(str));                         //false
```

2.5.3 浮点数相乘的精度

【案例】浮点数运算存在精度问题，下面介绍如何解决浮点数相乘的精度问题。例如：

```javascript
console.log(3*0.0001);                    //=> 0.00030000000000000003
```

定义如下乘法函数：

```javascript
function mul(a, b) {
    //如果两个数字都是整数，则直接相乘
    if (Math.floor(a) == a && Math.floor(b) == b) {
        return a * b
    } else {
        let stra = a.toString();            //把数字转换为字符串
        let strb = b.toString();            //把数字转换为字符串
        //如果存在小数位，则获取小数部分，并计算小数部分的长度
        let len1 = stra.split('.').length > 1 ? stra.toString().split
(".") [1].length : 0;
        let len2 = strb.split('.').length > 1 ? strb.toString().split
(".") [1].length : 0;
        return (a * b).toFixed(len1 + len2) ; //取小数位长度为两数小数位长度的和
    }
}
console.log(mul(3, 0.0001));                         //=> 0.0003
```

2.5.4 计算二进制中 1 的个数

【案例】设计输入一个正整数，求这个正整数转换成二进制后 1 的个数。设计思路：假设一个整数变量 number，number&1 有两种可能：1 或 0。当结果为 1 时，说明最低位为 1；当结果为 0 时，说明最低位为 0，可以通过>>运算符右移一位，再求 number&1，直到 number 为 0。

```javascript
var count = 0;                              //定义变量统计 1 的个数
var number = parseInt(prompt("请输入一个正整数："));     //输入一个正整数
```

```
    var temp = number;                                  //备份输入的数字
    if (number > 0) {                                   //输入正整数时
        while (true) {                                  //无限次循环
            if (number & 1 == 1) {                      //最后一位为1
                count += 1;                             //统计1的个数
            }
            number >>= 1;                               //右移一位，并赋值给自己
            if (number == 0) {                          //数为0
                break;                                  //退出循环
            }
        }
        console.log(temp, "的二进制中 1 的个数为", count);  //输出结果
    }else {                                             //输入非正整数时
        console.log("输入的数不符合规范");                //输出提示语句
    }
```

扫一扫，看视频

2.5.5 计算水仙花数

【**案例**】水仙花数就是一个三位数的每一个位数的立方和等于它自己，如 153=1*1*1+ 5*5*5+3*3*3。下面案例定义一个函数，求所有水仙花数，在函数中使用 for 遍历 100～999 之间的所有整数，然后计算百位、十位和个位上的数字，通过 if 条件检测各位上数字的立方和是否等于该数字。

```
function flower(){
        var numArr=[];
        for(var i=100;i<=999;i++){                          //遍历所有三位数字
            var a=parseInt(i/100);                          //求百位上的数
            var b=parseInt(i%100/10);                       //求十位上的数
            var c=i%10;                                     //求个位上的数
            if(i==Math.pow(a,3)+Math.pow(b,3)+Math.pow(c,3)){ //检测是否相等
                numArr.push(i);                             //如果相等则存入数组
            }
        }
        return numArr;                                      //返回数组
}
```

本 章 小 结

本章详细介绍了 JavaScript 变量、数据类型、运算符和语句。这些知识构成了 JavaScript 的语法基础，内容比较琐碎，但非常重要。只有熟练掌握这些知识点，才能够编写出符合标准且高效运行的 JavaScript 程序。建议读者仔细阅读本章内容，并不断上机练习，认真研究每个知识点的微妙之处。

课 后 练 习

一、填空题

1. 通过_____操作，可以将数据存储到变量中。

2．JavaScript 标识符包括_____、_____、_____、_____、_____和_____等。

3．在 JavaScript 中，声明变量有 6 种方法：_____、_____、_____、_____、_____和_____。

4．JavaScript 支持 7 种基本数据类型：_____、_____、_____、_____、_____、_____和_____。

5．分支结构包括_____、_____和_____3 种形式。

6．循环结构包括_____、_____、_____、_____和_____5 种形式。

二、判断题

1．声明 JavaScript 变量时，必须指定数据类型。 （   ）

2．变量未被赋值时默认值为空。 （   ）

3．变量作用域是指变量在程序中可以访问的有效范围。 （   ）

4．函数作用域是局部作用域，块级作用域也是局部作用域。 （   ）

5．运算符就是对操作数执行特定运算，可以不返回值的符号。 （   ）

三、选择题

1．（   ）是非法的变量名。
   A．var   B．name   C．myClass   D．_name

2．（   ）不属于基础数据类型。
   A．string   B．number   C．boolean   D．object

3．console.log(3 % 2)的输出值是（   ）。
   A．1   B．2   C．3   D．0

4．console.log (!!0) 的输出值是（   ）。
   A．1   B．0   C．true   D．false

5．console.log("a">3) 的输出值是（   ）。
   A．"a"   B．3   C．true   D．false

6．（   ）不是逻辑位运算符。
   A．&   B．!   C．^   D．|

7．（   ）语句不可以中途改变分支结构、循环结构的流程方向。
   A．break   B．continue   C．if   D．return

四、简答题

1．简单介绍一下变量的特点。

2．请简述一下合法的标识符应遵循的规则。

五、编程题

1．质数是一个大于 1 的自然数，除了 1 和它自身外，不能被其他自然数整除，否则称为合数。请编写函数判断给定数字是否为质数。

2．最大公约数是两个或多个整数公约数中最大的一个。请编写函数求给定的两个整数的最大公约数。

3．编写函数求给定 3 位数的百位、十位和个位的值。

拓 展 阅 读

扫描下方二维码，了解关于本章的更多知识。

第3章 数　　组

【学习目标】

➘ 定义和访问数组。

➘ 正确检测数组。

➘ 能把数组转换为其他类型的值。

➘ 灵活操作元素和数组。

数组是有序数据的集合，数组内的每个成员称为元素，元素的名称称为数组的下标。JavaScript 对数组元素的类型没有严格要求，可以混用任意类型。数组的长度是弹性的、可读可写的。数组是复合型数据结构，属于引用型对象。数组主要用于批量化数据处理，利用 JavaScript 为数组提供的丰富的原型方法可以快速地完成各种复杂的操作。

3.1　认　识　数　组

在第 2 章中，程序使用的变量都属于基本类型，如数值、字符串、布尔值。对于简单的问题，使用这些基本类型就可以了，但是，对于有些数据，使用基本类型难以反映出数据的特点，也难以有效地进行数据处理。例如，一个班有 40 名学生，每名学生有一个成绩，要计算这 40 名学生的平均成绩。理论上，这个问题很简单，问题是怎样表示 40 名学生的成绩呢？当然可以使用 40 个变量表示：sl、s2、s3、…、s40。但是这里存在两个问题：一是烦琐，要定义 40 个变量，如果有 4000 名学生该怎么办呢？二是没有反映出这些数据间的内在联系，实际上这些数据是同一个班级、同一门课程的成绩，它们具有相同的属性。

人们想出这样的办法：既然它们都是同一类性质的数据，那么可以用同一个名字来代表它们，而在名字的右下角加一个数字来表示这是第几名学生的成绩，如 s_1、s_2、s_3、…、s_{40}。右下角的数字称为下标，一批具有同名的同属性的数据就组成一个数组，s 就是数组名。

由于计算机键盘无法输入上下标，于是就用方括号中的数字来表示下标，如 s[1]表示 s_1，代表第 1 名学生的成绩。由此可知：

（1）数组是一组有序数据的集合。数组中各数据的排列具有一定的规律性，下标代表数据在数组中的序号。

（2）用一个数组名和下标来唯一地确定数组中的元素，如 s[5]就代表第 5 名学生的成绩。

（3）数组中的每一个元素都属于同一类数据。JavaScript 没有这项要求，但是遵循元素同类，对数据处理有很大的帮助。

（4）将数组与循环结合起来，可以有效地批量处理数据，大大提高了工作效率。

在数组中，下标是从 0 开始的。这是因为物理内存的地址是从 0 开始的，以 0 开始可以减少 CPU 指令运算。如果数组的长度为 n，则最后一个元素应该是 $n-1$，其示意关系如图 3.1 所示。

元素 1	元素 2	元素 3	元素 4	元素 5	…	元素 *n*	数组
0	1	2	3	4	…	*n*-1	下标

图 3.1　数组元素与下标的关系

JavaScript 数组不支持负值下标，但在 Array 原型方法中支持负值下标参数，表示从右向左反索引元素，最后一个元素的索引为-1，倒数第 2 个元素的索引为-2，以此类推，如图 3.2 所示。

元素 1	元素 2	元素 3	元素 4	元素 5	…	元素 *n*	数组
-*n*	1-*n*	2-*n*	3-*n*	4-*n*	…	-1	索引

图 3.2　数组元素与反向索引的关系

3.2　定 义 数 组

3.2.1　数组直接量

扫一扫，看视频

数组直接量的语法格式如下：

```
数组 = [ [数据列表] ]
```

在中括号中包含 0 个或多个值的列表，值之间以逗号分隔，最后一个值尾部可以添加逗号，也可以省略。

推荐使用数组直接量定义数组，它是定义数组最简便、高效的方法。

【示例 1】下面的代码定义了两个数组。

```
var a = [];                              //空数组
var a = [1,true,"0",[1,0],{x:1,y:0}];    //包含 5 个元素的数组
```

【示例 2】如果数组元素的值为数组，则可以定义二维数组，以存储表格化数据。

```
var a = [ [1.1, 1.2], [2.1, 2.2] ];      //定义二维数组，2 行 2 列
```

3.2.2　构造数组

扫一扫，看视频

调用 Array()函数可以构造一个新数组。其语法格式如下：

```
数组 = new Array([数据列表])
```

每个参数指定一个元素的值，值的类型没有限制。参数的顺序就是数组元素的顺序，数组的 length 属性值等于所传递参数的个数。

【示例 1】下面的代码定义了两个数组。

```
var a = new Array();                              //空数组
var a = new Array(1,true,"string",[1,2],{x:1,y:2}); //创建包含 5 个元素的数组
```

【示例 2】传递一个数值参数，可以定义指定长度的空位数组，每个元素的默认值为 undefined。

```
console.log(new Array(5).toStr);     //[,,,,]
console.log(new Array(1));           //[], 包含 1 个空位元素的数组
```

扫一扫，看视频

3.2.3 空位数组

空位数组是指包含空元素的数组。所谓空元素，从语法上看，就是数组中两个逗号之间没有任何值。出现空位数组的情况说明如下。

（1）数组直接量定义。

```
var a = [1, , 2];                          //第 2 个元素为空位元素
```

如果最后一个元素后面加逗号，不会产生空位，与没有逗号时效果一样。例如：

```
var a = [1, 2, ];                          //数组长度为 2
```

（2）构造函数定义。

```
var a = new Array(3);                      //产生 3 个空元素
```

（3）delete 删除。

```
var a = [1, 2, 3];
delete a[1];                               //a 为[1, , 3]
```

【示例】空元素可以读写，length 包含空位元素。

```
var a = [, , ,];
for(var i =0; i<a.length;i++)
    console.log(a[i]);                     //undefined undefined undefined
```

注意

空位元素与值为 undefined 的元素是不同的。JavaScript 在初始化数组时，只有真正存储值的元素才可以分配内存。ES5 在大多数情况下会忽略空位，而 ES6 则明确将空位转换为 undefined。由于空位的处理规则不是很统一，在使用数组时应避免出现空位。

扫一扫，看视频

3.2.4 关联数组

关联数组是与数组关联的对象，数组的下标被转换为对象属性。如果数组的下标为非法的值，如负数、浮点数、布尔值、对象或其他类型值，JavaScript 会自动把下标转换为一个字符串，并定义为关联数组。

【示例】关联数组的检索速度优于数组。下面使用二维数组存储表格化数据。

```
var a = [ ["张三", 1], ["李四", 2], ["王五", 3] ];     //定义二维数组
for(var i in a)                                      //遍历检索指定元素
    if(a[i][0] == "李四") console.log(a[i][1]) ;
```

使用关联数组的代码如下：

```
var a = [];                                          //定义空数组
a["张三"] = 1;                                        //以文本下标存储值
a["李四"] = 2;
a["王五"] = 3;
console.log(a["李四"]);                               //快速定位检索
```

扫一扫，看视频

3.2.5 类数组

类数组（又称伪类数组）表示类似数组结构的对象，如 jQuery 对象。其结构特点是：对象的属性名为非负整数，并且从 0 开始，有序递增，同时包含 length 属性，length 属性值为数字属性个数（下标属性），以便使用 for 遍历类数组。

【示例】obj 是一个类数组，包含 3 个下标属性（0、1、2）、1 个计数属性（length）。然后使用 for 遍历该对象。也可以使用数字下标访问某个属性。

```
var obj = { 0 : 0, 1 : 1, 2 : 2,        //下标属性
    length : 3                          //计数属性
};
for (var i = 0; i < obj.length; i++) {  //使用 for 遍历类数组
    console.log(obj[i]);                //0 1 2
console.log(obj[2]);                    //2，使用数字下标访问某个属性
```

3.3 访 问 数 组

扫一扫，看视频

3.3.1 数组长度

数组对象的 length 属性可以返回数组的最大长度。length 可读、可写，是一个动态属性，其值会随数组长度的变化而自动更新。如果修改 length 属性值，将影响数组的元素，具体说明如下：

（1）设置 length 属性值小于当前数组的长度，则数组将被截断，长度之外的元素都将被丢失。

（2）设置 length 属性值大于当前数组的长度，则在数组尾部会产生多个空元素，确保数组长度等于 length 值。

【示例】定义一个空数组，然后为下标 99 的元素赋值，则 length 属性返回 100。

```
var a = [];                             //定义空数组
a[99] =99;
console.log(a.length);                  //返回100
```

3.3.2 读写数组

扫一扫，看视频

使用中括号语法（[]）可以读写数组。中括号左侧是数组名称，中括号内为数组下标。

```
数组[非负整数的表达式] = 值
```

【示例 1】使用 for 为数组批量赋值。其中 i++ 是一个递增表达式。

```
var a = new Array();                    //创建一个空数组
for(var i = 0; i < 10; i ++){           //循环生成 10 个元素
    a[i ++ ] = ++ i;                    //跳序为数组赋值
}
console.log(a.toString());              //[2,,,5,,,8,,,11]
```

【示例 2】借用数组结构互换两个变量的值。

```
var a = 10, b = 20;                     //初始化两个变量
```

```
a = [b, b = a][0];                                    //通过数组快速交换数据
```

第 2 个元素是一个表达式：b = a，其运算优于[b, b = a][0]表达式的下标取值。

【示例 3】定义一个二维数组，然后读取第 2 行第 2 列的元素值。

```
var a = [[1,2], [3,4]];                               //定义二维数组
console.log(a[1][1])                                  //4
```

扫一扫，看视频

3.3.3 使用 for 遍历数组

for 和 for/in 语句都可以遍历数组。for 需要配合 length 属性和数组下标来实现，执行效率低于 for/in，但是 for/in 会跳过空位元素。对于超长数组，建议使用 for/in 遍历。

【示例 1】使用 for 遍历数组，筛选出所有数字元素。

```
var a = [1, 2, ,,,,,,true,,,,,,, "a",,,,,,,,,,,,,,,,,4,,,,,56,,,,,,"b"];
                                                      //定义数组
var b = [], num=0;
for(var i = 0; i < a.length ; i ++){                  //遍历数组
    if(typeof a[i] == "number")                       //如果为数字，则返回该元素的值
        b.push(a[i]);                                 //推入到临时数组 b 中
    num++;                                            //递增计数
}
console.log(num);                                     //42，循环了 42 次
console.log(b);                                       //[1,2,4,56]
```

【示例 2】使用 for/in 遍历示例 1 中的数组 a。在 for/in 循环结构中，变量 i 表示数组下标，a[i]读取指定下标的元素值。

```
for(var i in a){                                      //遍历数组
    if(typeof a[i] == "number")                       //如果为数字，则返回该元素的值
        b.push(a[i]);                                 //推入到临时数组 b 中
    num++;                                            //递增计数
}
console.log(num);                                     //7，循环了 7 次
console.log(b);                                       //[1,2,4,56]
```

扫一扫，看视频

3.3.4 使用 forEach()遍历数组

使用 forEach()原型方法，可以遍历数组，并为每个元素调用回调函数。其语法格式如下：

```
数组.forEach(回调函数, [绑定回调函数中 this 的对象])
```

另外，forEach 也可以用于所有可迭代对象，如 arguments 等。

回调函数的语法格式如下：

```
function 回调函数(当前元素, 元素下标, 数组) { [函数体] }
```

【示例 1】使用 forEach()遍历数组 a，并输出显示每个元素的值和下标。

```
function f(value, index, array) {
    console.log("a[" + index +  "] = " + value)
}
var a = ['a', 'b', 'c'];
a.forEach(f);
```

【示例 2】为回调函数的 this 绑定对象 obj。当遍历数组时，先读取数组元素的值，然后调用 this 绑定的 obj 对象的 f2() 方法改写并覆盖元素的值。

```
var obj = {
    f1: function(value, index, array) {       //定义回调函数
        console.log( "a[" + index + "] = " + value);
        array[index] = this.f2(value);        //调用 obj 对象的 f2()方法改写并覆
                                               //盖元素的值
    },
    f2: function(x) { return x * x }           //定义修改函数
};
var a = [12, 26, 36];                          //定义数组
a.forEach(obj.f1, obj);                        //遍历数组
console.log(a);                                //[144,676,1296]
```

3.4 类 型 转 换

扫一扫，看视频

3.4.1 转换为字符串

Array 定义了 3 个可以将数组转换为字符串的原型方法，其说明见表 3.1。

表 3.1 将数组转换为字符串的原型方法

原型方法语法	说　　明
字符串=数组.toString()	将数组转换成一个字符串
字符串=数组.toLocaleString()	将数组转换成本地约定的字符串
字符串=数组.join([分隔符表达式])	使用分隔符将数组元素连接起来以构建一个字符串

【示例 1】toLocaleString() 与 toString() 用法相同，主要区别在于 toLocaleString() 方法能够根据本地约定的习惯把生成的字符串连接起来。

```
var a = [1, 2, 3, 4, 5];             //定义数组
var s = a.toString();                //转换为字符串
console.log(s);                      //"1, 2, 3, 4, 5"
s = a.toLocaleString();              //转换为本地字符串
console.log(s);                      //"1.00, 2.00 , 3.00 , 4. 00, 5 .00 "
```

在该示例中，调用 toLocaleString() 方法时，早期的浏览器会根据习惯，先把数字转换为浮点数，再执行字符串转换操作。

【示例 2】join() 方法的参数是一个字符串表达式（分隔符），如果省略参数，默认使用逗号作为分隔符，转换操作与 toString() 方法相同。

```
var a = [1, 2, 3, 4, 5];             //定义数组
var s = a.join("a"+"b");             //分隔符表达式，转换为字符串表示
console.log(s);                      //"1ab2ab3ab4ab5"
```

3.4.2 转换为序列

扫一扫，看视频

使用扩展运算符（...）可以将一个数组转换为用逗号分隔的序列。其语法格式如下：

序列 = ...数组

（1）扩展运算符主要用于参数传递。

【**示例 1**】在下面的代码中，使用了扩展运算符将一个数组转换为参数序列，再传递给调用函数。

```
function add(x, y) { return x + y; }
console.log(add(...[4, 3]));          //7
```

（2）使用扩展运算符替代 apply()方法。

【**示例 2**】比较两种方法如何把数组传递给函数。

```
function f(x, y, z) { console.log(x, y, z); }
var args = [0, 1, 2];                 //定义数组
f.apply(null, args);                  //ES5 的写法
f(...args);                           //ES6 的写法
```

【**示例 3**】比较两种方法使用 Math.max()函数求数组的最大元素。

```
Math.max.apply(null, [14, 3, 77])     //ES5 的写法
Math.max(...[14, 3, 77])              //ES6 的写法，等于 Math.max(14, 3, 77)
```

【**示例 4**】比较两种方法使用 push()方法合并数组。

```
var arr1 = [0, 1, 2], arr2 = [3, 4, 5];
Array.prototype.push.apply(arr1, arr2);//ES5 的写法
arr1.push(...arr2);                   //ES6 的写法
```

扫一扫，看视频

3.4.3　案例：扩展运算符的应用

1．克隆数组

克隆数组包括浅复制和深复制。浅复制仅克隆数组的属性，不关心属性值是否为引用型数据（如对象或数组），而深复制会递归克隆数组中嵌套的所有引用型数据。

ES5 通过 concat()方法可以间接克隆数组，而不是复制数组。例如：

```
const a1 = [1, 2];
const a2 = a1.concat();               //调用数组原型方法
```

扩展运算符提供了克隆数组的简便写法。例如：

```
const a1 = [1, 2];
const a2 = [...a1];                   //方法一
const [...a2] = a1;                   //方法二
```

2．合并数组

扩展运算符可以快速合并数组。例如：

```
const arr1 = ['a', 'b'], arr2 = ['c'];
arr1.concat(arr2);                    //ES5 合并数组
[...arr1, ...arr2]                    //ES6 合并数组
```

上述方法都是浅复制，即成员都是对原数组成员的引用，如果修改了引用指向的值，会同步反映到新数组。

3．与解构赋值结合使用

扩展运算符可以与解构赋值结合起来，用于生成数组。例如：

```
const [first, ...rest] = [1, 2, 3, 4, 5];
console.log(first);                        //1
console.log(rest);                         //[2, 3, 4, 5]
const [first, ...rest] = [];
console.log(first);                        //undefined
console.log(rest);                         //[]
const [first, ...rest] = ["foo"];
console.log(first);                        //"foo"
console.log(rest);                         //[]
```

 注意

如果将扩展运算符用于数组赋值，只能放在参数的最后一位，否则会报错。

4．将字符串转换为数组

扩展运算符可以将字符串转换为数组。例如：

```
console.log([...'hello']);                 //[ "h", "e", "l", "l", "o" ]
console.log('\uD83D\uDE80'.length);        //2，无法识别 4 个字节的 Unicode 字符
console.log([...'\uD83D\uDE80'].length);   //1，正确识别 4 个字节的 Unicode 字符
```

5．转换可迭代对象

使用扩展运算符可以把可迭代对象转换为数组。

【示例】在下面的代码中，变量 go 是一个生成器函数（可参考第 4 章），执行后返回的是一个迭代器对象，对这个迭代器对象执行扩展运算，将内部遍历的值转换为一个数组。

```
const go = function*(){                    //生成器函数
    yield 1;                               //返回状态 1
    yield 2;                               //返回状态 2
    yield 3;                               //返回状态 3
};
console.log([...go()]);                    //[1, 2, 3]
```

3.4.4 将对象转换为数组

扫一扫，看视频

使用 Array.from()函数可以将伪类数组或者可迭代对象转换为数组，如 NodeList 集合、arguments 对象等。

【示例】在下面的代码中，querySelectorAll()方法返回的是一个类似数组的对象，先使用Array.from()函数将这个对象转换为真正的数组，再使用 filter()方法过滤元素。

```
let ps = document.querySelectorAll('p');   //获取页面中所有的 p 元素
let a = Array.from(ps).filter(p => {       //转换为数组，然后进行过滤
    return p.textContent.length > 100;     //过滤出包含大于 100 个字符的 p 元素
});
```

提示

扩展运算符（...）仅用于部署了迭代器接口的对象。Array.from()函数还支持类数组的对象，任何包含 length 属性的对象，都可以通过 Array.from()函数转换为数组。

```
console.log(Array.from({length: 3}));  //[undefined, undefined, undefined]
console.log([].slice.call({length: 3}));  //[, ,]
```

Array.from()可以接收第 2 个参数（处理函数），用来对每个元素进行处理，将处理后的值放入返回的数组。例如：

```
Array.from(arrayLike, x => x * x);  //等同于 Array.from(arrayLike).map(x =>
                                    //x * x);
```

扫一扫，看视频

3.4.5　将字符串、参数列表转换为数组

1．split()

使用 String 的 split()原©型方法可以把字符串转换为数组。该方法包含两个可选的参数：第 1 个参数为分隔符，指定分隔的标记，第 2 个参数指定要返回数组的长度。例如：

```
var s = "1==2== 3==4 ==5";        //定义字符串
var a = s.split("==");            //分隔符"=="
console.log(a);                   //[1, 2, 3, 4, 5]
```

2．of()

使用 Array.of()函数可以将一个或一组值转换为数组。替代由于 Array()或 new Array()参数不同而导致的行为不统一。例如：

```
console.log(Array.of());          //[], 没有参数返回空数组
console.log(Array.of(1, 2));      //[1, 2]
console.log(Array(3));            //[, , ,], 只有一个正整数时，指定数组的长度
console.log(Array.of(3));         //[3]
```

3.5　操 作 元 素

扫一扫，看视频

3.5.1　添加元素

Array 定义了 4 个可以为数组添加元素的原型方法，其说明见表 3.2。

表 3.2　添加元素的原型方法

原型方法语法	说　明
数组新长度=数组.push(值列表)	在数组尾部添加一个或多个元素。参数顺序与下标顺序一致
数组新长度=数组.unshift(值列表)	在数组头部添加一个或多个元素。参数顺序与下标顺序相反
新数组=原数组.concat(值列表|数组)	在原数组尾部添加多个元素，或合并数组。参数顺序与下标顺序一致
删除元素数组=数组.splice(下标位置, 删除个数, 添加值列表)	在数组指定位置删除 0 个或多个元素，并在该位置添加多个元素。如果删除个数为 0，则不删除元素，返回空数组

【示例】分别使用 push()、unshift()、concat()和 splice()方法为数组[1,2,3]添加 3 个元素。

```
console.log([1,2,3].push(4,5,6));        //6, 原数组为[1,2,3,4,5,6]
console.log([1,2,3].unshift(4,5,6));     //6, 原数组为[4,5,6,1,2,3]
```

```
console.log([1,2,3].concat(4,5,6));              //[1,2,3,4,5,6]
console.log([1,2,3].concat([4,5,6]));            //[1,2,3, 4,5,6]
console.log([1,2,3].splice(0, 0, 4,5,6));        //[]，原数组为[4,5,6,1,2,3]
```

扫一扫，看视频

3.5.2　删除元素

Array 定义了 3 个可以为数组删除元素的原型方法，其说明见表 3.3。

表 3.3　删除元素的原型方法

原型方法语法	说　　明
删除元素=数组.pop()	在数组尾部删除一个元素
删除元素=数组.shift()	在数组头部删除一个元素
删除元素数组=数组.splice(下标位置, 删除个数, 添加值列表)	在数组指定位置删除多个元素，并在该位置添加多个元素。如果删除个数为 0，则不删除元素，返回空数组。

【示例】分别使用 pop()、shift()和 splice()方法为数组[1,2,3]删除 1 个元素。

```
console.log([1,2,3].pop())          //3，原数组为[1,2]
console.log([1,2,3].shift())        //1，原数组为[2,3]
console.log([1,2,3].splice(2, 1))   //[3]，原数组为[1,2]
console.log([1,2,3].splice(0, 1))   //[1]，原数组为[2,3]
```

提示

使用 delete 运算符可以删除指定下标位置的元素，删除后该位置变为空位元素。使用 length 属性可以删除尾部一个或多个元素，设置 length 值为 0 可以清空数组。

```
var a = [1, 2, 3];          //定义数组
a.length = 2;               //删除尾部元素
console.log(a);             //返回[1, 2]
```

3.5.3　截取元素

Array 定义了两个可以为数组截取元素的原型方法，其说明见表 3.4。

扫一扫，看视频

表 3.4　截取元素的原型方法

原型方法语法	说　　明
子数组=数组.slice(起始下标, 终止下标)	在数组中截取从起始下标开始到终止下标之前的元素片段
删除元素数组=数组.splice(起始下标, 删除个数, 添加值列表)	在数组指定位置删除多个元素，并在该位置添加多个元素。如果删除个数为 0，则不删除元素，返回空数组

【示例】分别使用 slice()和 splice()方法从数组[1,2,3,4,5,6]中截取前 3 个元素。

```
console.log([1,2,3,4,5,6].slice(0, 4))       //[1,2,3]，原数组不变
console.log([1,2,3,4,5,6].splice(0, 3))      //[1,2,3]，原数组为[4,5,6]
```

提示

如果不为 slice()方法传递参数，则截取所有元素；如果仅指定一个参数，则表示从该参数值指定的下标位置开始，截取到数组的尾部所有元素。

扫一扫，看视频

3.5.4 查找元素

Array 定义了 4 个可以为数组查找元素的原型方法，其说明见表 3.5。

表 3.5 查找元素的原型方法

原型方法语法	说　明
下标=数组.indexOf(元素, 起始下标)	返回某个元素在数组中第 1 个匹配下标，如果没有找到则返回-1。第 2 个参数可选，指定起始搜索下标，省略则从 0 开始
下标=数组.lastIndexOf(元素, 起始下标)	返回某个元素在数组中最后一个匹配下标，如果没有找到则返回-1。第 2 个参数可选，指定起始搜索下标，省略则从 0 开始
元素=数组.find(回调函数, [this 对象])	返回第 1 个符合条件的元素
下标=数组.findIndex(回调函数, [this 对象])	返回第 1 个符合条件的元素的下标

【示例 1】分别使用 indexOf()和 lastIndexOf()方法从字符串 JavaScript 中定位字母 a。

```
console.log("JavaScript".split("").indexOf("a"))        //1，使用原型方法转换为数组
console.log([..."JavaScript"].lastIndexOf("a"))        //3，定位扩展运算符转换为数组
```

indexOf()方法从左到右进行检索，而 lastIndexOf()方法从右到左进行检索，返回的都是下标值。

find()和 findIndex()方法的第 2 个参数是绑定回调函数中 this 的对象。依次为数组中每个元素执行回调函数，直到第 1 个返回值为 true 的元素。如果没有符合条件的元素，则 find()返回 undefined，findIndex()返回-1。回调函数的语法格式如下：

```
function 回调函数(当前元素, 元素下标, 数组) { [函数体] }
```

【示例 2】为 find()方法传递了第 2 个参数 person 对象，回调函数中的 this 将指代 person 对象。

```
function f(v){ return v > this.age; }        //回调函数，查找值大于 person
                                             //.age 属性值的元素
let person = {name: 'John', age: 20};        //定义对象直接量
console.log([10, 12, 26, 15].find(f, person)); //26
```

find()和 findIndex()方法可以发现 NaN，而 indexOf()和 lastIndexOf()方法无法识别 NaN。

扫一扫，看视频

3.5.5 内部复制元素

使用 copyWithin()原型方法可以在数组内部将指定位置的元素片段复制到指定下标位置。该操作会产生部分元素覆盖，但原数组长度保持不变。具体语法格式如下：

```
数组 = 数组.copyWithin(替换起始下标, [复制起始下标], [复制终止下标])
```

复制起始下标默认为 0，复制终止下标默认为数组长度。

【示例】比较 copyWithin()方法设置不同参数的灵活应用。

```
console.log([1,2,3,4,5,6].copyWithin(3))        //[1,2,3,1,2,3]，用前 3 个元
                                                //素覆盖后 3 个
console.log([1,2,3,4,5,6].copyWithin(3, 1))     //[1,2,3,2,3,4]，用第 2~4 个
                                                //元素覆盖后 3 个
console.log([1,2,3,4,5,6].copyWithin(3, 1, 2))  //[1,2,3,2,5,6]，用第 2 个元
                                                //素覆盖第 4 个
```

3.6 操 作 数 组

扫一扫，看视频

3.6.1 数组排序

Array 定义了两个可以进行数组排序的原型方法，其说明见表 3.6。

表 3.6 进行数组排序的原型方法

原型方法语法	说 明
数组=数组. reverse()	颠倒数组元素的排列顺序
数组=数组.sort([排序函数])	根据排序函数对数组进行排序

如果没有参数，sort()方法将把元素的值转换为字符串（如果需要），按照字符编码的顺序从小到大进行排序。如果有参数（排序函数），sort()方法会依次把左右两个元素（a、b）传入排序函数，进行换位运算。

（1）如果 a 在 b 的左侧（a＜b），返回小于 0 的值，则 a 和 b 的位置保持不变。

（2）如果 a 在 b 的左侧（a＜b），返回大于 0 的值，则 a 和 b 的位置进行互换。

（3）如果 a 在 b 的右侧（a＞b），返回小于 0 的值，则 a 和 b 的位置进行互换。

（4）如果 a 在 b 的右侧（a＞b），返回大于 0 的值，则 a 和 b 的位置保持不变。

（5）如果返回 0，则保持位置不变。

（6）只返回大于 0 的值，则不执行排序；只返回小于 0 的值，则倒序排序。

【示例】分别使用 reverse()和 sort()方法对数组[1, 3, 2, 4]进行排序。

```
console.log([1, 3, 2, 4].reverse())          //[4, 2, 3, 1]
console.log([1, 3, 2, 4].sort())             //[1, 2, 3, 4]
console.log([1, 3, 2, 4].sort(function(a, b){ return 1; }))//[1, 3, 2, 4]
console.log([1, 3, 2, 4].sort(function(a, b){ return -1; }))//[4, 2, 3, 1],
                                             //等效于 reverse()
console.log([1, 3, 2, 4].sort(function(a, b){
    if(a < b) return -1;
    else return 1;                           //该句可省略
}))                                          //[1, 2, 3, 4]
console.log([1, 3, 2, 4].sort(function(a, b){
    if(a < b) return 1;                      //可省略，则需要把
    else return -1;                          //else 改为 if(a > b)
}))                                          //[4, 3, 2, 1]
```

在任何情况下，数组中 undefined 的元素都被排列在数组末尾。

3.6.2 检测数组类型和值

扫一扫，看视频

1．isArray()

使用 Array.isArray()函数可以判断参数值是否为数组。该方法优于使用 typeof 运算符。例如：

```
console.log(typeof [1, 2, 3]);              //"object"
console.log(Array.isArray([1, 2, 3])) ;     //true
```

使用运算符 in 可以检测某个值是否存在于数组中。例如：

```
console.log(2 in [1, 2, 3]);              //true
console.log('2' in [1, 2, 3]);            //true，数组存在下标（键名）为'2'的键
console.log('2' in [1, 2]);               //false
```

2. includes()

使用 includes()原型方法可以检测数组是否包含指定的值。例如：

```
console.log([1, 2, 3].includes(2));        //true
console.log([1, 2, 3].includes(4));        //false
console.log([1, 2, NaN].includes(NaN));    //true
```

该方法包含一个可选参数，设置起始下标，默认为 0。使用 indexOf()方法也可以检测指定的值，但是如果检测不到则返回-1，不便于使用，同时其对 NaN 值容易误判。

扫一扫，看视频

3.6.3　映射数组

使用 map()原型方法可以遍历数组，并为每个元素调用回调函数，最后返回一个包含调用回调函数返回值的新数组。其语法格式如下：

```
新数组=数组.map(回调函数, [绑定回调函数中 this 的对象])
```

回调函数的语法格式如下：

```
function 回调函数(当前元素, 元素下标, 数组) { [函数体] }
```

【示例】使用 map()方法映射数组，把数组中每个元素的值除以一个阈值，然后返回一个新数组。其中回调函数和阈值都以对象的属性存在。

```
var obj = {
    val: 10,                               //定义阈值
    f: function (value) {                  //回调函数
      return value % this.val;             //返回元素与阈值的余数
    }
}
console.log([6, 12, 25, 30].map(obj.f, obj));  //[6,2,5,0]
```

扫一扫，看视频

3.6.4　过滤数组

使用 filter()原型方法可以遍历数组，并为每个元素调用回调函数，返回一个包含调用回调函数时返回 true 的元素组成的新数组。其语法格式如下：

```
新数组=数组.filter(回调函数, [绑定回调函数中 this 的对象])
```

回调函数的语法格式如下：

```
function 回调函数(当前元素, 元素下标, 数组) { [函数体] }
```

如果回调函数总返回 false，则新数组的长度为 0。

【示例】演示如何使用 filter()方法筛选出数组中的素数。

```
function f(value, index, ar) {             //回调函数，筛选素数
    high = Math.floor(Math.sqrt(value)) + 1;  //求当前元素的平方根取整加1
```

```
        for (var div = 2; div <= high; div++) {    //如果从2到high之间有一个
                                                    //被元素整除，则跳过
            if (value % div == 0) { return false; }
        }
        return true;
    }
var a = [31, 33, 35, 37, 39, 41, 43, 45, 47, 49, 51, 53];
console.log(a.filter(f));                          //[31,37,41,43,47,53]
```

3.6.5　检测数组条件

扫一扫，看视频

1. every()

使用 every()原型方法可以遍历数组，并为每个元素调用回调函数，如果每次调用回调函数时都返回 true，则 every()返回 true；如果有一次返回 false，则立即返回 false。其语法格式如下：

```
布尔值=数组.every(回调函数, [绑定回调函数中this的对象])
```

回调函数的语法格式如下：

```
function 回调函数(当前元素, 元素下标, 数组) { [函数体] }
```

使用 every()方法可以判断数组中的所有元素是否都满足指定的条件。
【示例1】检测数组中的元素是否都为偶数。

```
function f(value, index, ar) {
    if (value % 2 == 0) return true;
    else return false;
}
if ([2, 4, 5, 6, 8].every(f)) console.log("都是偶数。");
else console.log("不全为偶数。");
```

2. some()

some()方法与 every()用法相同，功能相反。如果回调函数的返回值有一次返回 true，则 some()立即返回 true；只有当每次调用回调函数的返回值都为 false 时，some()才返回 false。
【示例2】检测数组中的元素是否都为奇数。如果 some()检测到偶数，则返回 true；如果没有检测出偶数，则提示全部是奇数。

```
function f(value, index, ar) {
    if (value % 2 == 0) return true;
}
if([1, 15, 4, 10, 11, 22].some(f)) console.log("不全是奇数。");
else console.log("全是奇数。");
```

some()方法可以判断数组中是否存在有符合条件的元素，或者全部不符合条件。

3.6.6　数组汇总

扫一扫，看视频

1. reduce()

使用 reduce()原型方法可以遍历数组，并为每个元素调用回调函数，每一次回调函数的返回值都作为前一次值传递给下一次调用的回调函数。具体语法格式如下：

```
最后调用的返回值=数组.reduce(回调函数, [初始值])
```

回调函数的语法格式如下：

```
function 回调函数(前一次值, 当前元素, 元素下标, 数组) { [函数体] }
```

reduce()方法的初始值用于回调函数第 1 次调用时，作为回调函数的前一次值。如果没有提供初始值，则 reduce()方法会把第 1 个元素作为初始值，从第 2 个元素开始调用回调函数。

【示例 1】 使用 reduce()方法对数组进行求和。

```
function f(pre, curr) {
    parseFloat(pre) ? pre = pre : pre = 0;       //检测数字，非数字值设置为 0
    parseFloat(curr) ? curr = curr : curr = 0;    //检测数字，非数字值设置为 0
    return pre + curr;
}
console.log ([2, 1, 5, 5].reduce(f));             //13
```

2．reduceRight()

reduceRight()方法与 reduce()方法用法相同，但运算顺序相反，即从右向左对数组中的所有元素调用指定的回调函数。

【示例 2】 下面使用 reduceRight()方法，以 "-" 为分隔符，从右到左把数组元素连接在一起。

```
function f (pre, curr) { return pre + "-" + curr; }
console.log(["a", "b", "c", "d"].reduceRight(f));  //"d-c-b-a"
```

扫一扫，看视频

3.6.7 数组填充

通过 fill()原型方法可以使用指定的值填充数组。具体语法格式如下：

```
新数组=数组.fill(初始值, [初始下标], [终止下标])
```

初始下标默认为 0，终止下标默认等于数组长度。

【示例】 利用 fill()方法初始化数组。

```
console.log(new Array(10).fill(0));      //[0, 0, 0, 0, 0, 0, 0, 0, 0, 0]
console.log([1,2,3,4,5,6].fill(0, 2));   //[1,2,0,0,0,0]
console.log([1,2,3,4,5,6].fill(0, 2, 4)); //[1,2,0,0,5,6]
```

扫一扫，看视频

3.6.8 数组扁平化

1．flat()

使用 flat()原型方法可以将嵌套的数组 "拉平"，变成一维的数组。具体语法格式如下：

```
新数组=数组.flat([嵌套级数])
```

嵌套级数默认为 1，表示 flat()方法默认只会 "拉平" 一层，如果要 "拉平" 多层的嵌套数组，可以为 flat()方法传递一个整数。例如：

```
console.log([1, 2, [3, [4, 5]]].flat());   //[1, 2, 3, [4, 5]]
```

```
console.log([1, 2, [3, [4, 5]]].flat(2));        //[1, 2, 3, 4, 5]
console.log([1, [2, [3]]].flat(Infinity));       //[1, 2, 3]，参数为 Infinity，不
                                                 //管多少层都"拉平"
console.log([1, 2, , 4, 5].flat());              //[1, 2, 4, 5]，跳过空位
```

2．flatMap()

flatMap()方法能够遍历数组，并为每个元素调用回调函数，然后对返回值组成的数组执行 flat()方法。具体语法格式如下：

```
新数组=数组.flatMap(回调函数)
```

回调函数的语法格式如下：

```
function 回调函数(当前元素, 元素下标, 数组) { [函数体] }
```

flatMap()方法只能展开一层数组。例如：

```
console.log([2, 3, 4].flatMap((x) => [x, x * 2]));    //[2, 4, 3, 6, 4, 8]
```

3.7　案　例　实　战

3.7.1　为数组扩展方法

使用 reduce()原型方法可以实现求和运算。也可以通过 Array.prototype 扩展数组方法，这些方法会被所有数组继承。

扫一扫，看视频

【案例】练习为数组扩展一个求和方法。

```
Array.prototype.sum    ||                   //检测 Array 是否存在同名原型方法
(Array.prototype.sum = function(){          //定义该方法
    var _n = 0;                             //临时汇总变量
    for(var i in this){                     //遍历当前数组对象
        if(this[i] = parseFloat(this[i])) _n += this[i];
                                            //如果是数字，则进行累加
    };
    return _n;                              //返回累加的和
});
```

在遍历数组时，先把每个元素转换为浮点数，如果转换成功，则累加；如果转换失败，则忽略。

```
var a = [1, 2, 3, 4, 5, 6, 7, 8, "9"];      //定义数组直接量
console.log(a.sum());                       //返回 45
```

其中，第 9 个元素是一个字符串类型的数字，汇总时也被转换为数值进行相加。

3.7.2　数组去重

为数组去除重复项是软件开发中经常遇到的问题，其解决方法有很多种。最简单的方法是使用嵌套的 for 循环遍历数组，逐一比较元素是否重复。下面通过案例介绍两种优化方法，练习数组的灵活操作。

扫一扫，看视频

【案例】借助关联数组快速过滤。在遍历原数组时，使用对象属性保存每个元素的值，

这样可以降低反复遍历数组的时间。

```
Array.prototype.unique = function () {
    var n = {}, r = [];                          //n 为 hash 表，r 为临时数组
    for (var i = 0; i < this.length; i++) {      //遍历当前数组
            //增加类型的检测，避免相同的字符串和数值，如 1 与"1"被误以为重复项
            if (!n[typeof (this[i]) + this[i]]) {      //为属性名添加类型前缀
                n[typeof (this[i]) + this[i]] = true;  //存入 hash 表
                r.push(this[i])                        //把当前项推入临时数组
            }
    }
    return r
};
console.log(["222", 222, 2, 2, 3].unique());     //['222', 222, 2, 3]
```

该案例把元素值作为键名存入对象，键值为 true。如果出现重复项，则可以快速确定。

【案例】使用 sort() 方法对数组进行排序，然后比较相邻元素，去除重复项。

```
Array.prototype.unique = function () {
    this.sort();                            //对数组进行排序
    var re = [this[0]];                     //定义临时数组，初始存入数组的第 1 个元素
    for (var i = 1; i < this.length; i++) {
        if (this[i] !== re[re.length - 1]) {//如果相邻元素不相同，则推入临时数组
            re.push(this[i]);
        }
    }
    return re;                              //返回临时数组
}
```

提示

在 ES6 中，可以使用 Array.from(new Set(数组)) 或 [...new Set(数组)] 快速去重。Set 是新增的一种集合类型，表示不重复的元素集合。

扫一扫，看视频

3.7.3　模拟栈运算

栈运算仅允许在数组的一端执行插入和删除操作。栈运算遵循先进后出、后进先出原则。类似的行为在生活中比较常见，如叠放物品，叠在上面的总是先使用；弹夹中的子弹，后推入的总是先使用；以及文本框输入和删除操作等。把数组的 push() 与 pop() 方法结合，或者 shift() 与 unshift() 方法结合，可以模拟栈运算。

【案例】运用栈运算来设计一个进制转换的操作。定义一个函数，接收十进制的数字，然后返回一个二进制的字符串表示。

设计思路：把十进制数字转换为二进制值，实际上就是把数字与 2 进行取余，然后再使用余数与 2 继续取余。在运算过程中把每次的余数推入栈中，最后再出栈组合为字符串。例如，把 10 转换为二进制的过程如下：10/2 == 5 余 0，5/2 == 2 余 1，2/2 == 1 余 0，1 小于 2 余 1，进栈后为 0101，出栈后为 1010，即 10 转换为二进制值为 1010。

```
function d2b (num) {
    var a = [], r, b = '';           //a 为栈，r 为余数，b 为二进制字符串
```

```
    while (num>0) {                              //逐步求余
        r = Math.floor(num % 2);                 //获取余数
        a.push(r);                               //把余数推入栈中
        num = Math.floor(num / 2);               //获取相除后整数部分值，准备下一步求余
    }
    while (a.length) {                           //依次出栈，然后拼接为字符串
        b += a.pop().toString();
    }
    return b;                                     //返回二进制字符串
}
console.log(d2b(59));                             //返回 111011
console.log((59).toString(2));                    //返回 111011
```

将十进制转换为二进制时，余数是 0 或 1，同理将十进制转换为八进制时，余数为 0～8 的整数；但是将十进制转换为十六进制时，余数为 0～9 之间的数字加上 A、B、C、D、E、F（对应 10、11、12、13、14 和 15），因此，还需要对栈中的数字进行转换。

3.7.4 模拟队列运算

队列运算与栈运算不同，队列只允许在一端执行插入操作，在另一端执行删除操作。队列遵循先进先出、后进后出的原则。类似的行为在生活中也比较常见，如排队购物先来先买、任务排序中先登记先处理等。在 JavaScript 动画设计中，也会用队列来设计动画函数排队现象。将数组的 pop()与 unshift()方法结合，或者将 push()与 shift()方法结合，可以模拟队列运算。

【案例】下面是一个经典的编程游戏：有一群猴子排成一圈，按 1、2、3、…、n 依次编号。从第 1 只开始数，数到第 m 只，则把它踢出圈，然后从后面再开始数，当再次数到第 m 只，继续踢出去，以此类推，直到剩下一只猴子为止，那只猴子就称为猴王。要求编程模拟此过程，输入 m、n，输出猴王的编号。

```
function f(n, m){                                //n 表示猴子个数，m 表示踢出位置
    var arr = [];                                //将猴子编号并放入数组
    for(i = 1; i < n+1; i++){
        arr.push(i);
    }
    while(arr.length > 1){                        //当数组内只剩下一只猴子时跳出循环
        for(var i=0; i< m-1 ; i++){              //定义排队轮转的次数
            arr.push(arr.shift());               //队列操作，完成猴子的轮转
        }
        arr.shift();                             //踢出第 m 只猴子
    }
    return arr;                                   //返回包含最后一只猴子的数组
}
console.log(f(5,3));                              //编号为 4 的猴子胜出
```

本 章 小 结

本章首先介绍了什么是数组，以及如何定义数组直接量和构造数组；然后介绍了如何访

问数组，包括使用 for 语句和 forEach() 原型方法；接着介绍了如何将数组转换为字符串、序列，或者将字符串、对象、参数列表转换为数组；最后详细介绍了数组元素的操作，包括删除、添加、合并、截取和查找等；数组的操作包括数组排序、检测、映射、过滤、汇总、填充、扁平化等。

课 后 练 习

一、填空题

1. 数组是_____数据集合，数组内每个成员称为_____，其名称称为_____。
2. 在数组中，下标是从_____开始的。
3. 数组直接量的语法格式是在_____中包含 0 个或多个值的列表，值之间以_____分隔，最后一个值尾部可以添加_____，也可以省略。
4. 调用_____构造函数可以构造一个新数组。
5. 空位数组是包含_____的数组。
6. 数组对象的_____属性可以返回数组的最大长度。

二、判断题

1. JavaScript 对数组元素的类型没有严格要求，可以混用任意类型。　　　（　　）
2. 数组的长度是弹性的、可读可写的。　　　（　　）
3. 数组是复合型数据结构，不属于引用型对象。　　　（　　）
4. 数组主要用于批量化数据处理，利用 JavaScript 为 Array 提供的丰富的原型方法，可以快速完成各种复杂的操作。　　　（　　）
5. 数组对象的 length 属性是一个只读属性，其值会随数组长度的变化而自动更新。
　　　（　　）

三、选择题

1. 已知数组直接量[1, 2, 3, 4, 5]被转换为字符串，则输出为（　　）。
   A．[1, 2, 3, 4, 5]　　　B．1, 2, 3, 4, 5　　　C．12345　　　D．1 2 3 4 5
2. 已知 a1 = [1, 2]，a2 = a1.concat()，则（　　）是错误的。
   A．a1 = [1, 2]　　　B．a2 = [1, 2]　　　C．a1===a2　　　D．a1!=a2
3. 已知[first, ...rest] = [1, 2, 3, 4, 5]，则（　　）是正确的。
   A．first=1　　　B．rest=2　　　C．rest=[1, 2, 3, 4, 5]　　　D．first=[1, 2, 3, 4, 5]
4. console.log(Array.of(1, 2))的输出结果是（　　）。
   A．[]　　　B．[1]　　　C．[2]　　　D．[1, 2]
5. （　　）原型方法不可以为数组添加元素。
   A．push()　　　B．shift()　　　C．unshift()　　　D．concat()
6. （　　）原型方法不可以为数组删除元素。
   A．pop()　　　B．shift()　　　C．unshift()　　　D．splice()
7. 执行 console.log([1,2,3,4,5,6].splice(0, 3))之后，原数组应该是（　　）。
   A．[1,2,3]　　　B．[4,5,6]　　　C．[1,2,3,4,5,6]　　　D．[3,4,5]

8. console.log([1, 3, 2, 4].sort(function(a, b){ return −1; }))输出的应该是（   ）。
   A．[1, 3, 2, 4]　　　　B．[4, 2, 3, 1]　　　　C．[1, 2, 3, 4]　　　　D．[4, 3, 2, 1]

四、简答题

1．简单介绍一下数组的特点。
2．描述一下数组长度的特点。

五、编程题

1．编写函数，将指定字符串的每个单词首字母大写。
2．编写函数，找出数组 arr 中重复出现过的元素。
3．编程实现在数组 arr 的 index 处添加元素 item，不要直接修改数组 arr。
4．设计样本筛选函数，允许传入一个数值，随机生成指定范围内的样本数据。

拓 展 阅 读

扫描下方二维码，了解关于本章的更多知识。

第4章 函　　数

【学习目标】

- ↘ 正确定义函数。
- ↘ 掌握函数调用的技巧。
- ↘ 正确使用函数参数和返回值。
- ↘ 正确理解函数作用域。
- ↘ 灵活使用闭包。

函数是一段封装的代码，可以被反复执行。在 JavaScript 中，函数可以作为一个值参与表达式运算，作为一个构造器执行复杂的操作。相对于全局作用域，函数作用域还可以隔离冲突，存储信息。JavaScript 甚至支持函数式编程，可以让代码变得简洁、灵活、优雅、表现力更强。

4.1　定　义　函　数

4.1.1　认识函数

通过前面几章的学习，相信读者已经能够编写一些简单的程序了，但是如果程序的功能比较多，规模比较大，把所有的代码都写在一起，就会变得庞杂、头绪不清，使阅读和维护变得困难。此外，如果程序中要多次实现某一功能，就需要多次重复编写相同的代码，这使程序既冗长，又不精练。因此，人们就想到采用模块化的思路来设计程序。

模块化的程序设计思路是把一个较大的程序分为若干个模块，每一个模块实现特定的功能。对于重复使用的模块，可以使用函数封装起来，多个函数组成一个函数库。在程序中遇到函数可以解决的问题时，就直接引用函数，不用再重新编写代码了。

使用函数时，不必熟悉它的实现过程，只需关心参数和返回值，把精力放在如何应用上，而不是功能的实现上。

扫一扫，看视频

4.1.2　声明函数

使用 function 语句可以声明函数。具体语法格式如下：

```
function 函数名([参数列表]){
    [函数体]
}
```

函数名与变量名一样，都是 JavaScript 合法的标识符。在函数名之后是一个由小括号包裹的可选的参数列表，参数之间以逗号分隔。最后一个参数尾部可以添加逗号，也可以省略。参数不需要声明。

在小括号之后是一个大括号，如果缺少大括号，JavaScript 将会抛出语法错误，大括号内包裹着函数体所有代码。

　　【示例 1】定义一个函数，包含 function 关键字、函数名、小括号和大括号，其他部分省略，这是最简单的函数体，也称为空函数。

```
cfunction func(){}                          //空函数
```

　　【示例 2】下面的函数没有函数名，称为匿名空函数。

```
function(){}                                //匿名空函数
```

4.1.3　构造函数

　　使用 Function()可以构造一个函数。具体语法格式如下：

```
函数名 = new Function([参数列表,] [函数体]);
```

　　Function()的参数都是字符串型。

提示

　　将函数体以字符串的形式进行传递，可读性差，不易纠错，并且执行效率低，一般不建议使用。

　　【示例 1】使用 Function()创建一个空函数。

```
var f = new Function();                     //创建空函数
```

　　【示例 2】使用 Function()快速生成一个函数。下面 3 行代码的功能相同，参数可以独立传递，也可以合并传递。

```
var f = new Function("a", "b", "c", "return a+b+c")
var f = new Function("a, b, c", "return a+b+c")
var f = new Function("a,b", "c", "return a+b+c")
```

并且与以下代码的功能相同。

```
function f(a, b, c){return a + b + c;}       //使用 function 语句定义函数
```

4.1.4　函数直接量

　　函数直接量仅包含 function 关键字、参数列表和函数体，也称为匿名函数。具体语法格式如下：

```
函数名 = function([参数列表]){
    [函数体]
}
```

　　【示例 1】将匿名函数作为一个值赋给变量 f，f 就可以作为函数被调用。实际上 f 是引用了匿名函数。

```
var f = function(a, b){                      //把函数作为一个值赋给变量 f
    return a + b;
};
console.log(f(1,2));                         //返回数值 3
```

　　【示例 2】匿名函数可以参与表达式运算。针对示例 1 可以合并为一个表达式。

```
console.log((function(a, b){                 //直接调用匿名函数
```

扫一扫，看视频

```
        return a + b;
})(1,2);                                          //返回数值 3
```

扫一扫，看视频

4.1.5 箭头函数

ES6 新增了箭头函数，其语法比函数表达式更简洁。具体语法格式如下：

```
([参数列表]) => {[函数体]}
([参数列表]) => 表达式
```

第 2 行语法相当于以下语法格式。

```
function ([参数列表]) {return 表达式}
```

如果只有一个参数，小括号可以省略，格式如下：

```
一个参数 => {[函数体]}
```

如果没有参数，需要使用空的小括号表示左侧部分，格式如下：

```
() => {[函数体]}
```

【示例 1】使用箭头函数定义一个求和函数。

```
var sum = (num1, num2) => num1 + num2;
```

等同于：

```
var sum = function(num1, num2) {
    return num1 + num2;
};
```

【示例 2】当表达式返回一个对象时，需要在外面加上小括号，否则将抛出异常。

```
let fn = id => ({id: id});
```

等同于：

```
var fn = function(id) {
    return {id: id};
};
```

【示例 3】箭头函数可以与变量解构结合使用。

```
const full = ({first, last}) => first + ' ' + last;
```

等同于：

```
function full(person) {
    return person.first + ' ' + person.last;
}
```

【示例 4】使用箭头函数可以简化回调函数。

```
[1,2,3].map(x => x * x);                          //箭头函数
```

等同于：

```
[1,2,3].map(function (x) {                         //普通函数
    return x * x;
});
```

【示例 5】在箭头函数中可以使用剩余参数（具体内容见 4.3.7 小节）。

```
const fn2 = (head, ...tail) => [head, tail];
console.log(fn2(1, 2, 3, 4, 5)) ;        //[1,[2,3,4,5]]
```

注意

箭头函数没有自己的 this、arguments、super 或 new.target，不能用于构造函数，也不能与 new 一起使用，不可以使用 yield 命令。

4.2　调 用 函 数

JavaScript 提供了 4 种函数调用的模式：函数调用、方法调用、使用 call 或 apply 动态调用、使用 new 间接调用。下面重点介绍函数调用和动态调用。方法调用和 new 调用将在后面章节中讲解。

4.2.1　函数调用

扫一扫，看视频

函数不会自动运行，如果要执行函数，可以使用小括号（()）进行调用。具体语法格式如下：

```
函数名([参数列表])
```

在小括号中是可选的要传入的实参值列表。

【示例】使用小括号调用函数，然后直接把返回值再次传入函数，进行第 2 次运算，这样可以节省两个临时变量。

```
function f(x,y){                    //定义函数
    return x*y;                     //返回值
}
console.log(f(f(5,6),f(7,8)));      //返回 1680。重复调用函数
```

4.2.2　函数返回值

扫一扫，看视频

在函数体内，使用 return 语句可以设置函数的返回值。具体语法格式如下：

```
function 函数名([参数列表]){
    [函数体 1]
    return [表达式] ;
    [函数体 2]
}
```

一旦执行 return 语句，将结束函数的运行，返回 return 关键字后面的表达式的值。如果函数不包含 return 语句，则执行完函数体，最后再返回 undefined 值。

【示例 1】函数的返回值只有一个，如果要输出多个值，可以返回数组或对象。

```
function f(){
    return {x:1, y:2};                 //返回两个值
}
```

【示例 2】函数的返回值没有类型限制，可以返回函数，甚至自身。在函数内调用自身，可以设计递归函数。

```
function f(){                                              //定义函数
    return f;                                              //返回函数自身
}
f()()()()()()()()()();                                     //递归调用
```

【示例 3】在函数体内可以包含多条 return 语句，但是仅执行第 1 条 return 语句。因此在函数体内可以使用分支结构选择函数返回值，或者使用 return 语句提前终止函数运行。

```
function f(x, y){
    //如果参数为非数字类型，则终止函数执行
    if(typeof x != "number" || typeof y != "number") return;
    //根据条件返回值
    if(x > y) return x - y;
    if(x < y) return y - x;
    if(x * y <= 0) return x + y;
}
```

扫一扫，看视频

4.2.3 使用 call()和 apply()方法

call()和 apply()是 Function 的原型方法，能够将函数作为方法绑定到指定的对象上，并进行调用。具体语法格式如下：

```
调用函数名.call(绑定对象, [参数列表])
调用函数名.apply(绑定对象, [参数数组])
```

调用函数中的 this 将指代绑定对象。call()和 apply()功能相同，用法也相同，第 1 个参数都是绑定对象，返回值是调用函数的返回值。唯一的不同点是：call()只接收参数列表，而 apply()只接收一个数组或者伪类数组，数组元素将作为参数列表传递给被调用的函数。

【示例 1】使用 apply()方法设计一个求最大值的函数。

```
function max(){                                            //求最大值
    var m = Number.NEGATIVE_INFINITY;                      //声明一个负无穷大的数值
    for(var i = 0; i < arguments.length; i ++){            //遍历所有实参
        if(arguments[i] > m)                               //如果实参值大于变量 m，
        m = arguments[i];                                  //则把实参值赋给 m
    }
    return m;                                              //返回最大值
}
var a = [23, 45, 2, 46, 62, 45, 56, 63];                   //声明并初始化数组
var m = max.apply(Object, a);        //使用 apply()调用 max, 把 this 绑定到 Object 上
console.log(m);                      //返回 63
```

在该示例中，无法直接把数组传递给 max()函数，因为 max()的参数是列表。如果逐个传入数组元素，又比较麻烦，而通过 apply()调用 max()函数，就可以把数组直接传递给它，由 apply 方法负责把数组转换为列表。

【示例 2】针对示例 1，可以动态调用 Math 的 max()函数来计算数组的最大值元素。

```
var a = [23, 45, 2, 46, 62, 45, 56, 63];                   //声明并初始化数组
var m = Math.max.apply(Object, a);                         //调用系统函数 max()
console.log(m);                                            //返回 63
```

4.3 函数的参数

参数和返回值是函数对外交互的主要入口和出口，通过参数可以控制函数的运行，也可以向内传入必要的数据。

4.3.1 认识参数

函数的参数包括以下两种类型。

（1）形参：在定义函数时声明的参数变量，仅在函数内部可见。

（2）实参：在调用函数时实际传入的值。

【示例 1】 在定义 JavaScript 函数时，可以根据需要设置参数。

```
function f(a,b){                        //形参 a 和 b
    return a+b;
}
var x=1,y=2;                            //声明并初始化变量
console.log(f(x,y));                    //调用函数，传入实参 x 和 y
```

在该示例中，a、b 是形参，在调用函数时向函数传递的变量 x、y 是实参。

一般情况下，函数的形参和实参数量应该相同，但是 JavaScript 并没有要求形参和实参必须相同。在特殊情况下，函数的形参和实参数量可以不相同。

【示例 2】 如果函数实参的数量少于形参的数量，那么多出来的形参的值默认为 undefined。

```
(function(a,b){                         //定义函数，包含两个形参
    console.log(typeof a);              //返回 number
    console.log(typeof b);              //返回 undefined
})(1);                                  //调用函数，传递一个实参
```

【示例 3】 如果函数实参的数量多于形参的数量，那么函数会忽略掉多余的实参。在该示例中，实参 3 和 4 被忽略掉了。

```
(function(a,b){                         //定义函数，包含两个形参
    console.log(a);                     //返回 1
    console.log(b);                     //返回 2
})(1,2,3,4);                            //调用函数，传入 4 个实参值
```

4.3.2 参数个数

使用 arguments 对象的 length 属性可以获取函数的实参个数。arguments 对象只能在函数体内可见，因此 arguments.length 也只能在函数体内使用。

使用函数对象的 length 属性可以获取函数的形参个数，该属性为只读属性。在函数体内和函数体外都可以使用。

【示例】 设计一个 checkArg() 函数，检测一个函数的形参和实参是否一致，如果不一致，则抛出异常。

```
function checkArg(a){                   //检测函数实参与形参是否一致
    if(a.length != a.callee.length)     //如果实参与形参个数不同，则抛出错误
    throw new Error("实参和形参不一致");
```

```
}
function f(a, b){                           //求两个数的平均值
    checkArg(arguments);                    //根据 arguments 来检测函数实参和形参是否一致
    return ((a*1 ? a: 0) + (b*1 ? b: 0)) / 2;        //返回平均值
}
console.log(f(6));                          //抛出异常。调用函数 f，传入一个参数
```

> **注意**
>
> 当参数指定了默认值以后，函数对象的 length 属性将返回没有指定默认值的参数个数。
>
> ```
> console.log((function (a) {}).length);              //1
> console.log((function (a = 5) {}).length);          //0
> console.log((function (a, b, c = 5) {}).length);    //2
> ```
>
> 如果默认参数不是尾参数，那么 length 属性也不再计入后面的参数。
>
> ```
> console.log((function (a = 0, b, c) {}).length);    //0
> console.log((function (a, b = 1, c) {}).length);    //1
> ```
>
> 另外，剩余参数也不会计入 length 属性。
>
> ```
> console.log((function(...args) {}).length);         //0
> ```

扫一扫，看视频

4.3.3　使用 arguments 对象

arguments（参数）对象表示函数的实参集合，仅在函数体内可见，可以直接读、写。

【示例 1】在下面的代码中，函数没有定义形参，但是在函数体内通过 arguments 对象可以获取调用函数时传入的每一个实参值。

```
function f(){                                  //定义没有形参的函数
    for(var i = 0; i < arguments.length; i ++){//遍历 arguments 对象
        console.log(arguments[i]);             //显示指定下标的实参的值
    }
}
f(3, 3, 6);                                    //逐个显示每个传递的实参
```

> **提示**
>
> arguments 是一个伪类数组，不能继承 Array 的原型方法。可以使用数组下标访问每个实参，如 arguments[0]表示第 1 个实参，下标值从 0 开始，直到 arguments.length-1。其中 length 是 arguments 对象的属性，表示函数包含的实参个数。

【示例 2】在下面的代码中，使用 for 遍历 arguments 对象，并修改实参值。

```
function f(){
    for(var i = 0; i < arguments.length; i ++){//遍历 arguments 对象
        arguments[i] =i;                       //修改每个实参的值
        console.log(arguments[i]);             //提示修改的实参值
    }
}
f(3, 3, 6);                                    //返回 0、1、2，而不是 3、3、6
```

【示例 3】通过修改 arguments.length 的值，可以改变函数的实参个数。当 length 属性值

增大时，则增加的实参值为 undefined；如果 length 属性值减小，则会丢弃之后的实参值。

```
function f(){
    arguments.length = 2;                    //修改 arguments.length 的值
    for(var i = 0; i < arguments.length; i ++){
        console.log(arguments[i]);
    }
}
f(3, 3, 6);                                   //返回 3、3
```

4.3.4 使用 callee 和 name 属性

callee 是 arguments 对象的属性，指代 arguments 的函数。在函数体内使用 arguments.callee 可以调用函数自身。在匿名函数中，callee 属性比较有用，如设计匿名函数的递归调用。

【示例】在下面的代码中，使用 arguments.callee 获取匿名函数，然后通过函数的 length 属性获取形参个数，最后比较实参与形参个数，以检测用户传递的参数是否符合要求。

```
function f(x, y, z){
    var a = arguments.length;                //获取实参个数
    var b = arguments.callee.length;         //获取形参个数
    if (a != b){                             //如果形参和实参个数不相等，则抛出异常
            throw new Error("传递的参数不匹配");
    }else{return x + y + z;}                 //如果形参和实参个数相等，则返回和
}
console.log(f(3, 4, 5));                      //返回值为 12
```

ES6 支持函数的 name 属性，使用该属性可以返回该函数的函数名。例如：

```
function f() {}
console.log(f.name);                         //"f"
```

4.3.5 案例：Arguments 对象的应用

【示例 1】使用 arguments 对象可以解决参数个数无法确定的问题。下面设计一个求平均值的函数，在调用函数时，无法确定要传入的参数个数，借助 arguments 就不用担心形参是否够用。

```
function avg(){                                          //求平均数
    var num = 0, l = 0;                                  //声明并初始化临时变量
    for(var i = 0; i < arguments.length; i ++){          //遍历所有实参
        if(typeof arguments[i] != "number")              //如果参数不是数值
            continue;                                     //则忽略该参数值
        num += arguments[i];                             //计算参数的数值之和
        l ++ ;                                            //计算参与和运算的参数个数
    }
    num /= l;                                            //求平均值
    return num;                                          //返回平均值
}
console.log(avg(1, 2, 3, 4));                            //返回 2.5
```

【示例 2】使用 arguments 对象模拟重载。通过 arguments.length 判断实参个数和类型，

选择执行不同的代码。

```javascript
function sayHello() {
    switch (arguments.length) {
        case 0:
            return "Hello";
        case 1:
            return "Hello, " + arguments[0];
        case 2:
            return (arguments[1] == "cn" ? "你好，" : "Hello, ") +
arguments[0];
    };
}
console.log(sayHello());                        //"Hello"
console.log(sayHello("Alex"));                  //"Hello, Alex"
console.log(sayHello("Alex", "cn"));            //"你好，Alex"
```

【示例3】使用 call()和 apply()动态调用 arguments 对象，把 arguments 对象转换为数组，这样可以利用数组丰富的方法解决实际问题。下面调用数组的 slice()方法，把参数转换为数组。

```javascript
function f() {
    return [].slice.apply(arguments);
}
console.log(f(1,2,3,4,5,6));                    //返回[1,2,3,4,5,6]
```

扫一扫，看视频

4.3.6　默认参数

ES6 允许为函数的参数设置默认值，具体语法格式如下：

```
function 函数名([参数列表], 默认参数 1=默认值 1, 默认参数 2=默认值 2,...){
    [函数体]
}
```

一般情况下，默认参数应该位于参数列表的尾部。设置了默认值的参数，调用函数时，可以省略参数，函数会使用默认值表示。

【示例1】如果非尾部的参数设置了默认值，那么该参数将无法省略。

```javascript
function f(x, y = 5, z) {
    return [x, y, z];
}
console.log(f());                               //[undefined, 5, undefined]
console.log(f(1));                              //[1, 5, undefined]
console.log(f(1, undefined, 2));                //[1, 5, 2]
console.log(f(1, ,2));                          //抛出异常
```

如果传入 undefined，将触发该参数等于默认值，而 null 不支持该功能。

```javascript
function f (x = 5, y = 6) {
    console.log(x, y);
}
console.log(f (undefined, null));               //5 null
```

【**示例 2**】利用默认参数可以强制用户必须为参数设置值，如果省略就抛出一个异常。

```
function f(must = (function(){throw new Error('必须传入参数')})()) {
    return must;
}
console.log(f ());                                    //抛出异常
```

在上面的代码中，如果不传入参数，将计算并使用默认值；如果传入了参数，将覆盖默认值，不再执行默认表达式。

【**示例 3**】每次调用函数时，都会重新计算默认表达式的值。在下面的代码中，参数 p 的默认值是 x + 1。每次调用函数 f，都会重新计算 x + 1，而不是默认 p 等于 100。

```
let x = 99;
function f(p = x + 1) {
    console.log(p);
}
f()                                                  //100
x = 100;
f()                                                  //101
```

【**示例 4**】参数默认值可以与解构赋值的默认值结合起来使用。在下面的代码中，使用了对象的解构赋值默认值，没有使用函数参数的默认值。

```
function f ({x, y = 5}) {
    console.log(x, y);
}
f ({})                  //undefined 5
f ({x: 1})              //1 5
f ({x: 1, y: 2})        //1 2
f ()                    //TypeError: Cannot read property 'x' of undefined
```

【**示例 5**】在下面的代码中，如果没有提供参数，函数 f 的参数默认为一个空对象。

```
function f ({x, y = 5} = {}) {
    console.log(x, y);
}
f ()                                                 //undefined 5
```

【**示例 6**】在下面的代码中，如果函数 fetch()的第 2 个参数是一个对象，就可以为它的 3 个属性设置默认值。这种写法不能省略第 2 个参数，如果结合函数参数的默认值，就可以省略第 2 个参数，这时就会出现双重默认值。

```
function fetch(url, {body = '', method = 'GET', headers = {}}) {
    console.log(method);
}
fetch('http://example.com', {})              //"GET"
fetch('http://example.com')                  //抛出异常
```

【**示例 7**】在下面的代码中，函数 fetch()没有第 2 个参数时，函数参数的默认值就会生效，然后才是解构赋值的默认值生效，变量 method 才会取到默认值 GET。

```
function fetch(url, {body = '', method = 'GET', headers = {}} = {}) {
    console.log(method);
}
fetch('http://example.com')                  //"GET"
```

4.3.7　剩余参数

ES6 新增了剩余参数（rest 参数），用于获取函数的多余参数，以代替 arguments 对象。具体语法格式如下：

```
function 函数名([参数列表], ...剩余参数名){
    [函数体]
}
```

剩余参数以 "..." 为前缀，将传递给函数的所有剩余的实参组成一个数组，传递给剩余参数变量。剩余参数只能是最后一个参数，之后不能再有其他参数，否则将抛出异常。另外，函数的 length 属性不计算剩余参数。

 提示

剩余参数与 arguments 对象之间的主要区别如下：

（1）剩余参数只包含那些没有对应形参的实参，而 arguments 对象包含了所有的实参。

（2）arguments 对象是伪类数组，而剩余参数是数组。

（3）arguments 对象有自己的专用属性。

【示例 1】下面比较 arguments 对象和剩余参数的用法，可以看出剩余参数的写法更简洁。

```
function f() {                                  //arguments 对象的写法
    return Array.from(arguments).sort();
}
const f = (...rest) => rest.sort();             //剩余参数的写法
```

【示例 2】设计一个求和函数，利用剩余参数接收用户传入的任意参数。

```
function add(...values) {
    let sum = 0;                                //临时变量
    for (var val of values) {sum += val;}       //求和
return sum;
}
console.log(add(1, 2, 3, 4));                   //10
```

4.4　函数作用域

4.4.1　认识函数作用域

JavaScript 支持全局作用域和局部作用域。局部作用域包括函数作用域和块级作用域，局部变量只能够在当前作用域中可见（即读写）。

在函数体中，一般包含以下局部标识符：函数参数、arguments 对象、局部变量（包括内层函数）、this。其中 this 和 arguments 对象是 JavaScript 默认标识符，不需要声明。

这些标识符在函数体内的优先级如下（其中左侧优先级要大于右侧）：this→局部变量→形参→arguments 对象→函数名（非局部标识符）。

【示例 1】比较局部变量和形参变量的优先级。

```
function f(x){                                  //形参
```

```
    var x = 10;                                  //局部变量
    console.log(x);                              //访问 x
}
f(5);                                            //10
```

【**示例 2**】把参数值赋给局部变量。如果局部变量没有初始化，形参变量会优先于局部变量。

```
function f(x){
    var x = x;                                   //把形参 x 传递给局部变量 x
    console.log(x);
}
f(5);                                            //5
```

4.4.2　作用域链

扫一扫，看视频

作用域链是 JavaScript 提供的一套标识符访问机制。当函数对标识符进行访问时，会遵循从内到外、从下到上的原则进行检索，如果在作用域链的顶端（全局对象）中仍然没有找到同名变量，则返回 undefined。

【**示例**】在下面的代码中，通过多层嵌套函数设计一个作用域链，在最内层函数中可以逐级访问外层函数的局部变量。

```
var a = 1;                                       //全局变量
(function(){
    var b = 2;                                   //第 1 层局部变量
    (function(){
        var c = 3;                               //第 2 层局部变量
        (function(){
            var d = 4;                           //第 3 层局部变量
            console.log(a+b+c+d);                //返回 10
        })()                                     //直接调用函数
    })()                                         //直接调用函数
})()                                             //直接调用函数
```

在上面的代码中，JavaScript 首先在最内层函数中访问 a、b、c 和 d，找到了 d，然后沿着作用域链，在上一层函数中找到 c，以此类推，直到找到所有局部变量值为止。作用域链示意如图 4.1 所示。

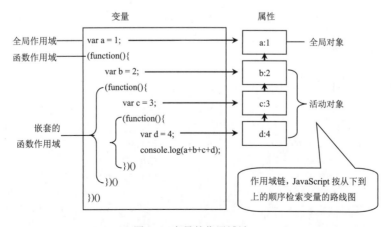

图 4.1　变量的作用域链

4.5 闭　　包

扫一扫，看视频

4.5.1　认识闭包

闭包是一个能够持续存在的函数活动对象，也称为上下文环境，仅引擎可见。

当函数被调用时，会产生一个临时的活动对象，它是函数作用域的顶级对象，作用域内的所有局部变量、参数、内层函数都作为该活动对象的属性而存在。

函数被调用后，在默认情况下活动对象会被 JavaScript 释放，避免占用内存资源。但是当函数的局部变量、参数或内层函数被外部引用时，则活动对象会继续保留，直到所有外部引用被注销。

典型的闭包体是一个嵌套函数。内层函数引用外层函数的局部变量，同时内层函数又被外部变量引用，当外层函数被调用后，就形成了闭包体，这个外层函数也称为闭包函数。

```
function f(x){                      //外层函数
    return function(y){             //内层函数，返回内层函数，被外部引用
        return x + y;               //内层函数访问外层函数的参数
    };
}
var c = f(5);                       //调用外层函数，获取对内层函数的引用
console.log(c(6));                  //调用内层函数，原外层函数的参数继续存在
```

提示

下面的结构也可以形成闭包：通过全局变量引用内层函数。

```
var c;                              //声明全局变量
function f(x){                      //外层函数
    c = function(y){                //内层函数，被全局变量引用
        return x + y;               //访问外层函数的参数
    };
}
f(5);                               //调用外层函数
console.log(c(6));                  //使用全局变量 c 调用内层函数，返回 11
```

除了嵌套结构的函数外，如果外部引用函数内部的私有数组或对象，也容易形成闭包。

扫一扫，看视频

4.5.2　案例：闭包的应用

【示例 1】使用闭包实现优雅的打包功能，定义存储器。

```
var f = function(){                 //外层函数
    var a = []                      //初始化私有数组
    return function(x){             //返回内层函数
        a.push(x);                  //添加元素
        return a;                   //返回私有数组
    };
}();                                //直接调用函数，生成持续存在的上下文环境
var a = f(1);                       //添加值
```

```
console.log(a);                          //返回 1
var b = f(2);                            //添加值
console.log(b);                          //返回 1,2
```

在上面的代码中，通过外层函数设计一个闭包，定义一个存储器。当调用外层函数时，由于返回的匿名函数被变量 f 引用，外层函数调用后没有直接被注销，这样就形成了一个活动对象，它的局部变量 a 会一直存在，因此可以不断向数组 a 传入值。

【**示例 2**】在网页中，事件处理函数很容易形成闭包。

```
<script>
function f(){                            //事件处理函数，闭包
    var a = 1;                           //局部变量 a，初始化为 1
    b = function(){console.log("a = " + a);}  //读取 a 的值
    c = function(){a ++ ;}               //递增 a 的值
    d = function(){a --;}                //递减 a 的值
}
</script>
<button onclick="f()">生成闭包</button>
<button onclick="b()">查看 a 的值</button>
<button onclick="c()">递 增</button>
<button onclick="d()">递 减</button>
```

在浏览器中浏览时，首先单击"生成闭包"按钮，生成一个闭包。单击"查看 a 的值"按钮，可以随时查看闭包内局部变量 a 的值。单击"递增""递减"按钮时，可以动态修改闭包内变量 a 的值，演示效果如图 4.2 所示。

图 4.2 事件处理函数闭包

4.5.3 闭包的副作用

闭包在表达式运算中可以存储数据，但是它的副作用也不容忽视，主要有以下两点。

（1）闭包会占用内存资源，在程序中大量使用闭包，容易导致内存泄漏。

（2）闭包保存的值是动态的，显示的总是最新的值，如果需要变化前后的值，就要慎用闭包。

【**示例**】设计一个简单的选项卡。HTML、CSS 代码省略，可参考本节示例源代码。

在 load 处理函数中，使用 for 为每个选项卡绑定 mouseover，在 mouseover 处理函数中，重置所有选项卡 li 的类样式，设置当前选项卡 li 高亮显示，并显示对应内容容器。

```
window.onload = function(){
    var tab = document.getElementById("tab").getElementsByTagName("li"),
        content = document.getElementById("content").getElementsByTagName
("div");
    for(var i = 0; i < tab.length; i ++){
        tab[i].addEventListener("mouseover", function(){
```

```
                for(var n = 0; n < tab.length; n ++){          //初始化所有选项卡
                    tab[n].className = "normal";                //清除类样式
                    content[n].className = "none";              //隐藏显示
                }
                tab[i].className = "hover";              //为当前选项卡添加高亮类样式
                content[i].className = "show";           //显示内容容器
            });
    }
}
```

上面的代码是一个典型的嵌套结构函数。外层函数为 load 事件处理函数，内层函数为 mouseover 事件处理函数，变量 i 为外层函数的局部变量。但是，在浏览器中运行时会发现异常，如图 4.3（a）所示。

mouseover 处理函数被外界 li 元素引用，这样就形成了一个闭包体。虽然在 for 语句中为每个选项卡 li 分别绑定 mouseover 处理函数，但是这个操作是动态的，因此 tab[i] 中 i 的值也是动态的。解决方法是：阻断内层函数对外层函数的变量引用。以下加粗代码为新增代码。

```
window.onload = function(){
    var tab = document.getElementById("tab").getElementsByTagName("li"),
        content = document.getElementById("content").getElementsByTagName
("div");
    for(var i = 0; i < tab.length; i ++){
        (function(j){
            tab[j].addEventListener("mouseover", function(){
                for(var n = 0; n < tab.length; n ++){   //初始化所有选项卡
                    tab[n].className = "normal";          //清除类样式
                    content[n].className = "none";        //隐藏显示
                }
                tab[i].className = "hover";          //为当前选项卡添加高亮类样式
                content[i].className = "show";    //显示内容容器
            });
        })(i);
    }
}
```

在 for 语句中，直接调用匿名函数，把外层函数的 i 变量传给调用函数，在调用函数中接收这个值，而不是引用外部变量 i，规避了在闭包体内 i 值的变化。演示效果如图 4.3（b）所示。

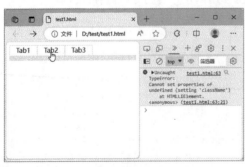

（a）闭包副作用   （b）解决后的效果

图 4.3 闭包安全应用

4.6 特殊函数

扫一扫，看视频

4.6.1 递归函数

递归就是函数对自身的调用，它由两部分组成：调用过程和终止条件。

在没有终止条件的情况下，递归运算会无休止地运行，因此必须结合 if 语句进行控制。递归是循环运算的一种算法，都可以用迭代来代替。递归运算的应用场景如下。

1. 求解递归问题

求解递归问题主要解决一些数学运算，如阶乘函数、幂函数和斐波那契数列。

【示例 1】斐波那契数列就是一组数字，从第 3 项开始，每一项都等于前两项之和。使用递归函数计算斐波那契数列，其中最前面的两个数字是 0 和 1。

```
var fibonacci = function(n) {
    return n < 2 ? n : fibonacci(n - 1) + fibonacci(n - 2);
};
console.log(fibonacci(19))              //4181
```

如果计算 100 的斐波那契数列，则执行效率非常低。而使用迭代算法效率会很高。

```
var fibonacci = function(n) {
    var a=[0,1];                        //记录数列的数组，第 1、2 个元素值确定
    for(var i=2; i<=n; i++){            //从第 3 个数字开始循环
        a.push(a[i-2] + a[i-1]);        //计算新数字，并推入数组
    }
    return a[n];                        //返回指定位数的数列结果
};
console.log(fibonacci(19))              //4181
```

2. 解析递归型数据结构

很多数据结构都具有递归特性，如 DOM 文档树、多级目录结构、多级导航菜单、家族谱系结构等。对于这类数据结构，使用递归算法进行遍历比较合适。

【示例 2】下面使用递归运算计算指定节点内所包含的全部节点数。

```
function f(n){                          //统计指定节点及其所有子节点的元素个数
    var l = 0 ;                         //初始化计数变量
    if(n.nodeType == 1) l ++ ;          //如果是元素节点，则计数
    var child = n.childNodes;           //获取子节点集合
    for(var i = 0; i < child.length; i ++){   //遍历所有子节点
        l += f(child[i]);               //递归运算，统计当前节点下的所有子节点数
    }
    return l;                           //返回节点数
}
window.onload = function(){
    console.log(f(document.body))       //返回 2，即 body 和 script 两个节点
}
```

3. 适合使用递归法解决的问题

有些问题最适合采用递归的方法求解，如汉诺塔问题。

【示例3】下面使用递归运算设计汉诺塔演示函数。参数说明：n 表示盘子号；a、b、c 表示柱子，注意排列顺序。返回说明：当指定盘子号以及柱子名称，将输出整个移动的过程。

```
function f(n, a, b, c){
    if(n == 1)                                          //当为1号盘子时，直接移动
        document.write("移动【盘子"+n+"】从【"+ a +"柱】到【" + c + "柱】<br>");
                                                        //直接从参数a移给c
    else{
        f(n - 1, a, c, b);                              //调整参数顺序，从参数a移给b
        document.write("移动【盘子"+n+"】从【"+ a +"柱】到【" + c + "柱】<br>");
        f(n - 1, b, a, c);                              //调整参数顺序，从参数b移给c
    }
}
f(3, "A", "B", "C");                                    //调用汉诺塔函数
```

程序运行结果如下：

```
移动 【盘子1】 从 【A柱】 到 【C柱】
移动 【盘子2】 从 【A柱】 到 【B柱】
移动 【盘子1】 从 【C柱】 到 【B柱】
移动 【盘子3】 从 【A柱】 到 【C柱】
移动 【盘子1】 从 【B柱】 到 【A柱】
移动 【盘子2】 从 【B柱】 到 【C柱】
移动 【盘子1】 从 【A柱】 到 【C柱】
```

扫一扫，看视频

4.6.2 迭代器函数

迭代器函数实际上是一个工厂函数，该函数必须包含以下逻辑。

（1）返回一个迭代器对象。

（2）迭代器对象需要拥有 next 接口。

（3）next()方法应返回一个迭代结果对象。

（4）结果对象需要包含两个属性：value 和 done。其中，value 定义当前迭代的值，done 属性是一个布尔值，定义迭代是否结束。

迭代器生成函数的语法格式如下：

```
function iterator() {                   //迭代器生成函数
    return {                            //返回迭代器对象
        next: function() {              //next 接口
            return {                    //返回迭代结果对象
                value: 当前值,
                done: 当前状态，布尔值
            };
        }
    };
}
```

【示例1】设计一个迭代器，能够自动生成数据，并且允许无限迭代。

```
function fn() {
    var i = 0;
    return {
        next: function () {return {value: i++, done: false}}
    };
```

```
}
var it = fn();
console.log(it.next());                          //{value: 0, done: false}
console.log(it.next());                          //{value: 1, done: false}
```

上面介绍的迭代器比较简陋，只能使用 next 方法一步步读取，无法使用 for-of 命令自动迭代。如果把迭代器赋给 Symbol.iterator 表达式，部署可迭代接口，for-of 命令就能自动识别。

可迭代接口的语法格式如下：

```
{                                                //迭代器对象，或者其他对象
    [Symbol.iterator] : function () {            //定义可迭代接口
        return iterator;                         //返回迭代器对象
    }
}
```

Symbol.iterator 是一个表达式，返回 Symbol 对象的 iterator 属性，这是一个预定义的、类型为 Symbol 的特殊值，所以需要放在方括号内才有效。

Symbol.iterator 接口可以属于迭代器对象，也可以属于非迭代器对象，但是调用 [Symbol.iterator]()接口后，必须返回一个迭代器对象，迭代器对象可以是以下几种。

（1）父对象，一个迭代器对象，即部署了 next()接口方法。

（2）其他类型的迭代器对象，如字符串、数组、arguments 等。

（3）引用父对象的 next()接口方法的其他对象，属于父迭代器的变体。

【示例 2】针对示例 1，绑定可迭代接口，为返回的迭代器对象定义 Symbol.iterator 属性，让其返回迭代器对象，并设置终止条件，这样就可以实现 for-of 自动迭代了。

```
function fn() {
    var i = 0;                                        //计数器
    var o = {                                         //迭代器对象
        next: function () {                           //定义 next()接口方法
            if(i>10) return {value: undefined, done: true};//定义迭代终止条件
            return {value: i++, done: false};        //定义下一个迭代的值
        },
        [Symbol.iterator] : function () {            //定义可迭代接口方法
            return o;                                 //返回迭代器对象
        }
    };
    return o;                                         //返回迭代器对象
}
var it = fn();                                        //生成迭代器对象
for(let o of it){                                     //自动遍历集合对象
    console.log(o);                                   //显示 value 的值
}
```

4.6.3 生成器函数

与普通函数相比，生成器函数有以下两点不同之处。

（1）function 关键字与函数名之间有一个星号（*）。

（2）在函数体内，使用 yield 语句定义不同的状态。

生成器函数的语法格式如下：

```
function* generator() {
```

扫一扫，看视频

```
        yield 表达式1;                        //状态1
        yield 表达式2;                        //状态2
        ...
    }
```

只要是可以定义函数的地方，都可以定义生成器。在函数名称前面加一个星号就表示它是一个生成器。例如：

```
function* fn() {}                         //声明生成器函数
let fn = function* () {}                  //定义生成器函数表达式
let foo = {* fn() {}}                     //定义对象方法为生成器函数
class Foo {* fn() {}}                     //定义类的方法为生成器函数
class Bar {static * fn() {}}              //定义类静态方法为生成器函数
```

标识生成器函数的星号不受两侧空格的影响。箭头函数不能用来定义生成器函数。

调用生成器函数会产生一个生成器对象。生成器对象一开始处于暂停执行的状态。与迭代器相似，生成器对象也实现了迭代器接口，拥有 next() 方法。调用 next() 方法会让生成器开始或恢复执行。

next() 方法的返回值是一个迭代器对象。当函数体为空时，调用一次 next() 方法时，就会让生成器到达 done: true 状态，返回迭代器对象，即 {done: true, value: undefined}。value 属性是生成器函数的返回值，默认值为 undefined，可以通过生成器函数的返回值指定。

【示例 1】下面的代码定义了一个生成器函数，函数体内包含两个 yield 表达式和一个 return 表达式，即定义的生成器包含 3 种状态：1、2 和 0。

```
function* test() {
    yield 1;                              //状态1
    yield 2;                              //状态2
    return 0;                             //状态3
}
var t = test();                          //调用生成器函数
t.next()                                 //{value: 1, done: false}
t.next()                                 //{value: 2, done: false}
t.next()                                 //{value: 0, done: true}
t.next()                                 //{value: undefined, done: true}
```

yield 关键字后面的表达式，只有当调用 next() 方法，移动内部指针指向该语句时才会执行。因此，这等于为 JavaScript 提供了一种以手动方式进行惰性求值的语法功能。例如：

```
function* test() {
    yield 1 + 2;
}
```

在上面的代码中，yield 后面的表达式 1+2 不会立即求值，只会在 next() 方法将指针移到这一句时，才会求值。也就是说，当调用函数 test() 时，表达式 1+2 并没有被计算，只有当调用生成器对象的 next() 方法时，才开始执行计算。

提示

yield 与 return 都能返回其后表达式的值，但是每次遇到 yield 时，函数会立即暂停执行，直到下一次调用 next() 方法时，再从该位置继续向后执行。一个函数只能执行一次 return，执行之后就会结束函数的运行，但是可以执行多次 yield，因此生成器函数可以有任意多个 yield，返回一系列的值。

【示例 2】使用生成器设计一个正整数集合生成函数，根据指定的最大整数，能够自动生成一个有限范围的数集。

```javascript
function* range(n) {                    //生成器函数
    if(typeof n != "number") throw new Error("参数为非数值");
    while(true){                        //无限循环
        if(!n) return;                  //设置终止条件，如果为 0，则停止函数的运行
        yield n--;                      //yield 表达式，生成迭代值
    }
}
let r = range(10);                      //新建生成器对象
for(var i of r){
    console.log(i);                     //10 9 8 7 6 5 4 3 2 1
}
```

4.7 案例实战

4.7.1 定义 bind()函数

扫一扫，看视频

bind()是 ES5 新增的函数，主要作用是将函数绑定到某个对象，但是 IE8 浏览器不支持。

【案例】定义一个 bind()函数。能够兼容 IE 早期版本，通过练习体会 JavaScript 函数的灵活应用。

```javascript
Function.prototype.bind = function () {              //作用域绑定函数
    var self = this,                                 //保存 this 指代的函数
        context = [].shift.call(arguments),          //弹出第 1 个参数，作为调用对象
        args = [].slice.call(arguments);             //把余下参数转换为数组
    return function () {                              //返回闭包函数
        //把 bind()的第 2 个参数及其后面的参数与闭包函数的参数合并为一个数组
        var arrs = [].concat.call(args, [].slice.call(arguments));
        //在 context 上调用绑定的函数并传入参数合并数组
        return self.apply(context, arrs);
    }
}
```

应用 bind()函数，可以实现函数柯里化运算，就是把一个函数拆解为多步调用。

```javascript
var sum = function (x, y) {
    return x + y;
}
var succ = sum.bind(null, 1);
console.log(succ(2));                                //=> 3
```

4.7.2 设计缓存函数

扫一扫，看视频

【案例】利用闭包特性，设计一个缓存函数，把需要调用的函数缓存起来，在缓存中执行函数，当下次再调用该函数时，如果执行相同的运算，则直接返回结果，不再重复运算。

```javascript
var memoize = function (f) {
    var cache = {};                                  //缓存对象
    return function () {
```

```
            var arg_str = JSON.stringify(arguments);//转换为字符串序列
            //如果已经缓存，则直接返回，否则执行函数
            cache[arg_str] = cache[arg_str] ? cache[arg_str] + '(from cache)' :
f.apply(f, arguments);
            return cache[arg_str];
        };
    };
    var squareNumber = memoize(function (x) {return x * x;});
    console.log(squareNumber(4));                        //16
    console.log(squareNumber(4));                        //16(from cache)
    console.log(squareNumber(5));                        //25
    console.log(squareNumber(5));                        //25(from cache)
```

扫一扫，看视频

4.7.3　为数字扩展迭代器接口

【案例】为 Number 类型扩展迭代器接口，这样使用 for-of 可以迭代数字，返回一个数字列表。这里使用扩展运算符将 5 自动转换成 Number 实例后，调用迭代器接口，会返回数字列表的结果。

```
Number.prototype[Symbol.iterator] = function* () {//定义生成器函数
    let i = 0;
    let num = this.valueOf();                    //获取当前数字对象的值
    while (i < num) {                            //设置限制条件
        yield i++;                               //返回状态值，从 0 开始递增数字
    }
}
 console.log(...5)                                //0, 1, 2, 3, 4
```

扫一扫，看视频

4.7.4　设计范围迭代器

Python 语言为序列对象提供了一个切片功能，允许使用以下语法获取序列的切片数据。切片使用 2 个冒号分隔 3 个整数来表示，基本语法格式如下：

```
obj[start : end : step]
```

obj 表示序列对象，包含 3 个参数，分别表示开始下标、结束下标和步长。

【案例】设计一个范围迭代器，允许接收 3 个参数，分别为开始下标、结束下标和步长，然后返回一个迭代器，将生成一个指定范围的整数切片。

```
function Range(start = 0, end = Infinity, step = 1) {//设计范围迭代器
    let index = start;                           //记录下标位置
    let num = 0;                                 //记录生成的元素个数
    return {                                     //返回迭代器对象
        next: function () {                      //定义迭代器接口方法
            let result;                          //临时结果变量
            if (index < end) {                   //如果在指定范围，则运行迭代
                result = {value: index, done: false}  //设计迭代结果对象
                index += step;                   //根据步长，向下移动指针
                num++;                           //递增计数
                return result;                   //返回迭代结果对象
            }
            return {value: num, done: true}      //终止迭代
```

```
        }
    };
}
let it = Range(1, 20, 3);                    //实例化范围
let result = it.next();
while (!result.done) {                       //循环位于范围内的每个元素
    console.log(result.value);               //1  4  7  10  13  16  19
    result = it.next();                      //调用迭代器，返回迭代结果对象
}
console.log("总数: " + result.value);         //总数: 7
```

本 章 小 结

　　本章首先介绍了什么是函数，以及定义函数的几种方法，如声明函数、构造函数、函数直接量、箭头函数；然后介绍了函数的调用方法、函数的返回值；接着详细讲解了函数的参数，包括参数对象、参数个数、默认参数、剩余参数等知识点；最后讲解了函数的作用域和闭包函数结构体，以及特殊函数的应用，如递归函数、迭代器函数和生成器函数。

课 后 练 习

一、填空题

　　1. 函数是一段_____代码，可以被_____执行。
　　2. 使用函数时不必熟悉它的实现过程，只需了解_____和_____，了解函数的功能。
　　3. 使用_____语句可以声明函数。
　　4. 使用_____函数可以构造一个函数。
　　5. JavaScript 提供 4 种函数调用的模式：_____、_____、_____、_____。

二、判断题

　　1. 使用 arguments 对象的 length 属性可以获取函数的形参个数。　　　（　　）
　　2. arguments 表示函数的实参集合，仅在函数体内可见，可以直接读、写。（　　）
　　3. arguments 是一个数组，继承了 Array 的原型方法。　　　　　　　（　　）
　　4. callee 是 arguments 对象的属性，指代调用函数。　　　　　　　（　　）
　　5. 函数直接量仅包含 function 关键字、参数列表和函数体，也称为匿名函数。（　　）

三、选择题

　　1. 下面关于函数参数的描述错误的是（　　）。
　　A. 参数是函数的主要入口，通过参数可以控制函数的运行，也可以向内传入数据
　　B. 形参在定义函数时，声明的参数变量仅在函数内部可见
　　C. 函数的形参和实参数量应该相同

    D．使用函数对象的 length 属性可以获取函数的形参个数

2．在函数体内，（   ）标识符的优先级最高。

    A．this   B．局部变量   C．形参   D．arguments

3．剩余参数以（   ）为前缀，将传递给函数的所有剩余的实参组成一个数组。

    A．*   B．..   C．......   D．#

4．已知 const fn = (head, ...tail) => [head, tail]，则 console.log(fn(1, 2, 3)) 输出的是（   ）。

    A．[1, 2, 3]   B．[1]   C．[[1,2],3]   D．[1,[2, 3]]

5．（   ）不是生成器函数。

    A．function* fn() {}   B．let fn = function* () {}

    C．let foo = {* fn() {}}   D．var fn = () => {}

四、简答题

1．简单描述递归函数及其特点和应用价值。

2．简单介绍一下迭代器函数的结构特点。

五、编程题

1．编写函数，实现返回传入的最大参数数字。

2．编写函数，调用之后满足如下条件：返回的结果为调用参数 fn 之后的结果；参数 fn 的调用参数为第 1 个参数 fn 之后的全部参数。

3．偏函数就是调用之后能够返回一个功能的函数，定义一个偏函数实现类型检查。

4．结合 apply 和 Math.max 方法，定义一个函数返回给定数组的最大元素。

拓 展 阅 读

扫描下方二维码，了解关于本章的更多知识。

第5章　对　　象

【学习目标】

↬ 了解什么是对象，熟悉定义对象的几种方法。

↬ 能够正确操作对象，如克隆、遍历、合并、转换、销毁等。

↬ 能够正确操作对象的属性，如定义、访问、删除、检测等。

↬ 了解属性描述对象，能够使用访问器。

↬ 了解原生对象，熟悉 Math 和 Date 对象的基本使用方法。

对象是属性的无序集合，每个属性存放一个原始值或函数，这种名与值的映射，也称为键值对的集合。当属性值为函数时，称为方法，其内可以封装一段代码，调用对象的方法能够处理特定的任务。在 JavaScript 中，对象是一类复合型数据结构，可用于存储无序排列的数据，同时任何值（如数值、字符串、布尔值）也可以封装为对象，以对象的身份使用。

5.1　认　识　对　象

在现实生活中，对象是一个具体的实物，如教室、书、笔、笔记本、手机等。人们可以通过不同的特征来区分对象，如通过姓名、性别和身份证号认识每一名学生。在程序中，如果要描述一名学生，可以定义多个变量：用 name 描述姓名、sex 描述性别、id 描述身份证号等。但是当要描述多名学生时，就会产生大量的变量，让程序难以维护。此时可以通过对象来描述学生，将学生的特征保存在对象内，这样只要知道一个对象的名称，该对象的所有信息就一清二楚了。

对象是 JavaScript 中最重要的数据类型，可以分为两大类：原生对象和宿主对象。原生对象属于 JavaScript 语言，而宿主对象属于宿主环境，如网页浏览器、Node.js 等。

1. 原生对象

JavaScript 内置了多个原生对象，见表 5.1，它们属于类型（构造器）。在程序中定义的对象都是原生对象的实例，相对于宿主对象而言，原生对象属于本地对象的范畴。

表 5.1　JavaScript 内置原生对象

对　象　名	含　　义	对　象　名	含　　义
Object（对象）	Function（函数）	Array（数组）	String（字符串）
Boolean（布尔值）	Number（数值）	RegExp（正则表达式）	Math（数学）
Date（日期）	Error（错误）		

另外，JavaScript 还有一个特殊的 Global（全局）对象，仅供内部专用，用户无法使用。

2. 宿主对象

宿主对象由宿主环境定义，在宿主环境内使用。例如，网页浏览器定义的对象：window、document、history、location、screen、navigator、body、form、event 等都是宿主对象，与 JavaScript

语言没有直接关系。不过 JavaScript 能够访问它们并调用其方法。

5.2 定 义 对 象

5.2.1 构造对象

调用 Object()函数可以构造一个实例对象。具体语法格式如下：

```
对象 = new Object([任意值])
对象 = Object([任意值])
```

如果参数值为空，或者是 null、undefined，则返回一个空对象；如果参数值是一个对象，则返回该值；否则，将返回与给定值对应类型的对象。例如，数值被封装为 Number 对象，布尔值被封装为 Boolean 对象，字符串被封装为 String 对象。

【示例 1】使用 Object()函数构造不同类型的实例对象。也可以不使用 new 命令，直接调用 Object()函数，返回值是等效的。

```
var o = new Object();          //空对象
var n = new Object(1);         //Number(1)，把数字 1 封装为 Number 对象
var b = new Object(true);      //Boolean(true)，把 true 封装为 Boolean 对象
var s = new Object("a");       //String("a")，把"a"封装为 String 对象
```

【示例 2】如果参数为数组、对象、函数，则返回原对象，不进行转换。根据这一特性，可以设计一个类型检测函数，专门检测一个值是否为引用型对象。

```
function isObject(value) {
    return value === Object(value);
}
console.log(isObject([]));      //true
console.log(isObject(true));    //false
```

5.2.2 对象直接量

使用大括号语法可以快速定义对象直接量。具体语法格式如下：

```
对象 = {
    属性名1 : 属性值1,
    属性名2 : 属性值2,
    ...
};
```

属性名可以是 JavaScript 标识符，也可以是字符串型表达式；属性值可以是任意类型的数据。属性名与属性值之间以冒号进行分隔；键值对之间以逗号进行分隔；最后一个键值对尾部可以添加逗号，也可以省略。

【示例】属性值可以是任意类型的值。如果是函数，则该属性也称为方法；如果属性值是对象，可以设计嵌套结构的对象；如果不包含任何属性，则可以定义一个空对象。

```
var obj = {                    //对象直接量
    a : function(){return 1;}, //定义方法
    b : {c:1}                  //嵌套对象
}
```

提示

ES6 新增了简写语法，允许在大括号内直接输入变量和函数，定义属性和方法。例如：

```
const b = {c:1};                    //定义变量
var obj = {                         //对象直接量
    a (){return 1;},                //函数简写，省略"：function"
    b                               //变量简写，省略"：属性值"
}
```

在上面的代码中，变量 b 直接写在大括号内，这时属性名就是变量名，属性值就是变量值。

注意

简写语法的方法不能用作构造函数，否则将会报错。例如：

```
new obj.a()                         //报错
```

5.2.3　使用 create()函数

扫一扫，看视频

ES5 为 Object 新增了 create()静态函数，用于定义实例对象。具体语法格式如下：

```
实例对象 = Object.create(原型对象, [属性描述对象])
```

属性描述对象是一个内部对象，用来描述对象的属性的特性，包含数据属性和访问器属性，共 6 个选项可供选择设置。

数据属性包含以下 4 个。

（1）value：指定属性值。默认值为 undefined。

（2）writable：设置属性是否可写。默认值为 false。当为 false 时，重写属性值不会报错，但是会操作失败，而在严格模式下会抛出异常。

（3）enumerable：设置属性是否可枚举，即是否允许使用 for-in 语句、Object.keys()等遍历函数（参考 5.3.4 小节）、JSON.stringify()方法访问。默认值为 false。

（4）configurable：设置属性是否可删除，是否可修改属性特性。默认值为 false。

访问器属性包含以下 2 个方法。

（1）set()：设置属性值。默认值为 undefined。存值方法只接收一个参数，用于设置属性值。

（2）get()：返回属性值。默认值为 undefined。取值方法不接收参数。

【示例 1】使用 Object.create()创建一个对象，继承自 null，包含两个属性：a 和 b，属性值分别为 1 和 2。然后枚举对象的属性，并修改属性值，验证其特性。

```
var obj = Object.create(null, {     //继承自 null
        a: {                        //属性名
                value: "1",         //属性值
                enumerable: true    //可以枚举
        },
        b: {                        //属性名
                value: "2",         //属性值
                writable: true      //可以读写
```

```
            }
        });
    for(i in obj){                              //使用 for-in 枚举 obj 对象的本地属性
        obj[i] = "new" + obj[i];                //修改可枚举属性的值
        console.log(obj[i]);                    //1，说明仅枚举到 a，其值不可以修改
    }
    obj.b = "new " + obj.b;                     //修改 b 的值
    console.log(obj.b);                         //"new 1"，说明 b 可以写入
    console.log(obj.toString());                //抛出异常，说明继承为空
```

【示例 2】创建一个对象，再定义一个访问器属性 b，用于读写数据属性 a。

```
var obj = Object.create(Object.prototype, {
    a: {                                        //数据属性
        writable:true,
        value: ""
    },
    b: {                                        //访问器属性
        get: function() {return this.a;},       //取值方法，获取属性 a 的值
        set: function(value) {this.a = value;}  //存值方法，修改属性 a 的值
    }
});
console.log(obj.b);                             //""
obj.b = 20;                                     //写入值
console.log(obj.b);                             //20
```

5.3 操 作 对 象

扫一扫，看视频

5.3.1 对象的字符串表示

使用 Object 的 toString()原型方法，可以获取一个对象的字符串表示。具体格式如下：

```
"[object Class]"
```

其中，object 表示对象的基本类型，Class 表示对象的子类型，子类型的名称与该对象的构造类型的名称相同。例如，Object 的 Class 为 Object，Array 的 Class 为 Array，Function 的 Class为 Function，Date 的 Class 为 Date，Math 的 Class 为 Math，Error（包括 Error 子类）的 Class为 Error 等。宿主对象也有预定的 Class 值，如 window、document 和 form 等。

【示例 1】自定义类型的 Class 值默认为 Object，不过可以根据这个格式，重写 toString()，返回自定义类型的字符串表示。

```
function MyClass(){}                            //自定义类型
Me.prototype.toString = function(){            //重写 toString()原型方法
    return "[object MyClass]";
}
var me = new Me();
console.log(me.toString());                     //"[object Me]"
console.log(Object.prototype.toString.apply(me));//"[object Object]"，默认返回
```

部分类型在继承 Object 的 toString()时，会根据需要重写该原型方法。例如，Function 类

型的 toString()返回函数的源代码，Date 类型的 toString()返回具体日期和时间等。

【示例 2】使用 call()或 apply()为所有类型对象动态调用 Object.prototype.toString()原型方法时，都会返回类型的字符串表示。因此，借用 toString()可以设计类型检测函数。

```
function typeOf(obj){                     //模仿 typeOf 运算符，返回类型的字符串表示
    var str = Object.prototype.toString.call(obj);
    //把返回的 Class 字符串转换为小写，与 typeOf 运算符的返回值保持一致
    return str.match(/\[object (.*?)\]/)[1].toLowerCase();
};
//类型检测应用
console.log(typeOf({}));                   //"object"
console.log(typeOf([]));                   //"array"
console.log(typeOf(0));                    //"number"
console.log(typeOf(null));                 //"null"
console.log(typeOf(undefined));            //"undefined"
console.log(typeOf(/ /));                  //"regex"
console.log(typeOf(new Date()));           //"date"

['Null', 'Undefined', 'Object', 'Array', 'String', 'Number', 'Boolean',
'Function', 'RegExp'].forEach(function (t) {        //类型判断，返回布尔值
    typeOf['is' + t] = function (o) {
        return typeOf(o) === t.toLowerCase();
    };
});
//类型判断应用
console.log(typeOf.isObject({}));          //true
console.log(typeOf.isNumber(NaN));         //true
console.log(typeOf.isRegExp(true));        //false
```

提示

Object 定义了 toLocaleString()原型方法，在默认情况下，toLocaleString()方法与 toString()方法的返回值完全相同。该方法的主要用途：为用户预留接口，允许返回针对本地的字符串表示。Array、Number 和 Date 已经实现了该原型方法。

5.3.2　对象的值

使用 Object 的 valueOf()原型方法可以返回对象的值。其主要用途是：在类型自动转换时，JavaScript 默认会调用该方法。valueOf()方法返回值默认与 toString()方法的返回值相同，但是部分类型重写了 valueOf()方法。

【示例 1】Date 对象的 valueOf()方法返回值是当前日期对象的毫秒数。

```
var o = new Date();                        //对象实例
console.log(o.toString());                 //返回当前时间的 UTC 字符串
console.log(o.valueOf());                  //返回距离 1970 年 1 月 1 日午夜之间的毫秒数
console.log(Object.prototype.valueOf.apply(o)); //默认返回当前时间的 UTC 字符串
```

由于 String、Number 和 Boolean 对象都有明显的原始值，它们的 valueOf()方法会返回合适的值，而不是类型的字符串表示。

扫一扫，看视频

95

【示例2】在自定义类型时，除了重写 toString()方法外，还可以重写 valueOf()方法。这样当读取对象的值时，避免返回的值总是"[object Object]"。

```
function Point(x,y){                          //自定义坐标点类型
    this.x = x;
    this.y = y;
}
Point.prototype.valueOf = function(){  //自定义 Point 数据类型的 valueOf()方法
    return "(" + this.x + "," + this.y + ")";
}
var p = new Point(26,68);
console.log(p.valueOf());                    //"(26,68)"
console.log(Object.prototype.valueOf.apply(p));//"[object Object]"，默认返回值
```

 提示

在特定环境下进行数据类型转换时，如把对象转换为字符串，valueOf()方法的优先级要高于toString()方法。因此，如果一个对象的 valueOf()和 toString()方法返回值不同，而希望转换的字符串为 toString()方法的返回值时，就必须明确调用对象的 toString()方法。

扫一扫，看视频

5.3.3 克隆对象

对象是引用型数据，赋值操作可以把一个对象复制给另一个对象。复制的过程实际上就是把对象在内存中的地址赋值给另一个变量，因此两个变量完全相等。克隆对象则会把一个对象的副本赋值给另一个变量，两个变量不相等。

克隆对象包括浅复制和深复制。浅复制仅克隆对象的属性，不关心属性值是否为引用型数据（如对象或数组），而深复制会递归克隆对象中嵌套的所有引用型数据。

【示例1】使用两种方法浅复制 obj1 给 obj2。

方法一：使用 for-in 语句遍历 obj1 对象，逐个把 obj1 的成员赋值给 obj2。

```
var obj1 = {x:true, y:false} , obj2 = {}; //定义两个操作对象
for(var i in obj1){                          //遍历 obj1，把所有成员赋值给对象 obj2
    obj2[i] = obj1[i];
}
console.log(obj1 === obj2);                 //false，说明两个对象不同
```

方法二：使用扩展运算符，快速取出 obj1 的成员并赋值给 obj2。

```
var obj1 = {x:{a:1,b:2}, y:[1,2]} , obj2 = {};   //定义两个操作对象
obj2 = {...obj1};
console.log(obj1 === obj2);                         //false，说明两个对象不同
```

【示例2】使用递归方法深复制 obj1 给 obj2。

```
function deepClone(obj) {                          //使用递归方式实现数组、对象的深复制
    let objClone = Array.isArray(obj) ? [] : {};  //检测参数是对象还是数组
    if (obj && typeof obj === "object") {//只有参数为对象或数组时，执行递归运算
        for (var key in obj) {                    //遍历参数对象
            if (obj.hasOwnProperty(key)) {        //仅对本地属性执行操作
                //判断 obj 的属性是否为对象，如果是，则递归复制
                if (obj[key] && typeof obj[key] === "object") {
```

```
                        objClone[key] = deepClone(obj[key]);
                    } else {objClone[key] = obj[key];}}//如果不是，则进行浅复制
                }
            }
        }
        return objClone;                          //返回克隆后的对象
    };
    var obj1 = {x: {a: 1, b: 2}, y: [1, 2]}, obj2 = {};   //定义两个操作对象
    obj2 = deepClone(obj1);                       //深复制
    console.log(obj1 === obj2);          //false，说明两个对象不同
    console.log(obj1.x === obj2.x);      //false，说明两个对象不同
```

扫一扫，看视频

5.3.4　遍历对象

ES6 支持多种方法遍历对象，最常用的是 for-in 命令。使用 for-in 命令可以遍历对象，包含私有和继承的可枚举属性，不包含 Symbol 属性。推荐使用表 5.2 所列的一组函数遍历对象。这组函数比 for-in 高效，并且针对性强，后期借助数组的方法可以实现数据的便捷化处理。

表 5.2　遍历对象的函数

函 数 语 法	说　　　明
数组= Object.keys(对象)	返回对象包含的可枚举的私有属性名，不包含 Symbol 属性
数组= Object.getOwnPropertyNames(对象)	返回对象包含的私有属性名，不包含 Symbol 属性
数组= Object.values(对象)	返回对象包含的可枚举的私有属性值，不包含 Symbol 属性
数组= Object.entries(对象)	返回对象包含的可枚举的私有属性键值对，不包含 Symbol 属性

【示例 1】使用 Object.keys()函数检测对象是否为空。

```
let isEmpty = (obj) => {return !Object.keys(obj).length}
console.log(isEmpty({}));                 //true
console.log(isEmpty({a:1}));              //false
```

【示例 2】Object.entries()返回一个二维数组，每个元素是一个包含两个子元素的数组，其中第 1 个子元素是属性名，第 2 个子元素是属性值。

```
const obj = {a:1, b:2, c:3}              //定义对象，包含 3 个属性
console.log(Object.entries(obj));        //[['a', 1], ['b', 2], ['c', 3]]
console.log(Object.entries(obj).filter(val => val[1]!=2));
                                         //[['a', 1], ['c', 3]]
```

提示

使用 Object.getOwnPropertySymbols(对象)可以遍历对象所有的私有 Symbol 属性。使用 Reflect.ownKeys(对象)可以遍历对象所有的私有（不含继承的）键名，不管键名是 Symbol 还是字符串，也不管是否可枚举。

5.3.5　对象状态

JavaScript 提供了 3 个静态函数，可以精确地控制一个对象的状态，防止对象被修改，其说明见表 5.3。

扫一扫，看视频

表 5.3　对象状态控制函数

函 数 语 法	说　　明
控制后的对象= Object.preventExtensions(原对象)	阻止为对象添加新的属性
控制后的对象= Object.seal(原对象)	阻止为对象添加属性，也无法删除属性。等价于属性描述对象的 configurable 为 false。注意，该方法不影响修改某个属性的值
控制后的对象= Object.freeze(原对象)	阻止为一个对象添加新属性、删除旧属性、修改属性值

JavaScript 同时提供了 3 个检测函数，用于判断一个对象的状态，其说明见表 5.4。

表 5.4　对象状态监测函数

函 数 语 法	说　　明
布尔值= Object.isExtensible(对象)	是否允许添加新的属性，即是否可以扩展
布尔值= Object.isSealed(对象)	是否使用了 Object.seal()函数，即是否可以配置
布尔值= Object.isFrozen(对象)	是否使用了 Object.freeze()函数，即是否被冻结

【示例】下面的代码分别使用 Object.preventExtensions()、Object.seal()和 Object.freeze() 函数控制对象的状态，然后使用 Object.isExtensible()、Object.isSealed()和 Object.isFrozen()函数检测对象的状态。

```
var obj1 ={};
console.log(Object.isExtensible(obj1));          //true
Object.preventExtensions(obj1);
console.log(Object.isExtensible(obj1));          //false
var obj2 ={};
console.log(Object.isSealed(obj2));              //true
Object.seal(obj2);
console.log(Object.isSealed(obj2));              //false
var obj3 ={};
console.log(Object.isFrozen(obj3));              //true
Object.freeze(obj3);
console.log(Object.isFrozen(obj3));              //false
```

扫一扫，看视频

5.3.6　对象合并

使用 Object 的 assign()函数可以将原对象的所有可枚举的私有属性复制到目标对象。具体语法格式如下：

```
合并后目标对象= Object.assign(目标对象, ... 原对象)
```

【示例 1】使用 assign()函数复制对象，注意，该方法只能实现浅复制。

```
const obj = {a: 1};                              //定义对象
const copy = Object.assign({}, obj);             //浅复制
console.log(copy);                               //{a: 1}
console.log(Object.is(obj, copy));               //false
```

使用 Object.is()函数可以比较两个值是否严格相等，与全等运算符（==）的作用基本一致。

【示例 2】合并具有相同属性的对象时，属性会被后续参数中具有相同属性的其他对象覆盖。

```
const o1 = {a: 1, b: 1, c: 1};
const o2 = {b: 2, c: 2};
const o3 = {c: 3};
```

```
const obj = Object.assign({}, o1, o2, o3);
console.log(obj);                          //{a: 1, b: 2, c: 3}
```

扫一扫，看视频

5.3.7 对象转换

使用 Object 的 fromEntries()函数可以将一个键值对数组转换为对象，其功能类似于 Object.entries()的逆操作。具体语法格式如下：

```
对象= Object.fromEntries(二维数组)
```

【示例 1】先使用 Object.entries()把对象 obj1 转换为二维数组，借助数组的 map()方法执行遍历操作，把每个元素的第 2 个子元素的值放大一倍,再返回。最后使用 Object.fromEntries()把数组转换为对象。

```
const obj1 = {a: 1, b: 2, c: 3};
const obj2 = Object.fromEntries(
    Object.entries(obj1).map(([key, val]) => [key, val * 2]),
);
console.log(obj2);                          //{a: 2, b: 4, c: 6}
```

JSON 对象提供了可以将对象或数组转换为 JSON 格式的字符串，或者将 JSON 格式的字符串转换为对象的方法，其说明见表 5.5。

表 5.5　JSON 对象方法

方 法 语 法	说　　明
对象或数组= JSON.parse(JSON 格式字符串)	将 JSON 格式的字符串转换为对象或数组
JSON 格式字符串= JSON.stringify(对象|数组)	将对象或数组转换为 JSON 格式的字符串

【示例 2】使用 JSON.stringify()判断对象是否为空。

```
let isEmpty = (obj) => {return JSON.stringify(obj) === '{}'}
console.log(isEmpty({}));               //true
console.log(isEmpty({a:1}));            //false
```

5.3.8 销毁对象

扫一扫，看视频

JavaScript 能够自动回收无用存储单元，当一个对象没有被引用时，该对象就被废除。JavaScript 能够自动销毁所有废除的对象。如果把对象的所有引用都设置为 null，可以强制废除对象。JavaScript 会自动回收对象所占用的资源。例如：

```
var obj = {}                            //定义空对象
obj = null;                             //设置为空，废除引用
```

5.4　操 作 属 性

5.4.1　定义属性

扫一扫，看视频

1. 使用直接量定义属性

最简单的方法是使用直接量定义属性。这类属性为本地私有属性：可读、可写、可删除、

可枚举。例如：

```
var obj = {                              //定义对象
    x:1,                                 //属性
    y(){return this.x + this.x;}         //方法
}
obj.z= 1;                                //点语法添加属性
```

2. 使用表达式定义属性

也可以使用表达式定义属性，表达式需要放在中括号内。例如：

```
obj['x'] = 1;
```

【示例 1】ES6 允许在对象直接量中使用表达式设置属性名，表达式也需要放在中括号内。

```
let x = 1;                              //变量
const obj = {
    ['y'+"es"]: 2,                      //合并字符串表达式作为属性名
    [x]: 'x'                            //使用变量的值作为属性名
};
console.log(obj.yes);                   //符合标识符要求，可以使用点语法访问
console.log(obj["1"]);                  //不符合标识符要求，只能使用中括号语法访问
```

属性名表达式如果是一个对象，默认会转换为字符串"[object Object]"。需要注意的是，属性名表达式与简洁语法不能同时使用，否则会报错。

3. 使用 Object.defineProperty()定义属性

使用 Object 的 defineProperty()函数可以为对象定义属性。具体语法格式如下：

```
修改后对象=Object.defineProperty(对象, 属性名, 属性描述对象)
```

在对象中如果指定的属性名不存在，则执行添加操作；如果存在同名属性，则执行修改操作。

【示例 2】先定义一个对象 obj，然后使用 Object.defineProperty()函数为 obj 对象定义属性：属性名为 x、值为 1、可写、可枚举、可修改特性。

```
var obj = {};                           //定义对象
Object.defineProperty(obj, "x", {       //指定属性名，字符串表达式
    value: 1,                           //属性值
    writable: true,                     //可写
    enumerable: true,                   //可枚举
    configurable: true                  //可设置
});
console.log(obj.x);                     //1
```

4. 使用 Object.defineProperties()定义属性

使用 Object 的 defineProperties()函数可以一次性定义多个属性。具体语法格式如下：

```
修改后对象=Object.defineProperties(对象, 属性集对象)
```

属性集对象的每个键表示属性名，每个值是属性描述对象。

【示例 3】 使用 Object.defineProperties()函数为对象 obj 添加两个属性。

```
var obj = {};
Object.defineProperties(obj, {
    x: {                                //定义属性 x
        value: 1,
        writable: true,                 //可写
    },
    y: {                                //定义属性 y
        set: function (x) {             //存值方法
            this.x = x;                 //改写 obj 对象的 x 属性的值
        },
        get: function () {              //取值方法
            return this.x;              //获取 obj 对象的 x 属性的值
        },
    }
});
obj.y = 10;
console.log (obj.x);                    //10
```

5.4.2 访问属性

扫一扫，看视频

1. 使用点语法访问属性

使用点语法可以快速访问属性，点语法左侧是对象，右侧是属性。例如：

```
var obj = {x:1,}                        //定义对象
obj.x = 2;                              //重写属性
console.log(obj.x);                     //访问对象属性 x，返回 2
```

2. 使用中括号语法访问属性

中括号内可以使用字符串，也可以是字符型表达式。

【示例】 使用 for-in 遍历对象的可枚举属性，然后重写属性，并读取显示。

```
for(var i in obj){                      //遍历对象
    obj[i] = obj[i] + obj[i];           //重写属性值
    console.log(obj[i]);                //读取修改后的属性值
}
```

在上面的代码中，中括号中的表达式 i 是一个变量，其返回值为 for-in 遍历对象时，枚举的每个属性名。

5.4.3 删除属性

扫一扫，看视频

使用 delete 运算符可以删除对象的属性。

【示例】 使用 delete 运算符删除指定属性。

```
var obj = {x: 1}                        //定义对象
delete obj.x;                           //删除对象的属性 x
console.log(obj.x);                     //返回 undefined
```

> **提示**
>
> 当删除对象的属性之后，不是将该属性值设置为 undefined，而是从对象中彻底清除了该属性。如果使用 for-in 语句枚举对象属性，只能枚举属性值为 undefined 的属性，但不会枚举已删除的属性。

扫一扫，看视频

5.4.4　使用属性描述对象

属性描述对象是一个内部对象，可以通过表 5.6 所列的两个函数访问它。

表 5.6　属性描述对象访问函数

函 数 语 法	说　明
描述对象=Object.getOwnPropertyDescriptor(对象, 属性名)	获取指定对象的某个私有属性的描述对象
描述对象集=Object.getOwnPropertyDescriptors(对象)	获取指定对象所有私有属性的描述对象，其中键为属性名，值为该属性的描述对象

【示例 1】定义 obj 的 x 属性的允许配置特性，然后使用 Object.getOwnPropertyDescriptor() 函数获取该属性的描述对象，并修改 set()存值方法，重设检测条件，允许非数值型数字，也可以赋值。

```javascript
var obj = Object.create(Object.prototype, {       //创建对象
    _x : {                                        //数据属性
        value : 1,                                //默认值
        writable:true
    },
    x: {                                          //访问器属性
        configurable: true,                       //允许修改配置
        get: function() {                         //取值方法
            return this._x ;                      //返回_x属性值
        },
        set: function(value) {                    //存值方法
            if(typeof value != "number") throw new Error('请输入数字');
            this._x = value;                      //赋值
        }
    }
});
var des = Object.getOwnPropertyDescriptor(obj, "x");  //获取属性x的描述对象
des.set = function(value){                //修改描述对象的set()方法
                                          //允许非数值型的数字，也可以进行赋值
    if(typeof value != "number" && isNaN(value * 1)) throw new Error('请输
入数字');
    this._x = value;
}
obj = Object.defineProperty(obj, "x", des);   //使用修改后的描述对象覆盖属性x
console.log(obj.x);                           //1
obj.x = "2";                                  //把一个非数值型数字赋值给属性x
console.log(obj.x);                           //2
```

【示例 2】定义一个扩展函数，使用它可以把一个对象包含的属性以及描述特性都复制给另一个对象。

```javascript
function extend(toObj, fromObj) {                 //扩展对象
```

```
        for (var property in fromObj) {                    //遍历对象属性
            if (!fromObj.hasOwnProperty(property)) continue;//过滤掉继承属性
            Object.defineProperty(                         //复制完整的属性信息
                toObj,                                     //目标对象
                property,                                  //私有属性
                Object.getOwnPropertyDescriptor(fromObj,property)//获取属性描述对象
            );
        }
        return toObj;                                      //返回目标对象
}
var obj = {};                                      //新建对象
obj.x = 1;                                         //定义对象属性
extend(obj, {get y(){return 2}})                   //定义读取器对象，并合并到 obj 对象
console.log(obj.y);                                //2
```

5.4.5 使用访问器

扫一扫，看视频

使用访问器可以为属性的 value 设计高级功能，如禁用部分特性、设计访问条件、利用内部变量或属性进行数据处理等。

【示例 1】设计对象 obj 的 x 属性值必须为数字。

```
var obj = Object.create(Object.prototype, {
    _x : {                                         //数据属性
        value : 1,                                 //设置默认值
        writable:true                              //可读写
    },
    x: {                                           //访问器属性
        get: function() {                          //取值方法
        return this._x ;                           //返回_x 属性值
        },
        set: function(value) {                     //存值方法
            if(typeof value != "number") throw new Error('请输入数字');
            this._x = value;                       //赋值
        }
    }
});
console.log(obj.x);                                //1
obj.x = "2";                                       //抛出异常
```

【示例 2】针对示例 1，可以使用简写方法快速定义属性。

```
var obj ={
    _x : 1,                                        //定义_x 属性
    get x() {return this._x},                      //取值方法
    set x(value) {                                 //存值方法
        if(typeof value != "number") throw new Error('请输入数字');
        this._x = value;                           //赋值
    }
};
console.log(obj.x);                                //1
obj.x = 2;
console.log(obj.x);                                //2
```

扫一扫，看视频

5.4.6 检测属性

根据继承关系，对象的属性可以分为私有属性（本地定义）和继承属性。通过表 5.7 所列的几个方法可以检测属性是否为私有属性，以及是否可以枚举。

表 5.7 属性检测方法

方 法 语 法	说　明
布尔值=对象.hasOwnProperty(属性名)	判断指定属性是否为私有属性
布尔值=Object.hasOwn(对象,属性名)	判断指定属性是否为私有属性。如果是继承属性或者不存在，则返回 false，替代对象的 hasOwnProperty()原型方法
布尔值=对象.propertyIsEnumerable (属性名)	判断指定属性是否可以枚举

【示例】 在下面的自定义数据类型中，this.name 就表示对象的私有属性，而原型对象中的 name 属性就是继承属性。

```
function F(){                                 //自定义数据类型
    this.name = "私有属性";
}
F.prototype.name = "继承属性";
var f = new F();                              //实例化对象
console.log(f.hasOwnProperty("name"));        //true，说明当前调用的 name 是私有属性
console.log(f.name);                          //"私有属性"
```

扫一扫，看视频

5.4.7 扩展解构赋值

在对象解构赋值中，使用扩展运算符可以把目标对象可遍历的、私有的，但尚未被读取的属性分配到指定的对象上面。具体语法格式如下：

{[映射变量列表], ...参数对象} = {[映射属性列表], 未读取属性列表}

映射结果如下：

参数对象 = {未读取属性列表}

【示例】 在下面的代码中，x 等于 1，y 等于 2，z 为{a: 3, b: 4}。变量 z 获取等号右边的所有尚未读取的键（a 和 b），将它们连同值一起复制过来。

```
let {x, y, ...z} = {x: 1, y: 2, a: 3, b: 4};
```

注意

解构赋值的复制是浅复制，同时不能复制原型属性。扩展解构赋值必须是最后一个参数，否则会报错。例如：

```
let {...x, y, z} = {x: 1, y: 2, z: 3};        //句法错误
let {x, ...y, ...z} = {x: 1, y: 2, z: 3};     //句法错误
```

扫一扫，看视频

5.4.8 扩展运算

使用扩展运算符（...）可以展开参数对象的所有可遍历属性，并复制到当前对象之中。具

104

体语法格式如下:

```
新对象 = {...参数对象}
```

如果参数对象是一个空对象，则不会产生任何效果。如果扩展运算符后面不是对象，则会自动将其转换为对象。例如:

```
let obj = {a: 1, b: 2};
console.log({...obj});              //{a: 1, b: 2}
console.log({...{}, a: 1});         //{a: 1}，忽略空对象
console.log({...1});               //{}，等同于{...Object(1)}，包装1为对象，
                                   //由于没有私有属性，所以返回一个空对象
```

如果扩展运算符后面是字符串，则自动转换成一个类数组的对象。

```
console.log({...'hello'});          //{0: "h", 1: "e", 2: "l", 3: "l", 4: "o"}
```

扩展运算符也可以用于数组。例如:

```
console.log({...['a', 'b', 'c']}); //{0: "a", 1: "b", 2: "c"}
```

【示例1】对象的扩展运算符等同于使用 Object.assign()方法。

```
let obj1 = {a: 1, b: 2}, obj2 = {c: 3, d: 4};
console.log({...obj1});             //等同于 Object.assign({}, obj1)，克隆对象
console.log({...obj1, ...obj2});    //等同于 Object.assign({}, obj1, obj2)，合
                                   //并对象
```

【示例2】在对象的扩展运算中，后面的同名属性会覆盖掉前面的同名属性。

```
console.log({...{a: 1, b: 2}, ...{a: 3, b: 4}});  //{a: 3, b: 4}
console.log({...{a: 1, b: 2}, a: 3, b: 4});       //{a: 3, b: 4}
console.log({a: 3, ...{a: 1, b: 2}, b: 4});       //{a: 1, b: 4}
let a = 10, b = 20;
console.log({...{a: 1, b: 2}, a, b}); //{a: 10, b: 20}
let obj = {};                       //如果把自定义属性放在扩展运算符的前面，
console.log({a:1, b:2, ...obj});    //可以设置新对象的默认属性值，{a: 1, b: 2}
```

【示例3】对象的扩展运算符后面可以跟表达式，进行扩展运算前先执行表达式运算。

```
const obj = {...(x > 1 ? {a: 1} : {})};
```

如果对象包含取值函数 get()，扩展运算前会被执行。

```
const obj = {...{get x() {throw new Error('not throw yet');}}};
                                   //先执行取值函数，抛出异常
```

5.5 使用原生对象

JavaScript 预定义了很多原生对象，本节将简单介绍 Global、Math 和 Date 对象的用法，其他对象的使用方法可以阅读本书不同章节的内容。更详细的信息可以参考 JavaScript 手册。

5.5.1 Global

Global 是一个特殊的内部对象，用来定义 JavaScript 全局作用域。使用全局对象，可以

扫一扫，看视频

访问其他所有预定义对象、函数、变量、实例对象和属性。在不同宿主环境中，Global 指代不同的对象。例如，在网页浏览器中，window 是全局对象；在 Node.js 中，Global 是全局对象，所有全局变量（除了 Global）都是 Global 对象的属性。Global 对象拥有很多实用的属性和方法，见表 5.8 和表 5.9。

表 5.8　Global 对象的属性

全 局 属 性	说　　明
Infinity	表示正无穷大的数值
NaN	非数字值
undefined	未定义的值

表 5.9　Global 对象的方法

全 局 方 法	说　　明
encodeURI()	通过转义某些字符对 URI 进行编码
decodeURI()	对使用 encodeURI()方法编码的字符串进行解码
encodeURIComponent()	通过转义某些字符对 URI 的组件进行编码
decodeURIComponent()	对使用 encodeURIComponent()方法编码的字符串进行解码
escape()	使用转义序列替换某些字符来对字符串进行编码
unescape()	对使用 escape()编码的字符串进行解码
eval()	计算 JavaScript 代码字符串，并返回计算的值
isFinite()	检测一个值是否为无穷大的数字
isNaN()	检测一个值是否为非数字的值
parseFloat()	把字符串数据解析为浮点类型的数据
parseInt()	把字符串数据解析为整型类型的数据

扫一扫，看视频

5.5.2　Math

JavaScript 把所有的数学运算都封装在 Math 对象中。该对象不需要实例化，在全局作用域中可以直接调用。Math 对象包含多个数学常量，用来表示特定的数学值，它们在数学计算中比较实用，见表 5.10。

表 5.10　Math 对象的数学常量

数 学 常 量	说　　明
E	常量 e，自然对数的底数。例如，alert(Math.E);返回 2.718281828459045
LN10	10 的自然对数。例如，alert(Math.LN10);返回 2.302585092994046
LN2	2 的自然对数。例如，alert(Math.LN2);返回 0.6931471805599453
LOG10E	以 10 为底的 E 的对数。例如，alert(Math.LOG10E);返回 0.4342944819032518
LOG2E	以 2 为底的 E 的对数。例如，alert(Math.LOG2E);返回 1.4426950408889633
PI	π 的值。例如，alert(Math.PI);返回 3.141592653589793
SQRT1_2	2 的平方根除以 1。例如，alert(Math.SQRT1_2);返回 0.7071067811865476
SQRT2	2 的平方根。例如，alert(Math.SQRT2);返回 1.4142135623730951

从用途上分析，Math 对象的方法可以分为两类：专业数学运算方法（表 5.11）和常规数学运算方法（表 5.12）。

表 5.11　Math 对象的专业数学运算方法

专业数学运算方法	说　　明
sin()	计算正弦值。例如，alert(Math.sin(1));返回 0.8414709848078965
cos()	计算余弦值。例如，alert(Math.cos(1));返回 0.5403023058681398
tan()	计算正切值。例如，alert(Math.tan(1));返回 1.5574077246549023
atan()	计算反正切值。例如，alert(Math.atan(1));返回 0.7853981633974483
asin()	计算反正弦值。例如，alert(Math.asin(1));返回 1.5707963267948965
acos()	计算反余弦值。例如，alert(Math.acos(1));返回 0
atan2()	计算从 x 轴到一个点的角度。例如，alert(Math.atan2(50,50));返回 0.7853981633974483。注意，是从 x 轴正向逆时针旋转到点(x,y)时经过的角度
log()	计算一个数的自然对数。例如，alert(Math.log(1));返回 0
exp()	计算 ex。例如，alert(Math.exp(1));返回 2.718281828459045
pow(x,y)	x 的 y 次幂，即 x^y。例如，alert(Math.pow(3,4));返回 81，等于 3×3×3×3
sqrt()	计算平方根。例如，alert(Math.sqrt(4));返回 2

表 5.12　Math 对象的常规数学运算方法

常规数学运算方法	说　　明
abs()	计算绝对值。例如，alert(Math.abs(-20));返回 20
round()	舍入到最接近的整数。例如，alert(Math.round(5.123));返回 5；而 alert(Math.round(-5.123));返回-5。注意，返回值是一个与参数最接近的整数
ceil()	对一个数上舍入。例如，alert(Math.ceil(5.123));返回 6；而 alert(Math.ceil(-5.123))返回-5。注意，返回值是一个大于等于参数值，并且与它最接近的整数
floor()	对一个数下舍入。例如，alert(Math.floor(5.123));返回 5；而 alert(Math.floor(-5.123));返回-6。注意，返回值是一个小于等于参数值，并且与它最接近的整数
max()	返回最大的参数。例如，alert(Math.max(2,34,5,42));返回 42
min()	返回最小的参数。例如，alert(Math.min(2,34,5,42));返回 2
random()	返回一个 0.0~1.0 之间的伪随机数。例如，alert(Math.random());返回 0.4449011053739194（每次都不相同）

专业数学运算方法都是一些数学函数，如三角函数、指数对数计算、根幂计算等。在常规数学运算方法中，包括数值取值（如取整、取正）、随机数和数值比较。

【示例 1】求 6 除以 5 的整数值。

```
console.log(Math.round(6/5));                    //1，调用 Math 对象的 round()方法
```

【示例 2】生成指定范围的随机数。

random()方法能生成一个 0~1 之间的随机数，不包括 1。获取指定范围的随机数公式如下：

```
Math.random()*范围 + 最小数
```

生成 10 个 1~10 之间的随机数的代码如下：

```
for(var i = 0; i < 10; i ++){
    console.log(Math.random() * 10 + 1);    //10 表示范围，1 表示随机数的起始值
}
```

生成随机整数。可以使用 floor()进行取整，不可以使用 ceil()、round()方法，因为它们会向上取值，导致结果超出范围，代码如下：

```
for(var i = 0; i < 10; i ++){
```

```
      console.log(Math.floor(Math.random() * 10 + 1));
  }
```

生成 10 个 10~20 之间的随机整数，不包含 10 和 20，代码如下：

```
for(var i = 0; i < 10; i ++){
    console.log(Math.floor(Math.random() * 9 + 11)); //9 表示范围, 11 表示最小
                                                      //随机数
}
```

生成 *n* 个指定范围内不重复的随机整数，不包含边界，代码如下：

```
function fn(count, min, max) { //参数 count 表示个数, min 表示最小数, max 表示最大数
    let arr = [];                            //临时数组
    while (arr.length < count) {             //是否生成了指定个数的随机数
        let number = Math.floor(Math.random() * (max - min + 1)) + min;
        if (!arr.includes(number)) {         //过滤重复随机数
            arr.push(number);                //存储随机数
        }
    }
    return arr;
}
console.log(fn(10, 1, 100));
```

扫一扫，看视频

5.5.3 Date

Date 对象负责获取和设置时间，通过 Date 对象可以对时间进行管理。创建时间对象的方法有 4 种，下面以示例演示说明。

【示例 1】获取当前本地系统时间。

```
console.log(new Date());                              //返回当前时间对象
```

【示例 2】通过多选参数创建指定的时间对象。Date()的参数格式如下：

```
new Date(year, month, day, hours, minutes, seconds, ms)
```

除了前两个参数（年和月）外，其他参数都是可选的。其中月份参数从 0 开始，如 0 表示第 1 个月，11 表示第 12 个月。所有声明的日期和时间都是本地时间，而不是 UTC 时间。

```
cvar d1 = new Date(2024,4,1);
var d2 = new Date(2024,4,1,5,30,30);
```

【示例 3】用时间格式字符串创建时间对象。此时月份是从 1 开始，而不是从 0 开始。

```
var d1 = new Date("2024/4/1 5:30:30");
```

【示例 4】传递毫秒数创建时间对象。这个毫秒数是距离 1970 年 1 月 1 日午夜（GMT 时间）的毫秒数。

```
var d1 = new Date(1000000000000);
```

创建 Date 对象之后，可以调用该对象的各种方法操作时间。Date 对象的方法包括以下两大类。

（1）设置时间：如 setHours()用于设置时间对象的小时字段，setMonth()用于设置时间对象的月份字段。

（2）获取时间字段值：如 getHours()用于获取时间的小时字段，getMonth()用于获取时间

的月份字段。

　　【示例 5】使用时间对象的 getDay()获取当前时间属于星期几。

```
d = new Date();                               //获取当前日期和时间
console.log(d.toLocaleDateString());          //显示日期
console.log(d.toLocaleTimeString());          //显示时间
console.log(d.getDay());                      //获取一周中的第几天
```

　　【示例 6】判断时差。计算一个循环体空转 100 万次所花费的毫秒数。

```
var d1 = new Date();                          //获取起始时间
var i = 0;
while(true){                                  //循环体空转 100 万次
    i ++ ;
    if(i > 1000000) break;
}
var d2 = new Date();                          //获取终止时间
console.log(d2 - d1);                         //返回循环体运行的时间
```

5.6　案例实战

5.6.1　扩展 map()原型方法

扫一扫，看视频

　　【案例】模拟数组的 map()原型方法，为 Object 扩展一个对应的方法，能够遍历对象的
本地属性，并返回一个映射数组。

```
if (!Object.prototype.map) {                      //避免覆盖原生方法
    Object.defineProperty(Object.prototype, 'map', {//为 Object.prototype
                                                  //定义属性
        value: function (callback, thisArg) {     //参数为回调函数、调用对象
            if (this == null) {                   //禁止随意调用
                throw new TypeError('Not an object');
            }
            thisArg = thisArg || window;          //默认调用对象为 window
            const arr = [];                       //临时数组
            for (var key in this) {               //迭代对象
                if (this.hasOwnProperty(key)) {   //过滤本地属性
                    arr.push(callback.call(thisArg, this[key], key,
                        this));                   //动态调用回调函数
                                                  //参数为值、键、对象
                }
            }
            return arr;                           //返回数组
        }
    });
}
```

　　应用原型方法：

```
let obj1 = {x: 1, y: 2, z: 3};
let arr = obj1.map(v => v);
console.log(JSON.stringify(arr));                 //=> [1,2,3]
```

扫一扫，看视频

5.6.2 扩展 filter()原型方法

【案例】使用 filter()方法能够迭代对象的本地属性，并返回一个经过过滤后的键值对的对象。

```
if (!Object.prototype.filter) {                    //避免覆盖原生方法
    Object.defineProperty(Object.prototype, 'filter', {
                                                    //为 Object.prototype 定义属性
        value: function (callback, thisArg) { //参数为回调函数、调用对象
            if (this == null) {                    //禁止随意调用
                throw new TypeError('Not an object');
            }
            thisArg = thisArg || window;        //默认调用对象为 window
            const res = {};                        //临时对象组
            for (var key in this) {                //迭代对象
                //如果为本地属性，并且动态调用回调函数的返回值为 true
                //回调函数参数为值、键、对象
                if (this.hasOwnProperty(key) && callback.call(thisArg,
this[key], key, this)) {
                    res[key] = this[key]; //为临时对象添加键值对
                }
            }
            return res;                            //返回过滤后的对象
        }
    });
}
```

应用原型方法：

```
let obj1 = {x: 1, y: 2, z: function(){console.log("z")}};
let obj2 = obj1.filter(v =>{return (typeof v) === "function"});
                                    //过滤出对象包含的方法
console.log(obj2);                    //=>{z: function(){console.log("z")}}
```

扫一扫，看视频

5.6.3 设计时间显示牌

【案例】使用 new Date()创建一个当前时间对象，然后使用 get 为前缀的时间读取方法，分别获取当前时间的年、月、日、时、分、秒等信息，最后通过定时器设置每秒执行一次，实现实时更新。

（1）设计时间显示函数，在这个函数中先创建 Date 对象，获取当前时间，然后分别获取年、月、日、时、分、秒等信息，最后组装成一个时间字符串返回。

```
var showtime = function() {
    var nowdate=new Date();              //创建 Date 对象，获取当前时间
    var year=nowdate.getFullYear(),//获取年份
        month=nowdate.getMonth()+1, //获取月份，getMonth()得到的是 0~11，需要加 1
        date=nowdate.getDate(),      //获取日
        day=nowdate.getDay(),        //获取一周中的某一天，getDay()得到的是 0~6
        week=["星期日","星期一","星期二","星期三","星期四","星期五","星期六"],
        h=nowdate.getHours(),
        m=nowdate.getMinutes(),
```

```
            s=nowdate.getSeconds(),
            h=checkTime(h),              //函数 checkTime()用于格式化时、分、秒
            m=checkTime(m),
            s=checkTime(s);
        return year+"年" + month + "月" + date + "日 " + week[day] + " " + h +
":" + m + ":" + s;
    }
```

（2）getHours()、getMinutes()、getSeconds()方法返回的是 0~9，不是 00~09 的格式。定义一个辅助函数，把一位数字的时间修改为两位数字显示。

```
var checkTime = function (i) {
    if (i<10) {i="0"+i;}                  //如果是一位数字，则添加"0"前缀
    return i;
}
```

（3）在页面中添加一个标签，设置 id 值。

```
<h1 id="showtime"></h1>
```

（4）为标签绑定定时器，在定时器中设置每秒调用一次时间显示函数。

```
var div = document.getElementById("showtime");
setInterval(function(){
    div.innerHTML = showtime();
}, 1000);                              //反复执行函数
```

5.6.4 格式化日期和时间

扫一扫，看视频

【案例】对 Date 进行扩展，将日期转换为指定格式的字符串。具体说明如下。

月（M）、日（d）、小时（h）、分（m）、秒（s）、季度（q）可以用 1~2 个占位符，年（y）可以用 1~4 个占位符，毫秒（S）只能用 1 个占位符，是 1~3 位的数字。

```
Date.prototype.format = function (fmt) {              //author: meizz
    var o = {
        "M+": this.getMonth() + 1,                    //月
        "d+": this.getDate(),                         //日
        "h+": this.getHours(),                        //小时
        "m+": this.getMinutes(),                      //分
        "s+": this.getSeconds(),                      //秒
        "q+": Math.floor((this.getMonth() + 3) / 3),  //季度
        "S": this.getMilliseconds()                   //毫秒
    };
    if (/(y+)/.test(fmt))
        fmt = fmt.replace(RegExp.$1, (this.getFullYear() + "").substr(4
- RegExp.$1.length));
    for (var k in o)
        if (new RegExp("(" + k + ")").test(fmt))
            fmt = fmt.replace(RegExp.$1, (RegExp.$1.length == 1) ?
(o[k]) : (("00" + o[k]).substr(("" + o[k]).length)));
    return fmt;
}
var now = new Date("2024/9/1 1:2:3");  //把字符串"2024/9/1 1:2:3"包装为时间对象
console.log(now.format("yyyy-MM-dd hh:mm:ss.S"));   //=>2024-09-01 01:02:03.0
console.log(now.format("yyyy-M-d h:m:s.S"));        //=>2024-9-1 1:2:3.0
```

本 章 小 结

本章首先介绍了什么是对象，以及如何定义对象，包括构造对象、对象直接量、使用 create()方法；然后介绍了对象的常规操作，以及对象属性的基本应用，包括定义、访问、检测等；接着介绍了属性描述对象和访问器等；最后讲解了 JavaScript 内置的原生对象，主要包括 Global、Math 和 Date。

课 后 练 习

一、填空题

1．对象是_____的无序集合，每个属性都是_____的映射，也称为_____对的集合。

2．当属性值为_____时，称为方法，调用对象的方法能够处理特定的任务。

3．在 JavaScript 中，对象是一类_____数据结构，可用于存储_____排列的数据。

4．JavaScript 对象可以分为两大类：_____和_____。前者属于 JavaScript 语言，而后者属于宿主环境。

5．JavaScript 宿主环境主要包括_____和_____。

二、判断题

1．调用 Object()函数可以构造一个实例对象。 （　　）

2．使用 Object 的 toString()方法可以获取一个对象的源代码。 （　　）

3．对象是引用型数据，赋值操作可以把一个对象克隆给另一个对象。 （　　）

4．使用 Object 的 assign()函数可以将原对象的所有可枚举的属性复制到目标对象。

（　　）

5．使用 Object 的 fromEntries()函数可以将一个键值对数组转换为对象。 （　　）

三、选择题

1．已知 console.log(Object.prototype.toString.apply([]))，则输出为（　　）。

　　A．"[object Object]"　　　B．"[object Array]"　　　C．"object"　　　D．"array"

2．（　　）不是 JavaScript 内置原生对象。

　　A．Object　　　　　　　B．Function　　　　C．Array　　　　D．document

3．（　　）不是浏览器的宿主对象。

　　A．window　　　　　　　B．global　　　　　C．document　　　D．history

4．已知 console.log({...{}, a: 1})，则输出为（　　）。

　　A．{a: 1}　　　　　　　B．{{a: 1}}　　　　C．a, 1　　　　　D．a=1

5．已知 console.log(Math.round(6 / 5));，则输出为（　　）。

　　A．6　　　　　　　　　　B．5　　　　　　　C．1.2　　　　　D．1

四、简答题

1．属性描述对象用来描述对象属性的特性，包含数据特性和访问器特性，请具体说明。

2．Date 对象用于操作时间，包含两大类方法，请具体说明。

五、编程题

1．设计一个打点计时器，要求从 start 到 end，包含 start 和 end，每隔 100ms 输出一个数字，数字增幅为 1，返回对象需要包含一个 cancel()方法，用于停止定时操作，并且第 1 个数需要立即输出。

2．定义一个函数，接收不定数量的数组作为参数，使用 ES6 的剩余参数和扩展运算符将这些数组合并为一个数组。

3．定义一个函数，参数为一个 URL 格式的字符串，把字符串的查询部分转换为对象格式表示，如 https://test.cn/index.php?filename=try&name=aa，返回格式为 {filename:"try", name:"aa"}。

4．编写函数判断一个值是否为对象。

拓 展 阅 读

扫描下方二维码，了解关于本章的更多知识。

第 6 章　字符串与正则表达式

【学习目标】

- 能够正确定义字符串，并了解字符串的长度和编码。
- 熟练掌握字符串的常规操作。
- 正确使用模板字符串。
- 正确定义正则表达式。
- 熟悉正则表达式的基本语法。
- 灵活使用正则表达式操作字符串。

字符串是有限字符序列，包括字母、数字、特殊字符（如空格符等）。在网页表单开发、HTML 文本解析、字符串格式化显示、Ajax 响应结果处理等方面会广泛应用字符串操作。在 JavaScript 中，字符串与数值、布尔值都属于基本的简单值，使用 String 原型方法可以灵活操作字符串。

正则表达式又称规则表达式（Regular Expression，RE），是嵌入在 JavaScript 中的一种轻量级、专业化的子语言，可以匹配符合指定模式的文本。JavaScript 支持 Perl 风格的正则表达式语法，通过内置 RegExp 类型实现支持。

6.1　字　符　串

扫一扫，看视频

6.1.1　定义字符串

1. 字符串直接量

字符串直接量是用双引号或单引号包含任意长度的文本。具体语法格式如下：

```
字符串= "任意长度的文本"
字符串= '任意长度的文本'
```

单引号可以包含双引号，双引号也可以包含单引号。但是不能够在单引号中包含单引号，或者在双引号中包含双引号。例如：

```
var s = "console.log('Hello,World')";  //把可执行的 JavaScript 代码转换为字符串
```

由于一些字符包含多重语义，为了避免产生歧义，在字符串中需要转义表示。转义字符的基本方法是：在字符前面加反斜杠。例如：

```
var s = "\"";                          //表示引号字符的原义
```

2. 构造字符串

使用 String()函数可以构造字符串，该函数可以接收一个或多个参数，并把它当作值初始化为字符串。例如：

```
var s = new String();                    //创建一个空字符串对象
var s = new String("我是构造字符串");      //创建字符串对象
console.log(typeof s);                    //"object"，表示引用型对象
```

 注意

通过 String()函数构造的字符串属于引用型对象，而字符串直接量为值类型。

直接调用 String()函数时，会把参数强制转换为字符串类型的值，而不是字符串对象。例如：

```
console.log(String(123456));              //"123456"，包装字符串
console.log(String(1, 2, 3, 4, 5, 6));    //"1"，传入多个参数，仅处理第 1 个参数
console.log(typeof String(123456));       //"string"，表示值类型，字符串直接量
```

3. 字符编码

使用 fromCharCode()方法可以把字符编码（一组数字）转换为字符串。该方法可以包含多个整数参数，每个参数代表字符的 Unicode 编码，返回值为该字符编码的字符串表示。

【示例】把一组字符编码转换为字符串。

```
var a = [35835, 32773, 24744, 22909], b = []; //声明一个字符编码的数组
for(var i in a){                              //遍历数组
    b.push(String.fromCharCode(a[i]));        //把每个字符编码都转换为字符串存入数组
}
console.log(b.join(""));                       //返回字符串"读者您好"
var b = String.fromCharCode(35835, 32773, 24744, 22909) ; //可以传递多个参数
```

 提示

与 fromCharCode() 方法相反， charCodeAt() 方法可以把字符转换为 Unicode 编码。String.fromCodePoint()方法可以识别大于 0xFFFF 的字符，弥补了 String.fromCharCode()方法的不足。codePointAt()方法与 fromCodePoint()方法相反，可以把字符编码转换为字符。其中，fromCodePoint()方法定义在 String 对象上，而 codePointAt()方法定义在 String 实例对象上。

6.1.2 定义模板字符串

扫一扫，看视频

模板字符串是增强版的字符串，可以包含文本，也可以使用占位符（${表达式}）包含 JavaScript 表达式。模板字符串使用反引号（``）代替普通字符串的双引号或单引号语法格式。具体语法格式如下：

```
`文本`                              //格式 1：单行字符串
`文本行
文本行`                             //格式 2：包含多行字符串
`文本${表达式}文本`                  //格式 3：使用占位符嵌入 JavaScript 表达式
标签`文本${表达式}文本`              //格式 4：带标签的模板字符串
```

 注意

如果要在模板字符串内表示反引号（`）字符时，需要在它前面加转义字符（\）。

JavaScript 会把占位符内表达式的处理结果以及周围的文本，一起作为参数传递给一个默认函数，由该函数负责将所有参数连接起来，作为最终结果返回。

对于带标签的模板字符串来说，开头的表达式是一个函数，它会在模板字符串处理后被调用。在输出最终结果前，可以通过该函数对模板字符串进行处理。例如：

```javascript
let a = 1, b = 2;
tag`a${a + b}b${a * b}`;                      //带标签的模板字符串，包含两个占位符
```

等同于以占位符作为分隔符，把模板字符串转换为一个数组，把该数组作为第 1 个参数。每个占位符中的表达式经过处理后的结果分别作为第 2 和第 3 个参数，如果有更多的占位符，则以此类推。例如：

```javascript
tag(['a', 'b', ''], 15, 50);                  //第 1 个参数为劈开的文本数组
                                              //第 2 个及后面的参数为表达式的值
```

【示例 1】在模板字符串中嵌入变量，要将变量名放在占位符（${}）中。大括号内可以放入任意 JavaScript 表达式，也可以引用对象属性或者调用函数等。

```javascript
let a = 1, b = 2;
console.log(`${a} + ${b} = ${a + b}`);                        //"1 + 2 = 3"
```

【示例 2】下面的模板字符串前面有一个标签名 filterHTML，它是一个处理函数，可以把字符串中的<、&、>特殊字符进行转义表示。

```javascript
var sender = "<zhangsan>";                              //包含特殊字符的变量
var message = filterHTML`<p>${sender} 你好啊</p>`;        //模板字符串
function filterHTML(data) {                              //参数 data 表示字符串数组
    var s = data[0];                                    //表示第 1 个占位符左侧文本 (<p>)
    for (var i = 1; i < arguments.length; i++) {//从参数对象的第 2 个元素开始遍历
        var arg = String(arguments[i]);         //逐个获取每个占位符中表达式的值
        s += arg.replace(/&/g, "&amp;")
            .replace(/</g, "&lt;")
            .replace(/>/g, "&gt;");             //转义占位符中的特殊字符
        s += data[i];                           //表示最后一个占位符右侧文本 (<p>)
    }
    return s;                                   //返回替换后的合成字符串
}
document.write(message);                        //<zhangsan> 你好啊
console.log(message);                           //<p>&lt;zhangsan&gt; 你好啊</p>
```

6.1.3　原始字符串

扫一扫，看视频

原始字符串是一种特殊的字符串形式，其特点是字符串中的每个字符都保持其原始的意义，不进行转义处理。在某些情况下，使用原始字符串可以更清晰地表达字符串内容，尤其是当需要包含反斜杠或其他特殊字符时。例如：

（1）使用 new RegExp()动态构建正则表达式。

（2）输出或执行代码块等场景中，一些特殊字符很容易被转义。

（3）单引号字符串里面不能插入换行符（\n）等。

使用 String.raw 标签函数可以创建原始字符串。具体语法格式如下：

```javascript
String.raw `模板字符串`
```

其中，占位符内的表达式会提前处理，其他文本最终以原始字符输出。

【示例】在下面的代码中，使用 String.raw 标签函数创建一个原始字符串，其中\n 不被转义。

```
var str = String.raw`Hi\n${2+3}`;          //"Hi\n5"，定义原始字符串
str.split('').join(',');                     //"H,i,\,n,5"
```

 提示

在标签函数的第 1 个参数中，也存在一个特殊的属性 raw，它是一个数组，通过 raw[0]可以访问模板字符串的原始字符串表示。例如：

```
function tag(data) {
    console.log(data.raw[0]);               //访问模板字符串的原始字符串
}
tag`Hi\n${2+3}`;                             //"Hi\n"
```

\n 表示换行符，在这里仅作为两个特殊原始字符输出。

6.1.4　字符串的长度

扫一扫，看视频

使用字符串的 length 属性可以读取其长度。长度以字符为单位，该属性为只读属性。例如：

```
console.log("String".length);              //6
```

JavaScript 支持单字节、双字节字符，为了精确计算字符串的字节长度，可以参考下面的示例。

【示例】为 String 扩展 byteLength()原型方法，该方法将枚举每个字符，并根据字符编码，判断当前字符是单字节还是双字节，然后统计字符串的字节长度。

```
String.prototype.byteLength = function(){   //获取字符串的字节数，扩展 String 类
                                            //型方法
    var b = 0, l = this.length;             //初始化字节数递加变量，并获取字符串
                                            //参数的字符个数
    if(l){                                  //如果存在字符串，则执行计算
        for(var i = 0; i < l; i ++){        //遍历字符串，枚举每个字符
            if(this.charCodeAt(i) > 255){   //字符编码大于 255，说明是双字节字符
                b += 2;                     //则累加 2 个
            }else{
                b ++ ;                      //否则递加一次
            }
        }
        return b;                           //返回字节数
    }else{
        return 0;                           //如果参数为空，则返回 0 个
    }
}
var s = "String 类型长度";                   //定义字符串直接量
console.log(s.byteLength())                 //14，应用 byteLength()原型方法
```

6.1.5 连接字符串

1．使用加号运算符

连接字符串的最简便方法是使用加号运算符。例如：

```
var s1 = "abc", s2 = "def";
console.log(s1+s2);                                      //"abcdef"
```

2．使用 concat()方法

使用字符串的 concat()方法可以把所有参数转换为字符串，然后按顺序连接到当前字符串的尾部，最后返回连接后的字符串。例如：

```
console.log("abc".concat("d", "e", "f"));               //"abcdef"
```

3．使用 join()方法

使用数组的 join()方法也可以连接字符串。

【示例】使用 for 把 1000 个"JavaScript"字符串装入数组，然后调用数组的 join()方法把元素连接成一个长长的字符串。

```
var s = "JavaScript", a = [];          //定义一个字符串
for(var i = 0; i < 1000; i ++)         //循环执行 1000 次
    a.push(s);                         //把字符串装入数组
var str = a.join("");                  //通过 join()方法把数组元素连接在一起
a = null;                              //使用完毕立即清空数组，避免占用系统资源
console.log(str);
```

6.1.6 查找字符串

在程序开发中经常需要检索字符串，查找特定子字符串。String 提供了多个原型方法供用户选择，见表 6.1。

表 6.1　String 类型的查找字符串方法

方　　法	说　　明
字符=charAt(下标)	返回字符串中的第 *n* 个字符
字符编码=charCodeAt(下标)	返回字符串中的第 *n* 个字符的代码
下标=indexOf(子字符串, [起始下标])	检索字符串
下标=lastIndexOf(子字符串, [起始下标])	从后向前检索一个字符串
数组=match(正则表达式)	返回一组与正则表达式相匹配的子字符串的信息
下标=search(正则表达式)	检索与正则表达式相匹配的子字符串

1．查找字符

使用字符串的 charAt()和 charCodeAt()方法，可以根据参数（非负整数的下标值）返回指定位置的字符或字符编码。对于 charAt()方法来说，如果参数不在 0 和字符串的 length-1 之间，则返回空字符串；而对于 charCodeAt()方法来说，则返回 NaN。

【**示例 1**】为 String 类型扩展一个原型方法，用来把字符串转换为数组。在函数中使用 charAt()方法读取字符串中的每个字符，然后装入一个数组并返回。

```
String.prototype.toArray = function(){ //把字符串转换为数组
    var l = this.length, a = [];          //获取当前字符串长度，并定义空数组
    if(l){                                 //如果存在则执行循环操作，预防空字符串
        for(var i = 0; i < l; i ++){      //遍历字符串，枚举每个字符
            a.push(this.charAt(i));        //把每个字符按顺序装入数组
        }
    }
    return a;                              //返回数组
}
var s = "abcdefghijklmn".toArray();       //把字符串转换为数组
for(var i in s){console.log(s[i]);}       //遍历返回数组，显示每个字符
```

2．查找字符串

使用字符串的 indexOf()和 lastIndexOf()方法，可以根据参数字符串，返回指定子字符串的下标位置。这两个方法都有两个参数：第 1 个参数为一个子字符串，指定要查找的目标；第 2 个参数为一个整数，指定查找的起始位置，取值范围是 0～length-1，如果值为负数或省略，则从起始处查找；如果值大于 length，则返回-1。

【**示例 2**】下面的代码分别查询 URL 字符串中两个点号字符的下标位置。

```
var s = "http://www.mysite.cn/";
var b = s.indexOf(".");                    //返回值为10，即第 1 个字符点号的下标位置
var e = s.indexOf(".", b + 1);             //返回值为17，即第 2 个字符点号的下标位置
```

【**示例 3**】下面的代码按从右到左的顺序查询 URL 字符串中最后一个点号字符的下标位置。

```
var s = "http://www.mysite.cn/index.html";
var n = s.lastIndexOf(".");                //返回值为26，从右到左进行查找
var n = s.lastIndexOf("." , 11);           //返回值为10，而不是17
```

提示

> ES6 新增以下两个功能类似的原型方法。
> （1）startsWith()：返回布尔值，表示参数字符串是否在原字符串的头部。
> （2）endsWith()：返回布尔值，表示参数字符串是否在原字符串的尾部。
> 上述两个方法都支持第 2 个参数，表示开始搜索的位置。

3．搜索字符串

search()方法与 indexOf()方法的功能相同，查找指定字符串第 1 次出现的位置。但是 search()方法仅有一个参数，如果参数不是正则表达式，则 JavaScript 会使用 RegExp()函数把它转换成 RegExp 对象。如果没有找到，则返回-1。

【**示例 4**】下面的代码使用 search()方法匹配斜杠字符在 URL 字符串中的下标位置。

```
var s = "http://www.mysite.cn/index.html";
var n = s.search("//");                    //返回值为 5
```

提示

ES6 新增了 includes()原型方法，返回布尔值，表示是否找到了参数字符串。该方法也支持第 2 个参数，表示开始搜索的位置。

4．匹配字符串

match()方法能够找出所有匹配的子字符串，并以数组的形式返回。matchAll()方法也能够找出所有匹配的子字符串，但是它返回一个迭代器。

【示例 5】下面的代码使用 match()方法找到字符串中所有的 h 字符。

```
var s = "http://www.mysite.cn/index.html";
var a = s.match(/h/g);              //全局匹配所有的 h 字符
console.log(a);                     //返回数组[h,h]
```

match()方法返回的是一个数组，如果不是全局匹配，match()方法只能执行一次匹配。例如，下面的匹配模式没有 g 修饰符，只能执行一次匹配，返回仅有一个元素 h 的数组。

```
var a = s.match(/h/);               //返回数组[h]
```

如果没有找到匹配字符，则返回 null，而不是空数组。

当不执行全局匹配时，如果匹配模式包含子表达式，则返回子表达式匹配的信息。

【示例 6】下面的代码使用 match()方法匹配 URL 字符串中所有的点号字符。

```
var s = "http://www.mysite.cn/index.html";    //匹配字符串
var a = s.match(/(\.).*(\.).*(\.)/);           //执行一次匹配检索
console.log(a.length);              //返回 4，包含 4 个元素的数组
console.log(a[0]);                  //返回字符串".mysite.cn/index."
console.log(a[1]);                  //返回第 1 个点号，由第 1 个子表达式匹配
console.log(a[2]);                  //返回第 2 个点号，由第 2 个子表达式匹配
console.log(a[3]);                  //返回第 3 个点号，由第 3 个子表达式匹配
```

在这个正则表达式 "/(\.).*(\.).*(\.)/" 中，左右两个斜杠是匹配模式分隔符，JavaScript 解释器能够根据这两个分隔符来识别正则表达式。在正则表达式中，小括号表示子表达式，每个子表达式匹配的文本信息会被独立存储。点号需要转义，因为在正则表达式中它表示匹配任意字符，星号表示前面的匹配字符可以匹配任意多次。

在示例 6 中，数组 a 包含 4 个元素，其中第 1 个元素存放的是匹配文本，其余的元素存放的是每个正则表达式的子表达式匹配的文本。

另外，返回的数组还包含两个对象属性，其中 index 属性记录匹配文本的起始位置，input 属性记录被操作的字符串。

```
console.log(a.index);               //返回值 10，第 1 个点号字符的起始下标位置
console.log(a.input);               //返回字符串"http://www.mysite.cn/index.html"
```

注意

在全局匹配模式下，match()方法将执行全局匹配。此时返回的数组元素存放的是字符串中所有的匹配文本，该数组没有 index 属性和 input 属性，同时不再提供子表达式匹配的文本信息，也不提示每个匹配子字符串的位置。如果需要这些信息，可以使用 RegExp.exec()方法获得。

扫一扫，看视频

6.1.7 截取字符串

String 定义了 3 个字符串截取的原型方法，见表 6.2。

表 6.2 String 类型的截取子字符串方法

字符串方法	说 明
子字符串=字符串.slice(起始下标, 终止下标)	截取一个子字符串
子字符串=字符串.substr(起始下标, 截取长度)	截取一个子字符串
子字符串=字符串.substring(起始下标, 终止下标)	返回字符串的一个子字符串

【示例 1】substr()方法能够根据指定长度来截取子字符串。下面使用 lastIndexOf()获取字符串的最后一个点号的下标位置，然后从其后的位置开始截取 4 个字符。

```
var s = "http://www.mysite.cn/index.html";
var b = s.substr(s.lastIndexOf(".")+1, 4);   //截取最后一个点号后的 4 个字符
console.log(b);                              //"html"
```

如果省略第 2 个参数，则表示截取从起始位置开始到结尾的所有字符。考虑到扩展名的长度不固定，省略第 2 个参数会更灵活。

【示例 2】使用 substring()方法截取 URL 字符串中网站主机名信息。

```
var s = "http://www.mysite.cn/index.html";
var a = s.indexOf("www");                    //获取起始点的下标位置
var b = s.indexOf("/", a);                   //获取结束点后面的下标位置
console.log(s.substring(a, b));              //"www.mysite.cn"
console.log(s.slice(a, b));                  //"www.mysite.cn"
```

截取的字符串包含第 1 个参数所指定的字符，但不包含终止点的字符。如果省略第 2 个参数，则表示截取到结尾的所有字符串。

提示

slice()和 substring()方法的使用比较。

（1）如果第 1 个参数值比第 2 个参数值大，substring()方法能够在执行截取之前，先交换两个参数，而对于 slice()方法来说，则被视为无效，并返回空字符串。当起始点和结束点的值大小无法确定时，使用 substring()方法更合适。

（2）如果参数值为负值，slice()方法能够把负号解释为从右侧开始定位，这与 Array 的 slice()方法相同。但是 substring()方法会视其为无效，并返回空字符串。

ES5 为 String 新增了 trim()原型方法，用以从字符串中移除前导空字符、尾随空字符和行终止符。空字符包括空格、制表符、换页符、回车符和换行符。例如：

```
console.log("   abc def     \r\n ".trim().length);//7
```

ES2019 为 String 新增了 trimStart()和 trimEnd()原型方法。它们的作用与 trim()一致，trimStart()消除字符串头部的空格，trimEnd()消除字符串尾部的空格。

6.1.8 替换字符串

使用 String 的 replace()原型方法可以替换指定的子字符串。具体语法格式如下：

扫一扫，看视频

```
新字符串=字符串.replace[字符串或正则表达式], [替换字符串或替换函数])
```

【示例 1】replace()方法包含两个参数：第 1 个参数表示执行匹配的正则表达式，第 2 个参数表示准备替换匹配的子字符串。

```
var s = "http://www.mysite.cn/index.html";
var b = s.replace(/html/, "htm");              //把子字符串 html 替换为 htm
console.log(b);                                //"http://www.mysite.cn/index.htm"
```

如果正则表达式包含 g 修饰符，那么将替换所有的匹配子字符串；否则，它只替换第 1 个匹配子字符串。第 1 个参数也可以是字符串，replace()方法不会把字符串转换为正则表达式。

```
var b = s.replace("html", "htm");                       //把子字符串 html 替换为 htm
```

【示例 2】在 replace()方法中约定了一个特殊的字符（$），这个美元符号如果附加一个序号就表示对正则表达式中匹配的子表达式存储的字符串引用。

```
var s = "JavaScript";
var b = s.replace(/(Java)(Script)/, "$2-$1");     //交换位置
console.log(b);                                   //"Script-Java"
```

在上面的代码中，正则表达式/(java)(script)/中包含两对小括号，按顺序排列，其中第 1 对小括号表示第 1 个子表达式，第 2 对小括号表示第 2 个子表达式，在 replace()方法的参数中可以分别使用字符串"1"和"2"来表示对它们匹配文本的引用。另外，美元符号与其他特殊字符组合还可以表达更多的语义，见表 6.3。

表 6.3　replace()方法第 2 个参数中的特殊字符

特　殊　字　符	说　　明
$1、$2、...、$99	与正则表达式中的第 1~99 个子表达式相匹配的文本
$&（美元符号+连字符）	与正则表达式相匹配的子字符串
$'（美元符号+切换技能键）	位于匹配子字符串左侧的文本
$'（美元符号+单引号）	位于匹配子字符串右侧的文本
$$	表示$符号

【示例 3】第 2 个参数也可以生成替换函数，使用函数返回值来替换匹配文本。

```
var s = "http://www.mysite.cn/index.html";
function f(x){                              //替换文本函数
    return x.substring(x.lastIndexOf(".")+1, x.length - 1)
                                            //获取扩展名部分字符串
}
var b = s.replace(/(html)/, f(s));          //调用函数指定替换文本操作
console.log(b);                             //"http://www.mysite.cn/index.htm"
```

replace()方法的替换函数包含多个默认参数，具体说明如下：

（1）第 1 个参数表示匹配模式相匹配的文本。

（2）第 2 个及后面的参数是匹配模式中子表达式相匹配的字符串。

（3）后面的参数是一个整数，表示匹配文本在字符串中的下标位置。

（4）最后一个参数表示字符串自身。

【**示例4**】下面的代码设计从服务器端读取学生成绩（JSON 格式），然后使用 for 语句把所有数据转换为字符串。再来练习自动提取字符串中的分数，并汇总、算出平均分。最后利用 replace()方法提取每个分值，与平均分进行比较，以决定替换文本的具体信息，效果如图 6.1 所示。

```
var score = {                              //从服务器端接收的 JSON 数据
    "张三":56,
    "李四":76,
    "王五":87,
    "赵六":98
}, _score="";
for(var id in score){                      //把 JSON 数据转换为字符串
    _score += id + score[id];
}
var a = _score.match(/\d+/g), sum = 0;     //匹配出所有分值，输出为数组
for(var i= 0 ; i<a.length ; i++){          //遍历数组，求总分
    sum += parseFloat(a[i]);               //把元素值转换为数值后递加
};
var avg = sum / a.length;                  //求平均分
function f(){
    var n = parseFloat(arguments[1]);      //把匹配的分数转换为数值
    return " : " + n + "分" + " (" + ((n > avg) ? ("超出平均分" + (n -
avg)) : ("低于平均分" + (avg - n))) + "分) <br> "; //设计替换文本的内容
}
var s1 = _score.replace(/(\d+)/g, f);      //执行匹配、替换操作
document.write(s1);
```

图 6.1　字符串智能处理效果

6.1.9　字符串大小写转换

String 定义了 4 个实现字符串大小写转换操作的原型方法，见表 6.4。

表 6.4　String 字符串大小写转换方法

转 换 方 法	说　　明
小写字符串=字符串.toLocaleLowerCase()	将字符串转换成小写
大写字符串=字符串.toLocaleUpperCase()	将字符串转换成大写
小写字符串=字符串.toLowerCase()	将字符串转换成小写
大写字符串=字符串.toUpperCase()	将字符串转换成大写

【**示例**】下面的代码把字符串全部转换为大写形式。

```
console.log("JavaScript".toUpperCase());   //"JAVASCRIPT"
```

> **提示**
>
> toLocaleLowerCase()和 toLocaleUpperCase()是两个本地化原型方法，它们能够按照本地方式转换大小写字母，由于只有几种语言（如土耳其语）具有地方特色的大小写映射，所以通常与 toLowerCase()和 toUpperCase()方法的返回值一样。

扫一扫，看视频

6.1.10 把字符串转换为数组

使用 String 的 split()原型方法可以根据指定的分隔符把字符串转换为数组。具体语法格式如下：

```
数组=字符串.split([字符串或正则表达式], [最大长度])
```

【示例 1】下面练习 split()方法的特殊用法。

```
//如果参数为空字符串，则按单个字符进行切分
console.log("JavaScript".split(""));        //["J","a","v","a","S","c","r",
                                            //"i","p","t"]
//如果参数为空，则把整个字符串作为一个元素
console.log("JavaScript".split());          //["JavaScript"]
//使用正则表达式以数字为分隔符切分字符串
console.log("a2b3c4d".split(/\d+/));        //["a","b","c","d"]
//如果分隔符位于边沿，则添加一个空元素
console.log("1a2b3c4d".split(/\d+/));       //[,"a","b","c","d"]
//如果没有匹配到分隔符，则返回单个字符串的数组
console.log("JavaScript".split(/\d+/));     //["JavaScript"]
```

【示例 2】split()方法的第 2 个参数是一个可选的整数，用来指定返回数组的最大长度。如果设置了该参数，返回的数组长度不会多于这个参数指定的值。如果没有设置该参数，整个字符串都将被分割，而不考虑数组长度。

```
var a = "JavaScript".split("",4);           //按顺序从左到有，仅切分 4 个元素的数组
console.log(a);                             //["J","a","v","a"]
```

【示例 3】如果让返回数组包含分隔符匹配的文本，可以使用正则表达式的子表达式实现。

```
var a = "a2b3c4d".split(/(\d)/);            //使用小括号包含数字分隔符
console.log(a);                             //["a","2", "b","3", "c","4", "d"]
```

6.2 正则表达式

扫一扫，看视频

6.2.1 定义正则表达式

1．构造正则表达式

使用 RegExp()构造函数可以创建正则表达式对象。具体语法格式如下：

```
正则表达式对象=new RegExp(匹配模式或正则表达式，修饰符)
```

第 1 个参数是一个字符串，指定匹配模式或者正则表达式对象；第 2 个参数是一个可选

的修饰性标志，如 g、i 和 m，分别用来设置全局匹配、不区分大小写的匹配和多行匹配。该函数将返回一个新的 RegExp 对象，该对象包含指定的匹配模式和匹配标志。

【示例 1】使用 RegExp()构造函数定义一个简单的正则表达式，匹配模式为字符 a，没有设置第 2 个参数，所以这个正则表达式只能匹配字符串中第 1 个小写字母 a，后面的字母 a 将无法被匹配到。

```
var r = new RegExp("a");          //构造最简单的正则表达式
var s = "JavaScript!=JAVA";       //定义字符串直接量
var a = s.match(r);               //调用正则表达式执行匹配操作，并返回匹配的数组
console.log(a);                   //返回数组["a"]
console.log(a.index);             //返回值为1，匹配的下标位置
```

【示例 2】如果希望匹配字符串中所有的字母 a，并且不区分大小写，则可以在第 2 个参数中设置 g 和 i 修饰词。

```
var r = new RegExp("a","gi");     //设置匹配模式为全局匹配，并且不区分大小写
var s = "JavaScript!=JAVA";       //字符串直接量
var a = s.match(r);               //匹配查找
console.log(a);                   //返回数组["a","a","A","A"]
```

【示例 3】在正则表达式中可以使用特殊字符。下面的正则表达式将匹配字符串 JavaScript JAVA 中每个单词的首字母。

```
var r = new RegExp("\\b\\w","gi"); //构造正则表达式对象
var s = "JavaScript JAVA";         //字符串直接量
var a = s.match(r);                //匹配查找
console.log(a);                    //返回数组["j", "J"]
```

在上面的代码中，字符串 "\\b\\w" 表示一个匹配模式，其中 "\b" 表示单词的边界，"\w" 表示任意 ASCII 字符。反斜杠表示转义序列，为了避免 Regular()构造函数的误解，必须使用 "\\" 替换所有 "\" 字符，使用双反斜杠表示斜杠本身的意思。

提示

在脚本中动态地创建正则表达式时，使用构造函数 RegExp()会更加方便。例如，如果检索的字符串是由用户输入的，那么就必须在运行时使用 RegExp()构造函数来创建正则表达式，而不能使用其他方法。

如果 RegExp()构造函数的第 1 个参数是一个正则表达式，则第 2 个参数可以省略。这时 RegExp()构造函数将创建一个参数相同的正则表达式对象。

RegExp()也可以作为普通函数使用，这时与使用 new 运算符调用构造函数的功能相同。不过如果函数的参数是正则表达式，那么它仅返回正则表达式，而不再创建一个新的 RegExp 对象。

2．正则表达式直接量

正则表达式直接量使用双斜杠作为分隔符进行定义，双斜杠之间包含的字符为正则表达式的字符模式，字符模式不能使用引号，标志字符放在最后一个斜杠的后面。具体语法格式如下：

```
/匹配模式/修饰符
```

【示例 4】定义一个正则表达式直接量，然后进行调用。

```
var r = /\b\w/gi;
```

```
var s = "JavaScript JAVA";
var a = s.match(r);                          //直接调用正则表达式直接量
console.log(a);                              //返回数组["j", "J"]
```

 提示

在 RegExp()构造函数与正则表达式直接量语法中，匹配模式的表示是不同的。对于 RegExp()构造函数来说，它接收的是字符串，而不是正则表达式的匹配模式。所以，在示例 4 中，RegExp()构造函数中第 1 个参数中的特殊字符必须使用双反斜杠来表示，以防止字符串中每个字符被 RegExp()构造函数转义。同时对于第 2 个参数中的修饰词也应该使用引号来包含。而正则表达式直接量中，每个字符都按正则表达式的规则来定义，普通字符与特殊字符都会被正确地解释。

【示例 5】在 RegExp()构造函数中可以传递变量，而在正则表达式直接量中是不允许的。

```
var r = new RegExp("a"+ s + "b","g");        //动态创建正则表达式
var r = /"a"+ s + "b"/g;                      //错误的用法
```

在上面的代码中，对于正则表达式直接量来说，""和"+"都将被视为普通字符而进行匹配，而不是作为字符与变量的语法标识符进行连接操作。

6.2.2 匹配模式基本语法

匹配模式是一组字符，它们表示各种特殊的语义，通过不同的字符或字符组合来匹配字符或字符串，具体说明如下。

1．匹配字符

大多数字符只会匹配自己，这些字符称为普通字符；有少量字符不能匹配自己，它们表示特殊的含义，称为元字符，如.、^、$、*、+、?、{、}、[、]、\、|、(、)。

2．字符类

字符类也称为字符集，它表示匹配字符集中任意一个字符。使用元字符"["和"]"可以定义字符类。例如，[set]可以匹配 s、e、t 字符集中任意一个字母。

也可以使用一个范围来表示一组字符，即给出两个字符，并用连字符（-）将它们分开，它表示一个连续的、相同系列的字符集。连字符左侧字符为范围起点，连字符右侧字符为范围终点。例如，[a-c]可以匹配字符 a、b 或 c，它与[abc]的功能相同。注意，字符范围都是根据匹配模式指定的字符编码表中的位置来确定的。

如果匹配字符类中未列出的字符，可以包含一个元字符"^"，并作为字符类的第 1 个字符。例如，[^0]将匹配除 0 以外的任何字符。但是，如果"^"在字符类的其他位置，则没有特殊含义。例如，[0^]将匹配 0 或"^"。

3．预定义字符集

预定义字符集也是一组特殊的字符类，用于表示数字集、字母集或任何非空格的集合。在默认匹配模式下，预定义字符集的匹配范围说明如下。

（1）\d：匹配任何十进制数字，等价于类[0-9]。

（2）\D：匹配任何非数字字符，等价于类[^0-9]。

（3）\s：匹配任何空白字符，等价于类[\t\n\r\f\v]。

（4）\S：匹配任何非空白字符，等价于类[^ \t\n\r\f\v]。

（5）\w：匹配任何字母与数字字符，等价于类[a-zA-Z0-9_]。

（6）\W：匹配任何非字母与数字字符，等价于类[^a-zA-Z0-9_]。

4．重复匹配

重复匹配指定正则表达式中一个字符、字符类，或表达式可能重复匹配的次数。重复匹配所用到的限定符见表 6.5。

表 6.5　限定符

限　定　符	说　　明
*	匹配 0 次或多次，等价于{0,}
+	匹配 1 次或多次，等价于{1,}
?	匹配 0 次或 1 次，等价于{0,1}
{n}	n 为非负整数，匹配 n 次
{m,n}	m 和 n 均为非负整数，其中 m<=n，表示最少匹配 m 次，并且最多匹配 n 次。如果省略 m，则表示最少匹配 0 次；如果省略 n，则表示最多匹配无限次

在{m,n}限定符中，省略 m，将解释为 0 下限；省略 n，将解释为无穷大的上限。因此，{0,}与元字符"*"相同，{1,}相当于元字符"+"，{0,1}和元字符"?"相同。建议选用"*""+"或"?"，这样更短、更容易阅读。

在上述限定符中，"*""+""?"和{m,n}具有贪婪性。当重复匹配时，正则引擎将尝试尽可能多地重复它。如果模式的后续部分不匹配，则匹配引擎将回退，并以较少的重复次数再次尝试。

与贪婪匹配相反的是惰性匹配，惰性匹配也称为非贪婪匹配。在限定符后面加上"?"，可以实现非贪婪或者最小匹配。非贪婪的限定符如下：

```
*?  +?  ??  {m,n}?
```

5．捕获组

组由"("和")"元字符标记，将包含在其数中的表达式组合在一起，可以使用重复限定符重复组的内容。例如，(ab)*将匹配 ab 0 次或多次。

正则表达式可以包含多个组，组之间可以相互嵌套。确定每个组的编号，只需从左到右计算左括号字符。第 1 个左括号"("的编号为 1，然后每遇到一个分组的左括号"("，编号就加 1。

使用"("和")"表示的组也捕获它们匹配的文本的起始和结束索引，因此组的编号实际上是从 0 开始的，组 0 始终存在，它表示整个正则表达式，因此在匹配对象的方法中都将组 0 作为默认参数。

引擎能够临时缓存所有组表达式匹配的信息，并按照在正则表达式中从左至右的顺序进行编号，从 1 开始。每个缓冲区都可以使用"\n"访问，其中 n 表示一个标识特定缓冲区的编号。反向引用在执行字符串替换时非常有用。

6．命名组

命名组的语法格式如下：

```
(?<name>...)
```

name 是组的别名，命名组的行为与捕获组完全相同，并且将名称与组进行关联。用户可以通过别名或者数字编号两种方式检索有关组的信息。

7．非捕获组

如果分组仅仅是为了重复匹配，那么可以不缓存表达式匹配的信息，这样将能够节省系统资源，提升执行效率。使用下面的语法可以定义非捕获组。

```
(?:...)
```

8．边界断言

（1）^：匹配行的开头。如果没有设置 MULTILINE 标志，只会在字符串的开头匹配。在 MULTILINE 模式下，"^"将在字符串中的每个换行符后立即匹配。

（2）$：匹配行的末尾，定义为字符串的结尾，或者后跟换行符的任何位置。

（3）\b：匹配单词的边界，即仅在单词的开头或结尾位置匹配。

（4）\B：与\b 相反，仅在当前位置而不在单词边界时才匹配。

扫一扫，看视频

6.2.3　修饰符

在 ES6 之前，JavaScript 正则表达式仅支持 g、i 和 m 3 个修饰符。

（1）g：global（全局）的缩写，定义全局匹配，即正则表达式将在指定字符串范围内执行所有匹配，而不是找到第 1 个匹配结果后就停止匹配。

（2）i：case-insensitive（大小写不敏感）中 insensitive 的缩写，定义不区分大小写匹配，即对于字母大小写视为等同。

（3）m：multiline（多行）的缩写，定义多行字符串匹配。

ES6 为正则表达式新增了以下 3 个修饰符。

1．Unicode 模式

u 表示 Unicode 模式，定义正确处理大于\uFFFF 的 Unicode 字符，即能够正确处理 4 个字节的 UTF-16 编码。

【示例 1】在下面的代码中，\uD83D\uDC2A 是一个 4 个字节的 UTF-16 编码，代表一个字符。但是，ES5 只支持 4 个字节的 UTF-16 编码，会将其识别为两个字符，而 ES6 会将其识别为一个字符。

```
/^\uD83D/u.test('\uD83D\uDC2A')                    //false
/^\uD83D/.test('\uD83D\uDC2A')                     //true
```

2．sticky 模式

y 修饰符定义 sticky（粘连）模式，其作用与 g 修饰符类似，也是全局匹配，后一次匹配都从上一次匹配成功的下一个位置开始。不同之处在于，g 修饰符只要剩余位置中存在匹配即可，而 y 修饰符确保匹配必须从剩余的第 1 个位置开始。

【示例 2】在下面的代码中，定义两个正则表达式，一个使用 g 修饰符，另一个使用 y 修饰符。这两个正则表达式各执行了两次，第 1 次执行时，两者行为相同，剩余字符串都是_a_a。由于 g 修饰符没有位置要求，所以第 2 次执行会返回结果；而 y 修饰符要求匹配必须从头部开始，所以返回 null。

```
var s = 'a_a_a';
var r1 = /a/g;
```

```
var r2 = /a/y;
r1.exec(s)                                    //["a"]
r2.exec(s)                                    //["a"]
r1.exec(s)                                    //["a"]
r2.exec(s)                                    //null
```

3. dotAll 模式

在正则表达式中，点号（.）是一个特殊的元字符，表示匹配任意单个字符，但是不匹配下面的两类字符。

（1）4 个字节的 UTF-16 字符。

（2）行终止符，如换行符（\n）、回车符（\r）、行分隔符和段分隔符。

ES2018 引入 s 修饰符，使得点号可以匹配任意单个字符，包括 4 个字节的 UTF-16 字符和行终止符。s 修饰符也称为 dotAll 模式，即点号代表一切字符。例如：

```
/foo.bar/s.test('foo\nbar')                   //true
```

6.2.4　执行匹配

使用正则表达式的 exec()方法，可以执行通用的匹配操作。具体语法格式如下：

```
正则表达式对象.exec(字符串)
```

该方法返回一个数组，存放匹配的结果。如果未找到匹配结果，则返回 null。数组的第 1 个元素是与正则表达式相匹配的文本，第 2 个元素是与正则表达式的第 1 个子表达式相匹配的文本（如果有的话），第 3 个元素是与正则表达式的第 2 个子表达式相匹配的文本（如果有的话），以此类推。除了数组元素和 length 属性之外，exec()方法还会返回以下两个属性。

（1）index：匹配文本的第 1 个字符的下标位置。

（2）input：存放被检索的原型字符串，即参数 string 自身。

提示

在非全局模式下，exec()方法返回的数组与 String.match()方法返回的数组是相同的。

在全局模式下，exec()方法与 String.match()方法的返回结果不同。exec()方法会为正则表达式对象定义 lastIndex 属性，指定执行下一次匹配的起始位置，同时返回匹配数组，与非全局模式下的数组结构相同。而 String.match()方法仅返回匹配文本组成的数组，没有附加信息。因此，在全局模式下获取完整的匹配信息只能使用 exec()方法。

当 exec()方法找到了与表达式相匹配的文本后，会重置 lastIndex 属性，为匹配文本的最后一个字符下标位置加 1，为下一次匹配设置起始位置。因此，通过反复调用 exec()方法，可以遍历字符串，实现全局匹配操作。如果找不到匹配文本，将返回 null，并重置 lastIndex 属性为 0。

【示例】定义正则表达式，然后调用 exec()方法，逐个匹配字符串中的每个字符，最后使用 while 语句显示完整的匹配信息。

```
var s = "JavaScript";                    //测试使用的字符串直接量
var r = /\w/g;                           //匹配模式
while((a = r.exec(s))){                  //循环执行匹配操作
    console.log("匹配文本 = " + a[0] + " a.index = " + a.index +
" r.lastIndex = " + r.lastIndex);        //显示每次匹配操作后返回的数组信息
}
```

在 while 语句中，把返回结果作为循环条件，当返回值为 null 时，说明字符串检测完毕，将立即停止迭代，否则继续执行。在循环体内，读取返回数组 a 中包含的匹配结果，并读取结果数组的 index 属性，以及正则表达式对象的 lastIndex 属性，其演示效果如图 6.2 所示。

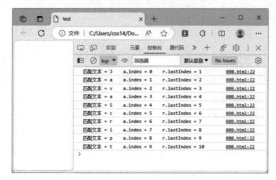

图 6.2　执行全局匹配操作结果

注意

正则表达式对象的 lastIndex 属性是可读可写的。针对指定正则表达式对象，如果使用 exec()方法对一个字符串执行匹配操作后，再对另一个字符串执行相同的匹配操作，需要手动重置 lastIndex 属性为 0，否则不会从字符串的第 1 个字符开始匹配，返回的结果也会不同。

扫一扫，看视频

6.2.5　执行检测

使用正则表达式的 test()方法，可以检测一个字符串是否包含另一个字符串。具体语法格式如下：

```
正则表达式对象.test(字符串)
```

如果字符串中含有与正则表达式匹配的文本，则返回 true，否则返回 false。

【示例 1】使用 test()方法检测字符串中是否包含字符。

```
var s = "JavaScript";
var r = /\w/g;                      //匹配字符
var b = r.test(s);                  //返回 true
```

使用下面的正则表达式也能够匹配，并返回 true。

```
var r = /JavaScript/g;
var b = r.test(s);                  //返回 true
```

但是如果使用以下正则表达式进行匹配，就会返回 false，因为在字符串 JavaScript 中找不到对应的匹配。

```
var r = /\d/g;                      //匹配数字
var b = r.test(s);                  //返回 false
```

注意

在全局模式下，test()方法等价于 exec()方法。配合循环语句，它们都能够迭代字符串，执行全局匹配操作，test()方法返回布尔值，exec()方法返回数组或者 null。虽然 test()方法的返回值是布尔值，但是通过正则表达式对象的属性和 RegExp 静态属性，依然可以获取到每次迭代操作的匹配信息。

扫一扫，看视频

6.2.6 正则表达式的属性

每个正则表达式对象都包含一组属性，见表 6.6。

表 6.6 正则表达式对象的属性

属 性	说 明
global	返回 Boolean 值，检测正则表达对象是否具有标志 g
ignoreCase	返回 Boolean 值，检测正则表达对象是否具有标志 i
multiline	返回 Boolean 值，检测正则表达对象是否具有标志 m
unicode	ES6 新增属性，返回 Boolean 值，检测正则表达式对象是否具有标志 u
sticky	ES6 新增属性，返回 Boolean 值，检测正则表达式对象是否具有标志 y
dotAll	ES6 新增属性，返回 Boolean 值，检测正则表达式对象是否具有标志 s
flags	ES6 新增属性，以字符串格式返回正则表达式的修饰符
lastIndex	一个整数，返回或者设置执行下一次匹配的下标位置
source	返回正则表达式的字符模式源代码

注意

lastIndex 属性可读可写，通过设置该属性，可以定义匹配的起始位置。除了 lastIndex 属性外，其他属性都是只读属性。

【示例】下面的代码演示如何读取正则表达式对象的基本信息，以及 lastIndex 属性在执行匹配前后的变化。

```
var s = "JavaScript";                            //测试字符串
var r = /\w/g;                                   //匹配模式
console.log("r.global = " + r.global);           //返回 true
console.log("r.ignoreCase = " + r.ignoreCase);   //返回 true
console.log("r.multiline = " + r.multiline);     //返回 false
console.log("r.source = " + r.source);           //返回\w
console.log("r.lastIndex = " + r.lastIndex);     //返回 0
r.exec(s);                                       //执行匹配操作
console.log("r.lastIndex = " + r.lastIndex);     //返回 1
```

6.2.7 RegExp 静态属性

RegExp 类型包含一组静态属性，通过正则表达式对象直接访问。RegExp 静态属性记录了当前脚本中最新正则表达式匹配的详细信息，见表 6.7。

扫一扫，看视频

表 6.7 RegExp 静态属性

长 名	短 名	说 明
input	$_	返回当前所作用的字符串，初始值为空字符串""
index	—	当前模式匹配的开始位置，从 0 开始计数。初始值为-1，每次匹配成功时，index 属性值都会随之改变
lastIndex	—	当前模式匹配的最后一个字符的下一个字符位置，从 0 开始计数，常被作为继续匹配的起始位置。初始值为-1，表示从起始位置开始搜索，每次匹配成功时，lastIndex 属性值都会随之改变

续表

长　　名	短　　名	说　　明
lastMatch	$&	最后模式匹配的字符串，初始值为空字符串""。每次匹配成功时，lastMatch 属性值都会随之改变
lastParen	$+	最后子模式匹配的字符串，如果匹配模式中包含有子模式（包含小括号的子表达式），在最后模式匹配中最后一个子模式所匹配到的子字符串。初始值为空字符串""。每次匹配成功时，lastParen 属性值都会随之改变
leftContext	$'	在当前所作用的字符串中，最后模式匹配的字符串左边的所有内容。初始值为空字符串""。每次匹配成功时，其属性值都会随之改变
rightContext	$'	在当前所作用的字符串中，最后模式匹配的字符串右边的所有内容。初始值为空字符串""。每次匹配成功时，其属性值都会随之改变
$1～$9	$1～$9	只读属性，如果匹配模式中有小括号包含的子模式，$1～$9 属性值分别是第 1～9 个子模式所匹配到的内容；如果有超过 9 个以上的子模式，$1～$9 属性分别对应最后的 9 个子模式匹配结果；在一个匹配模式中，可以指定任意多个小括号包含的子模式，但 RegExp 静态属性只能存储最后 9 个子模式匹配的结果。在 RegExp 实例对象的一些方法所返回的结果数组中，可以获得所有圆括号内的子匹配结果

 提示

这些静态属性大部分有两个名字：长名（全称）和短名（简称，以美元符号开头表示）。

【示例 1】 下面的代码演示 RegExp 静态属性的使用，匹配字符串 JavaScript。

```
var s = "JavaScript,not JavaScript";
var r = /(Java)Script/gi;
var a = r.exec(s);                    //执行匹配操作
console.log(RegExp.input);            //返回字符串 JavaScript,not JavaScript
console.log(RegExp.leftContext);      //返回空字符串，左侧没有内容
console.log(RegExp.rightContext);     //返回字符串,not JavaScript
console.log(RegExp.lastMatch);        //返回字符串 JavaScript
console.log(RegExp.lastParen);        //返回字符串 Java
```

执行匹配操作后，各个属性的返回值说明如下。

（1）input 属性记录操作的字符，即 JavaScript,not JavaScript。

（2）leftContext 属性记录匹配文本左侧的字符串，在第 1 次匹配时，左侧文本为空。而 rightContext 属性记录匹配文本右侧的文本，即,not JavaScript。

（3）lastMatch 属性记录匹配的字符串，即 JavaScript。

（4）lastParen 属性记录匹配的分组字符串，即 Java。

如果匹配模式中包含多个子模式，则最后一个子模式所匹配的字符就是 RegExp.lastParen。

```
var r = /(Java)(Script)/gi;
var a = r.exec(s);                    //执行匹配操作
console.log(RegExp.lastParen);        //返回字符串 Script，而不再是 Java
```

【示例 2】 针对示例 1 也可以使用短名来读取相关信息。

```
var s = "JavaScript,not JavaScript";
var r = /(Java)(Script)/gi;
var a = r.exec(s);
console.log(RegExp.$_);               //返回字符串 JavaScript,not JavaScript
console.log(RegExp["$'"]);            //返回空字符串
console.log(RegExp["$'"]);            //返回字符串,not JavaScript
```

```
console.log(RegExp["$&"]);                    //返回字符串 JavaScript
console.log(RegExp["$+"]);                    //返回字符串 Script
```

 注意

> 这些属性的值都是动态的，在每次执行匹配操作时，都会被重新设置。

6.3　案　例　实　战

扫一扫，看视频

6.3.1　过滤敏感词

【**案例**】在接收表单数据时，经常需要检测特殊字符，过滤敏感词汇。本案例为 String 扩展一个原型方法 filter()，用来检测字符串中是否包含指定的特殊字符。

设计思路：定义 filter()方法的参数为任意长度和个数的特殊字符列表，检测的返回结果为布尔值。如果检测到任意指定的特殊字符，则返回 true，否则返回 false。

```
//检测特殊字符，参数为特殊字符列表，返回 true 表示存在，否则表示不存在
String.prototype.filter = function(){
    if(arguments.length < 1) throw new Error("缺少参数");
                                        //如果没有参数，则抛出异常
    var a = [], _this = this;       //定义空数组，把字符串存储在内部变量中
    for(var i = 0 ; i < arguments.length; i ++){//遍历参数，把参数列表转换为数组
        a.push(arguments[i]);       //把每个参数值推入数组
    }
    var i = - 1;                    //初始化临时变量为-1
    a.forEach(function(key){        //迭代数组，检测字符串中是否包含特殊字符
        if(i != - 1) return true;//如果临时变量不等于-1，提前返回 true
        i = _this.indexOf(key)      //检索到的字符串下标位置
    });
    if(i == - 1){                   //如果 i 等于-1，返回 false，说明没有检测到特殊字符
        return false;
    }else{                          //如果 i 不等于-1，返回 true，说明检测到特殊字符
        return true;
    }
}
```

下面应用 String 类型的扩展方法 filter()来检测字符串中是否包含特殊字符尖角号，以判断字符串中是否存在 HTML 标签。

```
var s = '<script language="javascript" type="text/javascript">';
                                    //定义字符串直接量
var b = s.filter("<",">");          //调用 String 扩展方法，检测字符串
console.log(b);                     //返回 true，说明存在"<"或">"，即存在标签
```

由于 Array 的原型方法 forEach()能够多层迭代数组。所以可以以数组的形式传递参数。

```
var s = '<script language="javascript" type="text/javascript">';
var a = ["<", ">","\"","\'","\\","\/","\;","\|"];
var b = s.check(a);
console.log(b);
```

把特殊字符存储在数组中，这样更便于管理和引用。

扫一扫，看视频

6.3.2 生成 4 位随机验证码

【案例】构建 62 个字符集，包括 26 个字母大小写和 10 个数字，然后利用 Math.random() 方法生成 0~61 之间的随机数，映射字符集中的字符，通过这种方式随机生成验证码所需的 4 个字符。

```
请输入验证码：<input id="inputCode"><span id="spanCode">xxxx</span>
<button id="btn">验证</button>
<script>
    //1.生成验证码池：26 个字母大小写和 10 个数字
    pool = "ABCDEFGHIJKLMNOPQRSTUVWXYZabcdefghijklmnopqrstuvwxyz-1234567890";
    var arr = [];                  //2.生成一个包含 4 位随机字符的验证码，放入 arr 中
    for (var i = 0; i < 4; i++) {
        var index = parseInt(Math.random() * pool.length);
        arr[i] = pool.charAt(index);        //获取字符串的第 index 个字符
    };
    var code = arr.join("");        //3.将验证码拼接到页面中
    spanCode.innerHTML = code;      //显示包含 4 个随机字符的验证码
    btn.onclick = function () {     //4.判断验证码是否正确，忽略大小写
        var input = inputCode.value;    //获取用户输入
        input = input.toUpperCase();    //都转换成大写，再比较
        code = code.toUpperCase();      //都转换成大写，再比较
        if (input === code) {alert('输入正确');}
        else {alert('错误！请重新输入');};
    };
</script>
```

扫一扫，看视频

6.3.3 匹配成对标签

【案例】成对标签的格式如下：

```
<title>标题文本</title>
<p>段落文本</p>
```

模式分析：

（1）匹配一个开标签，可以使用<[^>]+>。

（2）匹配一个闭标签，可以使用<\/[^>]+>。

（3）要匹配成对标签，就需要使用反向引用，其中将开标签<[^>]+>修改成<([^>]+)>，使用小括号是为了后面使用反向引用，闭标签使用了反向引用<\/\1>。

（4）[\d\D]表示这个字符是数字或者不是数字，因此表示匹配任意字符。

设计代码：

```
var regex = /<([^>]+)>[\d\D]*<\/\1>/;
var string1 = "<title>标题文本</title>";
var string2 = "<p>段落文本</p>";
var string3 = "<div>非法嵌套</p>";
```

```
console.log(regex.test(string1));                    //true
console.log(regex.test(string2));                    //true
console.log(regex.test(string3));                    //false
```

6.3.4　表单验证

扫一扫，看视频

【**案例**】利用 HTML5 表单的内建校验机制，设计一个表单验证页面。具体操作步骤如下。

（1）新建 HTML5 文档，设计一个 HTML5 表单页面。

```
<form method="post" action="" name="myform" class="form" >
    <label for="user_name">真实姓名<br/>
        <input id="user_name" type="text" name="user_name" required
pattern="^([\u4e00-\u9fa5]+|([a-z]+\s?)+)$" />
    </label>
    <!--省略结构，详细代码可参考案例源代码-->
</form>
```

（2）设计表单控件的验证模式。真实姓名选项为普通文本框，要求必须输入 required，验证模式为中文字符。

```
pattern="^([\u4e00-\u9fa5]+|([a-z]+\s?)+)$"
```

比赛项目选项设计一个数据列表，使用 datalist 元素设计，使用 list="ball"绑定到文本框上。

（3）电子邮箱选项设计 type="email"类型，同时使用以下匹配模式兼容旧版本浏览器。

```
pattern="^[0-9a-z][a-z0-9\._-]{1,}@[a-z0-9-]{1,}[a-z0-9]\.[a-z\.]{1,}[a-z]$"
```

（4）手机号码选项设计 type="tel"类型，同时使用以下匹配模式兼容旧版本浏览器。

```
pattern="^1\d{10}$|^(0\d{2,3}-?|\(0\d{2,3}\))?[1-9]\d{4,7}(-\d{1,8})?$"
```

（5）身份证号选项使用普通文本框设计，要求必须输入，定义匹配模式如下。

```
pattern="^[1-9]\d{5}[1-9]\d{3}((0\d)|(1[0-2]))(([0|1|2]\d)|3[0-1])\d{3}
([0-9]|X)$"
```

（6）出生年月选项设计 type="month"类型，这样就不需要进行验证了，用户必须在日期选择器面板中进行选择，无法作弊。

（7）名次期望选项设计 type="range"类型，限制用户只能在 1～10 之间进行选择。

本 章 小 结

本章包括两部分知识：字符串和正则表达式，由于在实践操作中它们经常需要配合使用，所以把它们放在一起讲解。首先介绍了如何定义字符串，包括构造字符串、字符串直接量、模板字符串和原始字符串；然后介绍了字符串的常规操作，包括连接、查找、截取、替换、转换等；接着介绍了正则表达式的定义方法，以及匹配模式的基本语法；最后讲解了正则表达式的应用。

课 后 练 习

一、填空题

1．字符串是有限字符_____，包括_____、_____和_____。

2．在 JavaScript 中，字符串与_____和_____都属于基本的简单值。

3．正则表达式也称为_____，简称_____，是嵌入在 JavaScript 中的一种轻量级、专业化的子语言，可以匹配_____的文本。

4．JavaScript 支持_____风格的正则表达式语法，通过内置_____类型实现支持。

5．字符串直接量是用_____或_____包含任意长度的文本。

二、判断题

1．在字符串直接量中可以包含任意字符。 （ ）

2．模板字符串是包含排版格式的字符串直接量。 （ ）

3．原始字符串中的每个字符都保持其原始的意义，不进行转义处理。 （ ）

4．使用 RegExp()函数可以把字符串转换为正则表达式对象。 （ ）

5．在匹配模式中，大多数字符只会匹配自己，有少量字符能够匹配其他字符。 （ ）

三、选择题

1．已知 console.log("a".concat("b", "c"))，则输出为（ ）。
   A．"abc"　　　　B．"bc"　　　　　C．"a"　　　　　　D．""

2．已知 console.log("abc def \r\n ".trim().length)，则输出为（ ）。
   A．6　　　　　　B．7　　　　　　C．12　　　　　　D．10

3．已知 console.log("abc".split())，则输出为（ ）。
   A．["abc"]　　　B．"abc"　　　　C．["a", "b", "c"]　　D．[]

4．已知 s = "JavaScript"，则 console.log(/\w/.exec(s))输出的是（ ）。
   A．"J"　　　　　B．["J"]　　　　C．["JavaScript"]　　D．"JavaScript"

5．已知/\w/g.test("JavaScript")，则 console.log(RegExp["$'"])输出的是（ ）。
   A．"J"　　　　　B．["J"]　　　　C．["avaScript"]　　D．"avaScript"

四、简答题

1．重复匹配包括哪些元字符？请简单说明它们的作用。

2．在匹配模式中，边界断言包括哪些元字符？请简单说明它们的作用。

五、编程题

1．编写一个函数，将输入的字符串反转过来。

2．给定字符串 str，检查其是否包含连续重复的字母，如果包含则返回 true，否则返回 false。

3．有一个字符串<div id="container" class="main"></div>，请编写正则表达式提取其中的id="container"子字符串信息。

4．编写函数用于校验给定的字符串是否全由数字组成。

拓 展 阅 读

扫描下方二维码，了解关于本章的更多知识。

第 7 章　BOM

【学习目标】

↘ 了解 BOM 的相关概念及其作用。

↘ 了解全局对象及其属性和方法，正确使用 window 对象和框架集。

↘ 熟练使用 history 和 document 对象。

↘ 了解 navigator、location、screen 对象的功能和用途。

BOM（Browser Object Model，浏览器对象模型）用于客户端浏览器的管理。BOM 概念比较古老，但是一直没有被标准化，不过各主流浏览器均支持 BOM，都遵守 BOM 的基本规则和用法，W3C 也将 BOM 纳入了 HTML5 规范。

7.1　认识 BOM

BOM 提供了独立于内容而与浏览器窗口进行交互的对象，其核心对象是 window。window 对象代表根节点，浏览器对象关系如图 7.1 所示。使用 window 对象可以访问客户端的其他对象。每个对象都提供了很多方法和属性，负责执行客户端特定的功能。

图 7.1　浏览器对象关系

（1）window：客户端 JavaScript 顶层对象。每当<body>或<frameset>标签出现时，window 对象就会被自动创建。

（2）navigator：包含客户端有关浏览器的信息。

（3）screen：包含客户端屏幕的信息。

（4）history：包含浏览器窗口访问过的 URL 信息。

（5）location：包含当前网页文档的 URL 信息。

（6）document：包含整个 HTML 文档，可被用来访问文档内容及其所有页面元素。

7.2　window 对象

window 是客户端浏览器对象模型的基类，是客户端 JavaScript 的全局对象。一个 window 对象就是一个独立的窗口。在框架页中浏览器窗口中，每个框架代表一个 window 对象。

window 对象常用属性和方法见表 7.1 和表 7.2。

表 7.1　window 对象常用属性

属　　性	说　　明
closed	当前窗口是否关闭。如果关闭则返回 true，否则返回 false
defaultStatus	在浏览器状态栏中显示的默认文本
status	在浏览器状态栏中显示的文本
document	对 document 对象的引用，该对象代表在窗口中显示的 HTML 文档
frames[]	window 对象的集合，代表窗口中的各个框架（如果存在）
history	对 history 对象的引用，该对象代表用户浏览窗口的历史
location	对 location 对象的引用，该对象代表在窗口中显示的文档的 URL。设置这个属性会引发浏览器装载一个新文档
name	窗口的名称。可被 HTML 标签<a>的 target 属性使用
opener	对打开当前窗口的 window 对象的引用
parent	如果当前的窗口是框架，它就是对窗口中包含这个框架的父级框架的引用
self	自引用属性，是对当前 window 对象的引用，与 window 属性同义
top	如果当前窗口是框架，它就是对包含这个框架的顶级窗口的 window 对象的引用。注意，对于嵌套在其他框架中的框架，top 不等于 parent
window	自引用属性，是对当前 window 对象的引用，与 self 属性同义

表 7.2　window 对象常用方法

方　　法	说　　明
alert()、confirm()、prompt()	人机交互的接口方法，供用户与浏览器窗口双向信息交流
close()	关闭窗口
focus()、blur()	请求或放弃窗口的键盘焦点。focus()方法还可以把窗口提到堆栈顺序的最前面，从而确保窗口可见
moveBy()、moveTo()	移动窗口
open()	打开新的顶级窗口
print()	输出窗口内容
resizeBy()、resizeTo()	调整窗口大小
scrollBy()、scrollTo()	滚动窗口中显示的文档
settInterval()、clearInterval()	定义或取消重复定时器
setTimeout()、clearTimeout()	定义或取消延迟定时器

7.2.1　全局作用域

扫一扫，看视频

在客户端浏览器中，window 对象是 BOM 的入口，通过 window.document 访问 document 对象，通过 window.self 访问自身的 window 等。同时 window 为客户端 JavaScript 提供全局作用域。

【示例】由于 window 是全局对象，因此所有的全局变量都被解析为该对象的属性。

```
var a = "window.a";                             //全局变量
function f(){                                    //全局函数
    console.log(a);
}
console.log(window.a);                           //返回字符串 window.a
window.f();                                       //返回字符串 window.a
```

扫一扫，看视频

7.2.2　使用调试对话框

window 对象定义了 3 个人机交互的方法，主要方便对 JavaScript 代码进行测试。

（1）alert()：确定提示框。由浏览器向用户弹出提示性信息。该方法包含一个可选的提示信息参数。如果没有指定参数，则弹出一个空的对话框。

（2）confirm()：选择提示框。由浏览器向用户弹出提示性信息，弹出的对话框中包含两个按钮，分别表示"确定"和"取消"。如果单击"确定"按钮，则该方法将返回 true；如果单击"取消"按钮，则返回 false。confirm()方法也包含一个可选的提示信息参数，如果没有指定参数，则弹出一个空的对话框。

（3）prompt()：输入提示框。可以接收用户输入的信息，并返回输入的信息。prompt()方法包含一个可选的提示信息参数，如果没有指定参数，则弹出没有提示信息的输入对话框。

【示例】下面的代码演示了如何综合调用 alert()、confirm()和 prompt()方法来设计一个人机交互的对话。

```
var user = prompt("请输入你的用户名：");
if(! ! user){                                    //把输入的信息转换为布尔值
    var ok = confirm("你输入的用户名为：\n" + user + "\n请确认。");//确认输入信息
    if(ok){alert("欢迎你：\n" + user);}
    else{                                        //重新输入信息
        user = prompt("请重新输入你的用户名：");
        alert("欢迎你：\n" + user);
    }
}else {user = prompt("请输入你的用户名：");}        //提示输入信息
```

这 3 个方法仅接收纯文本信息，忽略 HTML 字符串，只能使用空格、换行符和各种符号来格式化提示对话框中的显示文本。

提示

不同浏览器对于这 3 个对话框的显示效果略有不同。

注意

当显示系统对话框时，JavaScript 代码会停止执行；当关闭对话框之后，JavaScript 代码才会恢复执行。因此，不建议在具体实践中使用这 3 个方法，仅作为开发人员的内测工具。

扫一扫，看视频

7.2.3　打开和关闭窗口

使用 window 对象的 open()方法可以打开一个新窗口。具体语法格式如下：

```
window.open(URL,name,features,replace)
```

参数说明如下。

（1）URL：可选字符串，声明在新窗口中显示网页文档的 URL。如果省略或者为空，则新窗口不会显示任何文档。

（2）name：可选字符串，声明新窗口的名称。这个名称可以用作标记\<a>和\<form>的 target 目标值。如果该参数指定了一个已经存在的窗口，那么 open()方法就不再创建一个新窗口，而只是返回对指定窗口的引用，在这种情况下，features 参数将被忽略。

（3）features：可选字符串，声明了新窗口要显示的标准浏览器的特征。如果省略该参数，新窗口将具有所有标准特征。

（4）replace：可选的布尔值。规定了装载到窗口的 URL 是在窗口的浏览历史中创建一个新条目，还是替换浏览历史中的当前条目。

open()方法返回值为新创建的 window 对象，使用它可以引用新创建的窗口。

使用 window 的 close()方法可以关闭一个窗口。例如，关闭一个新创建的 win 窗口，可以使用以下语句来实现。

```
win.close();
```

如果在打开窗口内部关闭自身窗口，则使用以下语句。

```
window.close();
```

使用 window.closed()方法可以检测当前窗口是否关闭，如果关闭则返回 true，否则返回 false。

【示例】下面的代码演示了如何自动弹出一个窗口，然后设置半秒之后自动关闭该窗口，同时允许用户单击页面超链接，更换弹出窗口内显示的网页 URL。

```
var url = "http://news.baidu.com/";                    //要打开的网页地址
var features = "height=500, width=800, top=100, left=100,toolbar=no, menubar=no,
    scrollbars=no, resizable=no, location=no, status=no";//设置新窗口的特性
//动态生成一个超链接
document.write('<a href="http://www.baidu.com/" target="newW">切换到百度首页
</a>');
var me = window.open (url, "newW", features);          //打开新窗口
setTimeout(function(){                                 //定时器
    if(me.closed){
        console.log("创建的窗口已经关闭。")
    }else{
        me.close();
    }
},500);                                                //半秒之后关闭该窗口
```

7.2.4 使用框架集

扫一扫，看视频

HTML 允许使用 frameset 和 frame 标签创建框架集页面。另外，在文档中可以使用 iframe 标签创建浮动框架。这两种类型的框架性质是相同的。

【示例 1】下面是一个框架集文档，共包含 4 个框架，设置第 1 个框架装载文档名为 left.htm，第 2 个框架装载文档名为 middle.htm，第 3 个框架装载文档名为 right.htm，第 4 个框架装载文档名为 bottom.htm。

```
<!DOCTYPE html PUBLIC "-//W3C//DTD XHTML 1.0 Frameset//EN"
"http://www.w3.org/TR/xhtml1/DTD/xhtml1-frameset.dtd">
<html xmlns="http://www.w3.org/1999/xhtml">
<head>
<title>框架集</title>
<meta http-equiv="Content-Type" content="text/html; charset=utf-8" />
</head>
<frameset rows="50%,50%" cols="*" frameborder="yes" border=
    "1" framespacing="0">
<frameset rows="*" cols="33%,*,33%" framespacing="0" frameborder="yes"
border="1">
    <frame src="left.htm" name="left" id="left" />
    <frame src="middle.htm" name="middle" id="middle" />
    <frame src="right.htm" name="right" id="right" />
</frameset>
<frame src="bottom.htm" name="bottom" id="bottom" />
</frameset>
<noframes><body></body></noframes>
</html>
```

以上代码创建了一个框架集，其中前 3 个框架居上，最后 1 个框架居下，如图 7.2 所示。

图 7.2　框架之间的关系

每个框架都有一个 window 对象，使用 frames 可以访问每个 window 对象。frames 是一个数据集合，存储客户端浏览器中所有的 window 对象，下标值从 0 开始，访问顺序为从左到右、从上到下。例如，top.window.frames[0]、parent.frames[0]表示第 1 个框架的 window 对象。

 提示

　　使用 frame 标签的 name，可以以关联数组的形式访问每个 window 对象。例如，top.window.frames["left"]、parent.frames["left"]表示第 1 个框架的 window 对象。

框架之间可以通过 window 相关属性进行引用。

【示例2】针对示例1，下面的代码可以访问当前窗口中的第3个框架。

```
window.onload = function(){
    document.body.onclick = f;
}
var f = function(){                      //改变第3个框架文档的背景色为红色
    parent.frames[2].document.body.style.backgroundColor = "red";
}
```

【示例3】针对示例1，在 left.htm 文档中定义一个函数。

```
function left(){
    alert("left.htm");
}
```

然后，就可以在第2个框架的 middle.htm 文档中调用该函数。

```
window.onload = function(){
    document.body.onclick = f;
}
var f = function(){
    parent.frames[0].left();              //调用第1个框架中的函数 left()
}
```

7.2.5 控制窗口位置

扫一扫，看视频

使用 window 对象的 screenLeft 和 screenTop 属性可以读取或设置窗口的位置，即相对于屏幕左边和上边的位置。Firefox 浏览器支持使用 window 对象的 screenX 和 screenY 属性进行相同的操作。

【示例1】使用下面的代码可以跨浏览器取得窗口左边和上边的位置。

```
var leftPos = (typeof window.screenLeft == "number") ? window.screenLeft :
window.screenX;
var topPos = (typeof window.screenTop == "number") ? window.screenTop :
window.screenY;
```

上面的代码先确定 screenLeft 和 screenTop 属性是否存在，如果存在（即浏览器支持），则读取这两个属性的值。如果在 Firefox 浏览器中，则读取 screenX 和 screenY 的值。

📢注意

不同浏览器读取的位置值存在偏差，用户无法在跨浏览器的条件下取得窗口左边和上边的精确坐标值。

使用 window 对象的 moveTo() 和 moveBy() 方法可以将窗口精确地移动到一个新位置。这两个方法都接收两个参数，其中 moveTo() 接收的是新位置的 x 轴坐标值和 y 轴坐标值，而 moveBy() 接收的是在水平和垂直方向上移动的像素数。

【示例2】分别使用 moveTo() 和 moveBy() 方法移动窗口到屏幕的不同位置。

```
window.moveTo(0,0);                      //将窗口移动到屏幕左上角
window.moveBy(0, 100);                   //将窗口向下移动 100 像素
window.moveTo(200, 300);                 //将窗口移动到(200,300)新位置
window.moveBy(-50, 0);                   //将窗口向左移动 50 像素
```

扫一扫，看视频

> **📢注意**
>
> moveTo()和 moveBy()方法可能会被浏览器禁用，它们都不适用于框架，仅适用于最外层的 window 对象。

7.2.6　控制窗口大小

使用 window 对象的 innerWidth、innerHeight、outerWidth 和 outerHeight 这 4 个属性可以确定窗口大小。outerWidth 和 outerHeight 返回浏览器窗口本身的尺寸；innerWidth 和 innerHeight 表示页面视图的大小（即去掉边框宽度）。在 Chrome 浏览器中，outerWidth、outerHeight 与 innerWidth、innerHeight 返回相同的值。document.documentElement.clientWidth 和 document.documentElement. clientHeight 保存了页面视图的信息。

【示例 1】通过下面的代码可以取得页面视图的大小。

```javascript
var pageWidth = window.innerWidth,
    pageHeight = window.innerHeight;
if (typeof pageWidth != "number"){
    if (document.compatMode == "CSS1Compat"){
        pageWidth = document.documentElement.clientWidth;
        pageHeight = document.documentElement.clientHeight;
    } else {
        pageWidth = document.body.clientWidth;
        pageHeight = document.body.clientHeight;
    }
}
```

在上面的代码中，先将 window.innerWidth 和 window.innerHeight 的值分别赋给 pageWidth 和 pageHeight。然后检查 pageWidth 中保存的是不是一个数值，如果不是，则通过检查 document. compatMode 属性确定页面是否处于标准模式；如果是，则分别使用 document.documentElement. clientWidth 和 document.documentElement.clientHeight 的值；否则，就使用 document.body. clientWidth 和 document.body.clientHeight 的值。

使用 window 对象的 resizeBy()和 resizeTo()方法，可以按照相对数量和绝对数量调整窗口的大小。这两个方法都包含两个参数，分别表示 x 轴坐标值和 y 轴坐标值。名称中包含 To 字符串的方法都是绝对的，也就是 x 和 y 参数坐标给出窗口新的绝对位置、大小或滚动偏移；名称中包含 By 字符串的方法都是相对的，也就是它们在窗口的当前位置、大小或滚动偏移上增加所指定的参数 x 和 y 的值。

scrollBy()方法会将窗口中显示的文档向左、向右或者向上、向下滚动指定数量的像素。

scrollTo()方法会将文档滚动到一个绝对位置。它将移动文档以便在窗口文档区的左上角显示指定的文档坐标。

【示例 2】下面的代码能够将当前浏览器窗口的大小重新设置为 200 像素宽、200 像素高，然后生成一个任意数字来随机定位窗口在屏幕中的显示位置。

```javascript
window.onload = function(){
    timer = window.setInterval("jump()", 1000);
}
function jump(){
```

```
window.resizeTo(200, 200)
    x = Math.ceil(Math.random() * 1024)
y = Math.ceil(Math.random() * 760)
window.moveTo(x, y)
}
```

 提示

window 对象还定义了 focus()和 blur()方法，用来控制窗口的显示焦点。调用 focus()方法会请求系统将键盘焦点赋予窗口，调用 blur()方法则会放弃键盘焦点。

7.3 navigator 对象

navigator 对象存储了与浏览器相关的基本信息，如名称、版本和系统等。通过 window.navigator 可以访问该对象，通过相关属性可以获取客户端浏览器的基本信息。

扫一扫，看视频

7.3.1 检测浏览器类型的方法

检测浏览器类型的方法有多种，常用方法包括两种：特征检测法和字符串检测法。这两种方法各有利弊，用户可以根据需要酌情选择。

1. 特征检测法

特征检测法就是根据浏览器是否支持特定功能来决定相应操作的方法。这是一种非精确判断法，但却是最安全的检测方法。因为准确检测浏览器的类型和型号是一件很困难的事情，而且很容易产生误差。如果不关心浏览器的身份，仅仅在意浏览器的执行能力，那么使用特征检测法完全可以满足需要。

【示例 1】下面的代码检测当前浏览器是否支持 document.getElementsByName 特性，如果支持就使用该方法获取文档中的 a 元素；否则，再检测是否支持 document.getElementsBy-TagName 特性，如果支持就使用该方法获取文档中的 a 元素。

```
if(document.getElementsByName){              //如果存在，则使用该方法获取 a 元素
    var a = document.getElementsByName("a");
}
else if(document.getElementsByTagName){      //如果存在，则使用该方法获取 a 元素
    var a = document.getElementsByTagName("a");
}
```

当使用一个对象、方法或属性时，先判断它是否存在。如果存在，则说明浏览器支持该对象、方法或属性，那么就可以放心使用。

2. 字符串检测法

客户端浏览器每次发送 HTTP 请求时，都会附带一个 user-agent（用户代理）字符串，对于 Web 开发人员来说，可以使用用户代理字符串检测浏览器类型。

【示例 2】BOM 在 navigator 对象中定义了 userAgent 属性，利用该属性可以捕获客户端 user-agent 字符串信息。

```
var s = window.navigator.userAgent;
//简写方法
var s = navigator.userAgent;
console.log(s);
//返回类似信息: Mozilla/5.0 (compatible; MSIE 10.0; Windows NT 6.2; WOW64;
//Trident/6.0; .NET4.0E; .NET4.0C; InfoPath.3; .NET CLR 3.5.30729; .NET CLR
//2.0.50727; .NET CLR 3.0.30729)
```

user-agent 字符串包含了 Web 浏览器的大量信息，如浏览器的名称和版本等。

 注意

对于不同浏览器来说，该字符串所包含的信息也不相同。随着浏览器版本的不断升级，返回的 user-agent 字符串格式和信息还会不断变化。

扫一扫，看视频

7.3.2　检测浏览器的类型和版本

检测浏览器的类型和版本比较容易，用户只需根据不同的浏览器匹配特殊信息即可。

【示例】下面的代码能够检测当前主流浏览器类型，包括 IE、Opera、Safari、Chrome 和 Firefox 浏览器。

```
var ua = navigator.userAgent.toLowerCase();           //获取用户端信息
var info ={
    ie : /msie/.test(ua) && !/opera/.test(ua),        //匹配 IE 浏览器
    op : /opera/.test(ua),                            //匹配 Opera 浏览器
    sa : /version.*safari/.test(ua),                  //匹配 Safari 浏览器
    ch : /chrome/.test(ua),                           //匹配 Chrome 浏览器
    ff : /gecko/.test(ua) && !/webkit/.test(ua)       //匹配 Firefox 浏览器
};
```

在脚本中调用该对象的属性，如果为 true，说明为对应类型的浏览器；否则就返回 false。

```
(info.ie) && console.log("IE 浏览器");
(info.op) && console.log("Opera 浏览器");
(info.sa) && console.log("Safari 浏览器");
(info.ff) && console.log("Firefox 浏览器");
(info.ch) && console.log("Chrome 浏览器");
```

 注意

如果浏览器的某些对象或属性不能向后兼容，这种检测方法也容易产生问题。所以更稳妥的方法是采用特征检测法，而不要使用字符串检测法。

扫一扫，看视频

7.3.3　检测操作系统

navigator.userAgent 返回值一般都会包含操作系统的基本信息，不过这些信息比较散乱，没有统一的规则。用户可以检测一些更为通用的信息，如检测是否为 Windows 操作系统，或者为 macOS 操作系统，而不去分辨操作系统的版本。

例如，如果仅检测通用信息，那么所有 Windows 操作系统都会包含 Win 字符串，所有

macOS 操作系统都会包含 Mac 字符串，所有 UNIX 操作系统都会包含 X11 字符串，而 Linux 操作系统会同时包含 X11 和 Linux 字符串。

【示例】通过下面的代码可以快速检测客户端信息中是否包含上述字符串。

```
['Win', 'Mac', 'X11', 'Linux'].forEach(function(t) {
    (t === 'X11') ? t = 'Unix' : t;         //处理 UNIX 操作系统的字符串
    navigator['is' + t] = function () {//为 navigator 对象扩展专用系统检测方法
        return navigator.userAgent.indexOf(t) != - 1;  //检测是否包含特定字符串
    };
});
console.log(navigator.isWin());                         //true
console.log(navigator.isMac());                         //false
console.log(navigator.isLinux());                       //false
console.log(navigator.isUnix());                        //false
```

7.3.4　检测插件

扫一扫，看视频

使用 navigator 对象的 plugins 属性可以检测浏览器中是否安装了特定的插件。plugins 是一个数组，该数组中的每一项都包含下列属性。

（1）name：插件的名称。

（2）description：插件的描述。

（3）filename：插件的文件名。

（4）length：插件所处理的 MIME 类型数量。

【示例】name 属性包含检测插件必需的所有信息，在检测插件时，使用下面的代码循环检测每个插件，并将插件的 name 与给定的名称进行比较。

```
function hasPlugin(name){                          //检测非 IE 浏览器插件
    name = name.toLowerCase();
    for (var i=0; i < navigator.plugins.length; i++){
        if (navigator.plugins[i].name.toLowerCase().indexOf(name) > -1){
            return true;
        }
    }
    return false;
}
alert(hasPlugin("Flash"));
alert(hasPlugin("QuickTime"));
alert(hasPlugin("Java"));
```

hasPlugin()函数包含一个参数：要检测的插件名。检测时首先将传入的名称转换为小写形式，以便比较。然后迭代 plugins 数组，通过 indexOf()方法检测每个 name 属性，以确定传入的名称是否出现在字符串的某个地方。比较的字符串都使用小写形式，避免因大小写不一致导致的错误。而传入的参数应该尽可能具体，以避免混淆，如 Flash 和 QuickTime。

7.4　location 对象

扫一扫，看视频

location 对象存储了与当前文档位置（URL）相关的信息，使用 window.location 可以访问。

location 对象定义了 8 个属性，其中 7 个属性可以获取当前 URL 的各部分信息，另一个属性（href）包含了完整的 URL 信息，详细说明见表 7.3。为了便于更直观地理解，表 7.3 中各个属性将以下面 URL 示例信息为参考进行说明。

```
http://www.mysite.cn:80/news/index.asp?id=123&name= location#top
```

表 7.3　location 对象属性

属　　性	说　　明
href	声明了当前显示文档的完整 URL，与其他 location 属性只声明部分 URL 不同，将该属性设置为新的 URL 会使浏览器读取并显示新 URL 的内容
protocol	声明了 URL 的协议部分，包括后缀的冒号，如 http:
host	声明了当前 URL 中的主机名和端口部分，如 www.mysite.cn:80
hostname	声明了当前 URL 中的主机名，如 www.mysite.cn
port	声明了当前 URL 中的端口部分，如 80
pathname	声明了当前 URL 中的路径部分，如 news/index.asp
search	声明了当前 URL 中的查询部分，包括前导问号，如?id=123&name=location
hash	声明了当前 URL 中的锚部分，包括前导符（#），如#top，指定在文档中锚记的名称

使用 location 对象，结合字符串操作方法可以抽取 URL 中查询字符串的参数值。

【示例】定义一个获取 URL 查询字符串参数值的通用函数，该函数能够抽取每个参数和参数值，并以键值对的形式存储在对象中返回。

```
var queryString = function(){          //获取 URL 查询字符串参数值的通用函数
    var q = location.search.substring(1);  //获取查询字符串，如 id=123&name=
                                           //location
    var a = q.split("&");              //以&符号为界把查询字符串拆分为数组
    var o = {};                        //定义一个临时对象
    for(var i = 0; i <a.length; i++){  //遍历数组
        var n = a[i].indexOf("=");     //获取每个参数中的等号下标位置
        if(n == -1) continue;          //如果没有发现，则跳转到下一次循环继
                                       //续操作
        var v1 = a[i].substring(0, n);  //截取等号前的参数名称
        var v2 = a[i].substring(n+1);   //截取等号后的参数值
        o[v1] = unescape(v2);          //以键值对的形式存储在对象中
    }
    return o;                          //返回对象
}
```

然后调用该函数，即可获取 URL 中的查询字符串信息，并以对象形式读取它们的值。

```
var f1 = queryString();                //调用查询字符串函数
for(var i in f1){                      //遍历返回对象，获取每个参数及其值
    console.log(i + "=" + f1[i]);
}
```

如果当前页面的 URL 中没有查询字符串信息，用户可以在浏览器的地址栏中补充完整的查询字符串，如?id=123&name= location，再次刷新页面，即可显示查询的字符串信息。

提示

location 对象的属性都是可读可写的。例如，如果把一个含有 URL 的字符串赋给 location 对象或它的 href 属性，浏览器就会把新的 URL 所指的文档装载进来，并显示出来。

```
location = "http://www.mysite.cn/navi/";      //页面会自动跳转到对应的网页
location.href = "http://www.mysite.cn/";      //页面会自动跳转到对应的网页
```

如果改变 location.hash 属性值，则页面会跳转到新的锚点（<a name="anchor">或<element id="anchor">），但页面不会重载。

```
location.hash = "#top";
```

除了设置 location 对象的 href 属性外，还可以修改部分 URL 信息，用户只需给 location 对象的其他属性赋值即可。这时会创建一个新的 URL，浏览器会将它装载并显示出来。

如果需要 URL 其他信息，只能通过字符串处理方法截取。例如，如果要获取网页的名称，可以这样设计：

```
var p = location.pathname;
var n = p.substring(p.lastIndexOf("/")+1);
```

如果要获取文件扩展名，可以这样设计：

```
var c = p.substring(p.lastIndexOf(".")+1);
```

location 对象还定义了两个方法：reload()和 replace()。

（1）reload()：可以重新装载当前文档。

（2）replace()：可以装载一个新文档而无须为它创建一个新的历史记录。这样在浏览器中就不能够通过"返回"按钮返回当前文档。

对那些使用了框架并且显示多个临时页的网站来说，replace()方法比较有用。这样临时页面都不会被存储在历史列表中。

注意

window.location 与 document.location 不同，前者引用 location 对象，后者只是一个只读字符串，与 document.URL 同义。但是，当存在服务器重定向时，document.location 包含的是已经装载的 URL，而 location.href 包含的则是原始请求文档的 URL。

7.5　history 对象

扫一扫，看视频

history 对象存储了客户端浏览器的浏览历史，即最近访问的、有限条目的 URL 信息。通过 window.history 可以访问该对象。

1．HTML4

（1）在历史记录中后退。

```
window.history.back();
```

这行代码等效于在浏览器的工具栏中单击"返回"按钮。

（2）在历史记录中前进。

```
window.history.forward();
```

这行代码等效于在浏览器的工具栏中单击"前进"按钮。

（3）移动到指定的历史记录点。使用 go()方法从当前会话的历史记录中加载页面。当前页面位置的索引值为 0，上一页就是-1，下一页为 1，以此类推。

```
window.history.go(-1);                    //相当于调用 back()
window.history.go(1);                     //相当于调用 forward()
```

（4）length 属性。使用 length 属性可以了解历史记录中存储有多少页。

```
var num = window.history.length;
```

2．HTML5

HTML4 为了保护客户端浏览信息的安全性和隐私，禁止 JavaScript 脚本直接操作 history 访问信息。HTML5 新增 History API，该 API 允许用户通过 JavaScript 管理浏览器的历史记录，实现无刷新更改浏览器地址栏的链接地址，配合 Ajax 技术可以设计无刷新的页面跳转。

HTML5 新增 history.pushState()和 history.replaceState()方法，允许用户逐条添加和修改历史记录条目。

（1）pushState()方法。pushState()方法包含以下 3 个参数。

1）状态对象。与调用 pushState()方法创建的新历史记录条目相关联。无论何时用户导航到该条目状态，popstate 事件都会被触发，并且事件对象的 state 属性会包含这个状态对象的备份。

2）标题。标记当前条目。FireFox 浏览器可能忽略该参数，考虑到向后兼容性，传一个空字符串会比较安全。

3）可选参数，新的历史记录条目。浏览器不会在调用 pushState()方法后加载该条目，不指定的话则为当前文档的 URL。

（2）replaceState()方法。history.replaceState()与 history.pushState()用法相同，都包含 3 个相同的参数。不同之处在于：pushState()方法是在 history 中添加一个新的条目，replaceState()方法是替换当前的记录值。当执行 replaceState()方法时，history 的记录条数不变，而 pushState()方法会让 history 的记录条数加 1。

（3）popstate 事件。每当激活的历史记录发生变化时，都会触发 popstate 事件。如果被激活的历史记录条目是由 pushState()方法创建的，或者是被 replaceState()方法替换的，popstate 事件的状态属性将包含历史记录的状态对象的一个备份。

注意

当浏览会话历史记录时，不管是单击浏览器工具栏中的"前进"或者"后退"按钮，还是使用 JavaScript 的 history.go()和 history.back()方法，popstate 事件都会被触发。

【示例】假设在 http://mysite.com/foo.html 页中执行以下 JavaScript 代码：

```
var stateObj = {foo: "bar"};
history.pushState(stateObj, "page 2", "bar.html");
```

这时浏览器的地址栏将显示 http://mysite.com/bar.html，但不会加载 bar.html 页面，也不会检查 bar.html 是否存在。

　　如果现在导航到 http://mysite.com/ 页面，然后单击"后退"按钮，此时地址栏会显示 http://mysite.com/bar.html，并且会触发 popstate 事件，该事件中的状态对象会包含 stateObj 的一个备份。

　　如果再次单击"后退"按钮，URL 将返回 http://mysite.com/foo.html，文档将触发另一个 popstate 事件，这次的状态对象为 null，回退同样不会改变文档内容。

提示

使用下面的代码可以直接读取当前历史记录条目的状态，而无须等待 popstate 事件。

```
var currentState = history.state;
```

7.6　screen 对象

扫一扫，看视频

　　screen 对象存储了客户端屏幕信息，这些信息可以用来探测客户端的硬件配置。

　　利用 screen 对象提供的信息，可以优化程序设计，提升用户体验。例如，根据显示器屏幕大小选择使用图像的大小，根据显示器的颜色深度选择使用 16 色图像或 8 色图像，设计打开的新窗口时居中显示等。

　　【示例】下面的代码演示了如何让弹出的窗口居中显示。

```
function center(url){                            //窗口居中处理函数
    var w = screen.availWidth / 2;              //获取客户端屏幕的一半宽度
    var h = screen.availHeight/2;               //获取客户端屏幕的一半高度
    var t = (screen.availHeight - h)/2;         //计算居中显示时的顶部坐标
    var l = (screen.availWidth - w)/2;          //计算居中显示时的左侧坐标
    var p = "top=" + t + ",left=" + l + ",width=" + w + ",height=" +h;
                                                 //设计坐标参数字符串
    var win = window.open(url,"url",p);         //打开指定的窗口，并传递参数
    win.focus();                                 //获取窗口焦点
}
center("https://www.baidu.com/");               //调用该函数
```

注意

不同浏览器在解析 screen 对象的 width 和 height 属性时存在差异。

7.7　document 对象

　　document 对象代表当前文档，使用 window.document 可以访问。

7.7.1　访问文档对象

　　当浏览器加载文档后，会自动构建文档对象模型，把文档中每个元素都映射到一个数据

扫一扫，看视频

集合中，然后通过 document 进行访问。document 对象与它所包含的各种节点（如表单、图像和链接）构成了早期的文档对象模型（DOM 0 级），如图 7.3 所示。

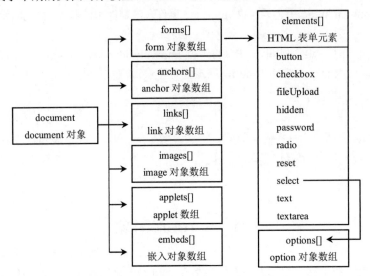

图 7.3　文档对象模型

【示例 1】使用 name 访问文档元素。

```html
<img name="img" src = "bg.gif" />
<form name="form" method="post" action="http://www.mysite.cn/navi/">
</form>
<script>
console.log(document.img.src);            //返回图像的地址
console.log(document.form.action);        //返回表单提交的路径
</script>
```

【示例 2】使用文档对象集合快速检索元素。

```html
<img src = "bg.gif" />
<form method="post" action="http://www.mysite.cn/navi/">
</form>
<script>
console.log(document.images[0].src);      //返回图像的地址
console.log(document.forms[0].action);    //返回表单提交的路径
</script>
```

【示例 3】如果设置了 name 属性，也可以使用关联数组引用对应的元素对象。

```html
<img name="img" src = "bg.gif" />
<form name="form" method="post" action="http://www.mysite.cn/navi/">
</form>
<script>
console.log(document.images["img"].src);     //返回图像的地址
console.log(document.forms["form"].action);   //返回表单提交的路径
</script>
```

7.7.2　动态生成文档内容

使用 document 对象的 write() 和 writeln() 方法可以动态生成文档内容。有以下两种方式。

（1）在浏览器解析时动态输出信息。

（2）在调用事件处理函数时使用 write()或 writeln()方法生成文档内容。

write()方法可以支持多个参数，当为它传递多个参数时，这些参数将被依次写入文档。

【示例 1】使用 write()方法生成文档内容。

```
document.write('Hello',',','World');
```

实际上，上面的代码与以下代码的用法是相同的：

```
document.write('Hello,World');
```

writeln()方法与 write()方法完全相同，只不过在输出参数之后附加一个换行符。由于 HTML 忽略换行符，所以很少使用 writeln()方法，不过在非 HTML 文档输出时使用它会比较方便。

【示例 2】下面的代码演示了 write()和 writeln()方法的混合使用。

```
function f(){
    document.writeln('<p>调用事件处理函数时动态生成的内容</p>');
}
document.write('<p onclick="f()">文档解析时动态生成的内容</p>');
```

在页面初始化后，文档中显示文本为"文档解析时动态生成的内容"，而一旦单击该文本后，write()方法的动态输出文本为"调用事件处理函数时动态生成的内容"，并覆盖原来文档中显示的内容。

7.8 案 例 实 战

扫一扫，看视频

本案例设计一个无刷新页面导航，在首页（index.html）包含一个导航列表，当用户单击不同的列表项目时，首页的内容容器（<div id="content">）会自动更新内容，正确显示对应目标页面的 HTML 内容，同时浏览器地址栏正确显示目标页面的 URL，但是首页并没有被刷新，而不是仅显示目标页面。演示效果如图 7.4 所示。

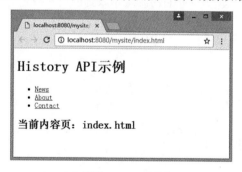
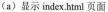

（a）显示 index.html 页面　　　　　　　　　（b）显示 news.html 页面

图 7.4　应用 History API 演示效果

在浏览器工具栏中单击"后退"按钮，浏览器能够正确显示上一次单击的链接地址，虽然页面并没有被刷新，同时地址栏中正确显示上一次浏览页面的 URL，如图 7.5 所示。如果没有 History API 支持，使用 Ajax 实现异步请求时，工具栏中的"后退"按钮是无效的。

但是，如果在工具栏中单击"刷新"按钮，则页面将根据地址栏的 URL 信息，重新刷新页面，将显示独立的目标页面，效果如图 7.6 所示。

图 7.5　正确后退和前进历史记录　　　　　图 7.6　重新刷新页面显示效果

此时，如果再单击工具栏中的"后退"和"前进"按钮，会发现导航功能失效，页面总是显示目标页面。这说明使用 History API 控制导航与浏览器导航功能存在差异，一个是 JavaScript 脚本控制，另一个是系统自动控制。

（1）设计首页。新建文档，保存为 index.html，构建 HTML 导航结构。

```html
<h1>History API 示例</h1>
<ul id="menu">
    <li><a href="news.html">News</a></li>
    <li><a href="about.html">About</a></li>
    <li><a href="contact.html">Contact</a></li>
</ul>
<div id="content">
    <h2>当前内容页：index.html</h2>
</div>
```

（2）本案例使用 jQuery 作为辅助操作，因此在文档的头部位置导入 jQuery 框架。

```html
<script src="jquery/jquery-1.11.0.js" type="text/javascript"></script>
```

（3）定义异步请求函数。该函数根据参数 url 的值异步加载目标地址的页面内容，并将其置入内容容器（<div id="content">）中，并根据第 2 个参数 addEntry 的值执行额外操作。如果第 2 个参数值为 true，则使用 history.pushState()方法把目标地址推入到浏览器历史记录堆栈中。

```javascript
function getContent(url, addEntry) {
    $.get(url)                                   //异步请求
    .done(function(data) {
        $('#content').html(data);                //动态加载目标页面
        if(addEntry == true) {
            history.pushState(null, null, url);  //把目标地址推入到浏览器
                                                 //历史记录堆栈中
        }
    });
}
```

（4）在页面初始化事件处理函数中，为每个导航链接绑定 click 事件，在 click 事件处理函数中调用 getContent()函数，同时阻止页面的刷新操作。

```javascript
$(function(){
    $('#menu a').on('click', function(e){
        e.preventDefault();                      //阻止页面的刷新操作
```

```
            var href = $(this).attr('href');
            getContent(href, true);                        //执行页面内容更新操作
            $('#menu a').removeClass('active');
            $(this).addClass('active');
      });
});
```

（5）注册 popstate 事件，跟踪浏览器历史记录的变化，如果发生变化，则调用 getContent()
函数更新页面内容，但是不再把目标地址添加到历史记录堆栈中。

```
window.addEventListener("popstate", function(e) {
    getContent(location.pathname, false);
});
```

（6）设计其他页面：about.html、contact.html、news.html，详细代码请参考本案例源
代码。

本 章 小 结

本章重点讲解了 BOM 相关的 6 个对象，包括 window、navigator、location、history、screen
和 document。其中 window 是客户端顶层对象，是访问其他对象的起点；document 是网页文
档操作的顶层对象，它们是浏览器开发的基础。另外，history API 提供的浏览器历史记录管
理也是很重要的知识点。

课 后 练 习

一、填空题

1. _____表示浏览器对象模型，提供了独立于内容而与浏览器窗口进行交互的对象，
其核心对象是_____。
2. 使用_____对象可以访问客户端的其他对象。
3. _____对象包含客户端有关浏览器的信息，_____对象包含客户端屏幕的信息，
_____对象包含当前网页文档的 URL 信息。
4. _____对象代表当前文档，使用_____可以访问。
5. _____对象存储了客户端浏览器的浏览历史信息。

二、判断题

1. window 对象是客户端的全局对象。一个 window 对象就是一个独立的窗口。（　　　）
2. 在框架页中，浏览器窗口中的顶层框架代表一个 window 对象。　　　　　（　　　）
3. 使用 window 对象的 open()方法，可以打开一个新窗口。　　　　　　　　（　　　）
4. HTML 只使用 frameset 和 frame 标签创建框架集页面。　　　　　　　　　（　　　）
5. 当浏览器加载文档后，会自动构建文档对象模型，并通过 document 进行访问。
　　　　　　　　　　　　　　　　　　　　　　　　　　　　　　　　　　（　　　）

三、选择题

1. 下面 4 种人机交互的方法中，（   ）不可以暂停程序执行。
   A. log()   B. alert()   C. confirm()   D. prompt()
2. （   ）标签不可以构建窗口对象。
   A. <frameset>   B. <frame>   C. <iframe>   D. <html>
3. （   ）属性可以确定窗口大小。
   A. screenLeft   B. screenX   C. innerWidth   D. resizeBy
4. 下面 location 对象的属性中，（   ）可以获取 URL 中查询字符串的信息。
   A. hash   B. search   C. port   D. host
5. 调用 window.history.forward()方法，将产生（   ）效果。
   A. 历史记录前进   B. 历史记录后退
   C. 历史记录更新   D. 历史记录恢复

四、简答题

1. 简单叙述一下检测浏览器类型的方法，并说明各自的优缺点。
2. 简单比较一下 BOM 与 DOM 的区别。

五、编程题

使用浮动框架设计在不刷新页面的情况下，通过远程函数调用实现异步通信。

拓 展 阅 读

扫描下方二维码，了解关于本章的更多知识。

第 8 章　DOM

【学习目标】

➜ 了解 DOM，熟悉节点相关的概念，知道节点的分类及其特征。

➜ 了解 JavaScript 操作文档的基本方法。

➜ 掌握元素的基本操作，能够使用 JavaScript 编辑网页结构。

➜ 熟练使用 JavaScript 操作网页文本，以及标签属性。

DOM（Document Object Model，文档对象模型）是 W3C 制定的一套技术规范，是用来描述 JavaScript 脚本如何与 HTML/XML 文档进行交互的 Web 标准。DOM 规定了一系列标准接口，允许开发人员通过标准方式访问文档结构、操作网页内容、控制样式和行为等。

8.1　认识 DOM

在 W3C 推出 DOM 标准之前，市场上已经流行了不同版本的 DOM 规范，主要包括 IE 和 Netscape 两个浏览器厂商各自制定的私有规范，这些规范定义了一套文档结构操作的基本方法。虽然这些规范存在差异，但是思路和用法基本相同，如文档结构对象、事件处理方式、脚本化样式等。习惯上，我们把这些规范称为 DOM 0 级，虽然这些规范没有实现标准化，但是得到了所有浏览器的支持，并被广泛应用。

1998 年，W3C 开始对 DOM 进行标准化，并先后推出了 3 个不同的版本，每个版本都是在上一个版本的基础上进行完善和扩展的。在某些情况下，不同版本之间可能会存在不兼容的规定。

1. DOM 1 级

1998 年 10 月，W3C 推出 DOM 1.0 版本规范，作为推荐标准进行正式发布，主要包括以下两个子规范。

（1）DOM Core（核心部分）：把 XML 文档设计为树形节点结构，并为这种结构的运行机制制定了一套规范化标准。同时定义了这些文档结构的基本属性和创建、编辑、操纵它们的方法。

（2）DOM HTML：针对 HTML 文档、标签集合，以及与个别 HTML 标签相关的元素定义了对象、属性和方法。

2. DOM 2 级

2000 年 11 月，W3C 正式发布了更新后的 DOM 核心部分，并在这次发布中添加了一些新规范，于是人们就把这次发布的 DOM 称为 2 级规范。

2003 年 1 月，W3C 又正式发布了对 DOM HTML 子规范的修订，添加了针对 HTML 4.01 和 XHTML 1.0 版本文档中的很多对象、属性和方法。W3C 把新修订的 DOM 规范统称为 DOM 2.0 推荐版本，该版本主要包括以下 6 个推荐子规范。

（1）DOM2 Core：继承于 DOM Core 子规范，系统规定了 DOM 文档结构模型，添加了更多的特性，如针对命名空间的方法等。

（2）DOM2 HTML：继承于 DOM HTML，系统规定了针对 HTML 的 DOM 文档结构模型，并添加了一些属性。

（3）DOM2 Events：规定了与鼠标相关的事件（包括目标、捕获、冒泡和取消）的控制机制，但不包含与键盘相关事件的处理部分。

（4）DOM2 Style（或 DOM2 CSS）：提供了访问和操纵所有与 CSS 相关的样式及规则的能力。

（5）DOM2 Traversal 和 DOM2 Range：DOM2 Traversal 规范允许开发人员通过迭代方式访问 DOM，DOM2 Range 规范允许对指定范围的内容进行操作。

（6）DOM2 Views：提供了访问和更新文档表现（视图）的能力。

3．DOM 3 级

2004 年 4 月，W3C 发布了 DOM 3.0 版本，该版本主要包括以下 3 个推荐子规范。

（1）DOM3 Core：继承于 DOM2 Core，并添加了更多的新方法和属性，同时修改了已有的一些方法。

（2）DOM3 Load and Save：提供将 XML 文档的内容加载到 DOM 文档中，以及将 DOM 文档序列化为 XML 文档的能力。

（3）DOM3 Validation：提供了确保动态生成的文档的有效性的能力，即如何符合文档类型声明。

提示

访问 http://www.w3.org/2003/02/06-dom-support.html 页面，会自动显示当前浏览器对 DOM 的支持状态。

8.2 节　　点

在网页中，所有对象和内容都被称为节点（node），如文档、元素、文本、注释等。节点是 DOM 最基本的单元，并派生出不同类型的子类，它们共同构成了文档的树形结构模型。

扫一扫，看视频

8.2.1　节点类型

根据 DOM 规范，整个文档是一个文档节点，每个标签是一个元素节点，元素包含的文本是文本节点，注释属于注释节点等。DOM 支持的节点类型见表 8.1。需要注意的是，在 DOM4 标准中，属性不再被视为节点。

表 8.1　DOM 支持的节点类型

节 点 类 型	说　　明	可包含的子节点类型
Document	整个文档，DOM 树的根节点	Element（最多 1 个）、ProcessingInstruction、Comment、DocumentType
DocumentFragment	文档片段，轻量级的 document 对象，仅包含部分文档	ProcessingInstruction、Comment、Text、CDATASection、EntityReference
DocumentType	为文档定义的实体提供接口	None

续表

节 点 类 型	说　明	可包含的子节点类型
ProcessingInstruction	处理指令	None
EntityReference	实体引用元素	ProcessingInstruction、Comment、Text、CDATASection、EntityReference
Element	元素	Text、Comment、ProcessingInstruction、CDATASection、EntityReference
Attr	属性	Text、EntityReference
Text	元素或属性中的文本内容	None
CDATASection	文档中的 CDATA 区段，其包含的文本不会被解析器解析	None
Comment	注释	None
Entity	实体	ProcessingInstruction、Comment、Text、CDATASection、EntityReference
Notation	在 DTD 中声明的符号	None

使用 nodeType 属性可以判断一个节点的类型，其返回值说明见表 8.2。

表 8.2　nodeType 属性返回值说明

节 点 类 型	nodeType 返回值	常　量　名
Element	1	ELEMENT_NODE
Attr	2	ATTRIBUTE_NODE
Text	3	TEXT_NODE
CDATASection	4	CDATA_SECTION_NODE
EntityReference	5	ENTITY_REFERENCE_NODE
Entity	6	ENTITY_NODE
ProcessingInstruction	7	PROCESSING_INSTRUCTION_NODE
Comment	8	COMMENT_NODE
Document	9	DOCUMENT_NODE
DocumentType	10	DOCUMENT_TYPE_NODE
DocumentFragment	11	DOCUMENT_FRAGMENT_NODE
Notation	12	NOTATION_NODE

【示例】下面的代码演示了如何借助节点的 nodeType 属性检索当前文档中所包含元素的个数。

```
<!doctype html>
<html><head><meta charset="utf-8"></head>
<body>
<h1>DOM</h1>
<p>DOM 是<cite>Document Object Model</cite>首字母简写，中文翻译为<b>文档对象模型
</b>，是<i>W3C</i>组织推荐的处理可扩展标识语言的标准编程接口。</p>
<ul>
    <li>D 表示文档，HTML 文档结构。</li>
    <li>O 表示对象，文档结构的 JavaScript 脚本化映射。</li>
    <li>M 表示模型，脚本与结构交互的方法和行为。</li>
</ul>
<script>
function count(n){                              //定义文档元素统计函数
```

```
        var num = 0;                              //初始化变量
        if(n.nodeType == 1)                       //检查是否为元素节点
        num ++ ;                                  //如果是，则计数器加 1
        var son = n.childNodes;                   //获取所有子节点
        for(var i = 0; i < son.length; i ++){     //循环统一每个子元素
            num += count (son[i]);                //递归操作
        }
        return num;                               //返回统计值
}
console.log("当前文档包含 " + count(document) + " 个元素");//计算元素的总个数
</script>
</body></html>
```

演示效果如图 8.1 所示。

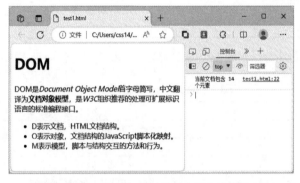

图 8.1　使用 nodeType 属性检索文档中元素的个数

在上面的 JavaScript 脚本中，定义一个计数函数，然后通过递归调用的方式逐层检索 document 下所包含的全部节点，在计数函数中再通过 n.nodeType == 1 过滤掉非元素节点，进而统计文档中包含的全部元素个数。

扫一扫，看视频

8.2.2　节点的名称和值

使用 nodeName 和 nodeValue 属性可以读取节点的名称和值。其返回值见表 8.3。

表 8.3　节点的 nodeName 和 nodeValue 属性的返回值

节 点 类 型	nodeName 返回值	nodeValue 返回值
Document	#document	null
DocumentFragment	#document-fragment	null
DocumentType	doctype 名称	null
EntityReference	实体引用名称	null
Element	元素的名称（或标签名称）	null
Attr	属性的名称	属性的值
ProcessingInstruction	target	节点的内容
Comment	#comment	注释的文本
Text	#text	节点的内容
CDATASection	#cdata-section	节点的内容
Entity	实体名称	null
Notation	符号名称	null

【示例】通过表 8.3 可以看出，不同类型的节点，其 nodeName 和 nodeValue 属性的返回值不同。元素的 nodeName 属性的返回值是标签名，而元素的 nodeValue 属性的返回值为 null。因此在读取属性值之前，应先检测类型。

```
var node = document.getElementsByTagName("body")[0];
if (node.nodeType==1)
    var value = node.nodeName;
console.log(value);
```

nodeName 属性在处理标签时比较实用，而 nodeValue 属性在处理文本信息时比较实用。

8.2.3　节点关系

扫一扫，看视频

DOM 把文档视为一棵树形结构，也称为节点树。节点之间的关系包括上下父子关系和相邻兄弟关系。简单描述如下：

（1）在节点树中，最顶端节点为根节点。

（2）除了根节点之外，每个节点都有一个父节点。

（3）节点可以包含任何数量的子节点。

（4）文本是没有子节点的节点。

（5）同级节点是拥有相同父节点的节点。

【示例】针对下面这个 HTML 文档结构：

```
<!doctype html>
<html><head>
<title>标准 DOM 示例</title>
<meta charset="utf-8">
</head>
    <body>
        <h1>标准 DOM</h1>
        <p>这是一份简单的<strong>文档对象模型</strong></p>
        <ul>
            <li>D 表示文档，DOM 的结构基础</li>
            <li>O 表示对象，DOM 的对象基础</li>
            <li>M 表示模型，DOM 的方法基础</li>
        </ul>
    </body>
</html>
```

在上面的 HTML 结构中，首先是 DOCTYPE 文档类型声明，然后是 html 元素，网页里所有元素都包含在这个元素里。从文档结构看，html 元素既没有父辈，也没有兄弟。如果用树来表示，这个 html 元素就是树根，代表整个文档。由 html 元素派生出 head 和 body 两个子元素，它们属于同一级别，并且互不包含，可以称为兄弟关系。head 和 body 元素拥有共同的父元素 html，同时它们又是其他元素的父元素，但包含的子元素不同。head 元素包含 title 元素，title 元素又包含文本节点"标准 DOM 示例"。body 元素包含 3 个子元素：h1、p 和 ul，它们是兄弟关系。如果继续访问，ul 元素也是一个父元素，它包含 3 个 li 子元素。整个文档如果使用树形结构表示，如图 8.2 所示。使用树形结构可以很直观地把文档结构中各个元素之间的关系表现出来。

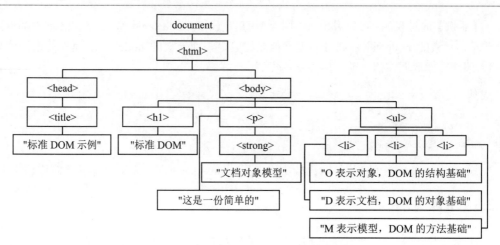

图 8.2　文档对象模型的树形结构

扫一扫，看视频

8.2.4　访问节点

DOM 为 Node 类型定义以下属性，以方便 JavaScript 访问节点。

（1）childNodes：返回当前节点的所有子节点的节点列表。

（2）parentNode：返回当前节点的父节点。所有的节点都仅有一个父节点。

（3）firstChild：返回当前节点的第 1 个子节点。

（4）lastChild：返回当前节点的最后一个子节点。

（5）nextSibling：返回当前节点之后相邻的同级节点。

（6）previousSibling：返回当前节点之前相邻的同级节点。

（7）ownerDocument：返回当前节点的根元素（document 对象）。

下面详细介绍这 7 个属性。

1．childNodes

childNodes 返回所有子节点的列表，它是一个随时可变的类数组。

【示例 1】下面示例演示了如何访问 childNodes 中的节点。

```
<ul>
    <li>D 表示文档，HTML 文档结构。</li>
    <li>O 表示对象，文档结构的 JavaScript 脚本化映射。</li>
    <li>M 表示模型，脚本与结构交互的方法和行为。</li>
</ul>
<script>
var tag = document.getElementsByTagName("ul")[0];        //获取列表元素
var a = tag.childNodes;                //获取列表元素包含的所有子节点
console.log(a[0].nodeType);            //第 1 个节点类型，返回值为 3，显示为文本节点
console.log(a.item(1).innerHTML);      //显示第 2 个节点包含的文本
console.log(a.length);                 //包含子节点个数，nodeList 长度
</script>
```

使用方括号语法，或者 item()方法，都可以访问 childNodes 包含的子元素。childNodes 的 length 属性可以动态返回子节点的个数，如果列表项目发生变化，length 属性值也会随之变化。

【**示例 2**】childNodes 是一个类数组，不能直接使用数组的方法，但是可以通过动态调用数组的方法，把它转换为数组。下面把 childNodes 转换为数组，然后调用数组的 reverse() 方法，颠倒数组中元素的顺序。

```
var tag = document.getElementsByTagName("ul")[0];      //获取列表元素
var a = Array.prototype.slice.call(tag.childNodes,0);  //把 childNodes 属性
                                                       //值转换为数组
a.reverse();                                //颠倒数组中元素的顺序
console.log(a[0].nodeType);                 //第 1 个节点类型，返回值为 3，显示为文本节点
console.log(a[1].innerHTML);                //显示第 2 个节点包含的文本
console.log(a.length);                      //包含子节点个数，childNodes 属性值长度
```

演示效果如图 8.3 所示。

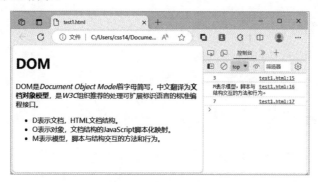

图 8.3　把 childNodes 属性值转换为数组

 提示

文本节点和属性节点都不包含任何子节点，所以它们的 childNodes 属性的返回值是一个空集合。使用 haschildNodes() 方法，或者使用 childNodes.length>0，可以判断一个节点是否包含子节点。

2．parentNode

parentNode 返回元素类型的父节点，因为只有元素才可能包含子节点。不过 document 节点没有父节点，document 节点的 parentNode 属性的返回值为 null。

3．firstChild 和 lastChild

firstChild 返回第 1 个子节点，lastChild 返回最后一个子节点。文本节点和属性节点的 firstChild 和 lastChild 属性的返回值为 null。

 注意

firstChild 属性的返回值等价于 childNodes 的第 1 个元素，lastChild 属性的返回值等价于 childNodes 的最后一个元素。如果 firstChild 属性的返回值为 null，则说明当前节点为空节点，不包含任何内容。

4．nextSibling 和 previousSibling

nextSibling 返回下一个相邻节点，previousSibling 返回上一个相邻节点。如果没有同属一个父节点的相邻节点，则返回 null。

5. ownerDocument

ownerDocument 表示根节点。node.ownerDocument 等价于 document.documentElement。

【示例 3】针对下面文档结构：

```
<!doctype html>
<html>
<head>
<meta charset="utf-8">
</head>
<body><span class="red">body</span>元素</body></html>
```

可以使用以下方法访问 body 元素。

```
var b = document.documentElement.lastChild;
var b = document.documentElement.firstChild.nextSibling.nextSibling;
```

通过以下方法可以访问 span 包含的文本。

```
var text = document.documentElement.lastChild.firstChild.firstChild.nodeValue;
```

8.2.5 操作节点

扫一扫，看视频

操作节点的基本方法见表 8.4。

表 8.4 操作节点的基本方法

方　　法	说　　明
appendChild()	向节点的子节点列表的结尾添加新的子节点
cloneNode()	复制节点
hasChildNodes()	判断当前节点是否拥有子节点
insertBefore()	在指定的子节点前插入新的子节点
normalize()	合并相邻的 Text 节点并删除空的 Text 节点
removeChild()	删除（并返回）当前节点的指定子节点
replaceChild()	用新节点替换一个子节点

提示

appendChild()、insertBefore()、removeChild()和 replaceChild() 4 个方法用于对子节点进行操作。使用这 4 个方法之前，可以使用 parentNode 属性先获取父节点。另外，并不是所有类型的节点都有子节点，如果在不支持子节点的节点上调用了这些方法，将会导致错误发生。

【示例】为列表框绑定一个 click 事件处理程序，通过深度复制，新的列表框没有添加 JavaScript 事件，仅复制了 HTML 类样式和 style 属性。

```
<h1>DOM</h1>
<p>DOM 是<cite>Document Object Model</cite>首字母简写，中文翻译为<b>文档对象模型</b>，是<i>W3C</i>组织推荐的处理可扩展标识语言的标准编程接口。</p>
<ul>
    <li class="red">D 表示文档，HTML 文档结构。</li>
    <li title="列表项目 2">O 表示对象，文档结构的 JavaScript 脚本化映射。</li>
    <li style="color:red;">M 表示模型，脚本与结构交互的方法和行为。</li>
</ul>
```

```
<script>
var ul = document.getElementsByTagName("ul")[0];          //获取列表元素
ul.onclick = function(){                                  //绑定事件处理程序
    this.style.border= "solid blue 1px";
}
var ul1 = ul.cloneNode(true);                             //深复制
document.body.appendChild(ul1);                           //添加到文档树中body元素下
</script>
```

演示效果如图 8.4 所示。

图 8.4　深复制

8.3　文　　档

文档节点是唯一的、只读的，代表整个文档。使用 document 可以访问，它是文档内其他节点的访问入口，提供了操作其他节点的方法。主要特征值如下：nodeType 等于 9、nodeName 等于"#document"、nodeValue 等于 null、parentNode 等于 null、ownerDocument 等于 null。

8.3.1　访问文档

在不同环境中，获取文档节点的方法不同，具体说明如下：
（1）在文档内部，节点使用 ownerDocument 访问。
（2）在脚本中，节点使用 document 访问。
（3）在框架页中，节点使用 contentDocument 访问。
（4）在异步通信中，节点使用 XMLHttpRequest 对象的 responseXML 访问。

扫一扫，看视频

8.3.2　访问子节点

文档子节点包括以下几种。
（1）doctype 文档类型：如<!doctype html>。
（2）html 元素：如<html>。
（3）处理指令：如<?xml-stylesheet type="text/xsl" href="xsl.xsl" ?>。
（4）注释：如<!--注释-->。
访问子节点的方法有以下几种。
（1）使用 document.documentElement 可以访问 html 元素。

扫一扫，看视频

（2）使用 document.doctype 可以访问 doctype。需要注意的是，部分浏览器不支持此方法。

（3）使用 document.childNodes 可以遍历子节点。

（4）使用 document.firstChild 可以访问第 1 个子节点，一般为 doctype。

（5）使用 document.lastChild 可以访问最后一个子节点，如 html 元素或者注释。

扫一扫，看视频

8.3.3　访问特殊元素

文档中存在很多特殊元素，使用下面的方法可以获取，获取不到则返回 null。

（1）使用 document.body 可以访问 body 元素。

（2）使用 document.head 可以访问 head 元素。

（3）使用 document.defaultView 可以访问默认视图，即所属的窗口对象 window。

（4）使用 document.scrollingElement 可以访问文档内滚动的元素。

（5）使用 document.activeElement 可以访问文档内获取焦点的元素。

（6）使用 document.fullscreenElement 可以访问文档内正在全屏显示的元素。

扫一扫，看视频

8.3.4　访问元素集合

document 包含一组集合对象，使用它们可以快速访问文档内的元素。

（1）document.anchors：返回所有设置 name 属性的<a>标签。

（2）document.links：返回所有设置 href 属性的<a>标签。

（3）document.forms：返回所有 form 对象。

（4）document.images：返回所有 image 对象。

（5）document.applets：返回所有 applet 对象。

（6）document.embeds：返回所有 embed 对象。

（7）document.plugins：返回所有 plugin 对象。

（8）document.scripts：返回所有 script 对象。

（9）document.styleSheets：返回所有样式表集合。

扫一扫，看视频

8.3.5　访问文档信息

document 包含很多信息，简单说明如下。

1．静态信息

（1）document.URL：返回当前文档的网址。

（2）document.domain：返回当前文档的域名，不包含协议和接口。

（3）document.location：访问 location 对象。

（4）document.lastModified：返回当前文档最后修改的时间。

（5）document.title：返回当前文档的标题。

（6）document.characterSet：返回当前文档的编码。

（7）document.referrer：返回当前文档的访问者来自哪里。

（8）document.dir：返回文字方向。

（9）document.compatMode：返回浏览器处理文档的模式，值包括 BackCompat（向后兼容模式）和 CSS1Compat（严格模式）。

2．状态信息

（1）document.hidden：当前页面是否可见。如果将窗口最小化或者切换页面，document.hidden 返回 true。

（2）document.visibilityState：返回文档的可见状态。取值包括 visible（可见）、hidden（不可见）、prerender（正在渲染）、unloaded（已卸载）。

（3）document.readyState：返回当前文档的状态。取值包括 loading（正在加载）、interactive（加载外部资源）、complete（加载完成）。

8.4　元　　素

在客户端开发中，大部分操作都是针对元素节点的。元素节点的主要特征值如下：nodeType 等于 1、nodeName 等于标签名称、nodeValue 等于 null。元素节点包含 5 个公共属性：id（标识符）、title（提示标签）、lang（语言编码）、dir（语言方向）、className（CSS 类样式），这些属性可读可写。

扫一扫，看视频

8.4.1　访问元素

1．getElementById()方法

使用 getElementById()方法可以准确获取文档中的指定元素。其用法如下：

```
document.getElementById("id 属性值")
```

如果文档中不存在指定元素，则返回值为 null。getElementById()方法只适用于 document对象。

【示例 1】在下面的代码中，使用 getElementById()方法获取<div id="box">对象，然后使用 nodeName、nodeType、parentNode 和 childNodes 属性查看该对象的节点名称、节点类型、父节点和第 1 个子节点的名称。

```
<div id="box">盒子</div>
<script>
var box = document.getElementById("box");           //获取指定盒子的引用
var info = "nodeName: " + box.nodeName;             //获取该节点的名称
info += "\rnodeType: " + box.nodeType;              //获取该节点的类型
info += "\rparentNode: " + box.parentNode.nodeName;  //获取该节点的父节点的名称
info += "\rchildNodes: " + box.childNodes[0].nodeName;//获取第 1 个子节点的名称
console.log(info);                                  //显示提示信息
</script>
```

2．getElementByTagName()方法

使用 getElementByTagName()方法可以获取指定标签名称的所有元素。其用法如下：

```
document.getElementByTagName("标签名")
```

该方法的返回值为一个节点集合，使用 length 属性可以获取集合中包含元素的个数，利用下标可以访问其中的某个元素对象。

【示例 2】下面的代码使用 for 循环获取每个 p 元素，并设置 p 元素的 class 属性为 red。

```
var p = document.getElementsByTagName("p");          //获取 p 元素的所有引用
for(var i=0;i<p.length;i++){                          //遍历 p 数据集合
    p[i].setAttribute("class","red");                //为每个 p 元素定义 red 类样式
}
```

还可以使用下面的代码获取页面中的所有元素，其中参数"*"表示所有元素。

```
var allElements = document.getElementsByTagName("*");
```

 提示

使用 parentNode、nextSibling、previousSibling、firstChild 和 lastChild 属性可以遍历文档树中任意类型的节点，包括空字符（文本节点）。HTML5 新添加了 5 个专门用来访问元素节点的属性。

（1）childElementCount：返回子元素的个数，不包括文本节点和注释。

（2）firstElementChild：返回第 1 个子元素。

（3）lastElementChild：返回最后一个子元素。

（4）previousElementSibling：返回前一个相邻兄弟元素。

（5）nextElementSibling：返回后一个相邻兄弟元素。

扫一扫，看视频

8.4.2 创建元素

使用 document 对象的 createElement()方法能够根据参数指定的标签名称创建一个新的元素，并返回新建元素的引用。其用法如下。

```
document.createElement("标签名");
```

【示例 1】下面的代码在当前文档中创建了一个段落标记 p，并存储到变量 p 中。由于该变量表示一个元素节点，所以它的 nodeType 属性值等于 1，而 nodeName 属性值等于 p。

```
var p = document.createElement("p");        //创建段落元素
var info = "nodeName: " + p.nodeName;        //获取元素名称
info += ", nodeType: " + p.nodeType;         //获取元素类型，如果为 1，则表示元素节点
console.log(info);
```

使用 createElement()方法创建的新元素不会被自动添加到文档里。如果要把这个元素添加到文档里，还需要使用 appendChild()、insertBefore()或 replaceChild()方法来实现。

【示例 2】下面的代码演示了如何把新创建的 p 元素添加到 body 元素下。当元素被添加到文档树中，就会立即显示出来。

```
var p = document.createElement("p");        //创建段落元素
document.body.appendChild(p);                //添加段落元素到 body 元素下
```

扫一扫，看视频

8.4.3 插入元素

在文档中插入元素（或称节点）主要有两种方法。

1. appendChild()方法

使用 appendChild()方法可以向当前节点的子节点列表的末尾添加新的子节点。其用法如下：

```
父节点.appendChild(子节点)
```

该方法返回新增的节点。

【**示例1**】下面的代码演示了如何把段落文本增加到文档指定的 div 元素中，使其成为当前节点的最后一个子节点。

```
<div id="box"></div>
<script>
var p = document.createElement("p");              //创建段落节点
var txt = document.createTextNode("盒模型");        //创建文本节点，文本内容为"盒模型"
p.appendChild(txt);                                //把文本节点增加到段落节点中
document.getElementById("box").appendChild(p);     //获取box元素，把段落节点增加进来
</script>
```

如果文档树中已经存在参数节点，则将其从文档树中删除，然后重新插入新的位置。如果添加的是 DocumentFragment 节点，则不会直接插入，而是把它的子节点插入到当前节点的末尾。

提示

将元素添加到文档树中，浏览器就会立即呈现该元素。此后，对这个元素所进行的任何修改都会实时反映在浏览器中。

【**示例2**】在下面的代码中，新建两个盒子和一个按钮，使用 CSS 设计两个盒子显示为不同的效果。然后为按钮绑定事件处理程序，设计当单击按钮时执行插入操作。

```
<div id="red">
    <h1>红盒子</h1>
</div>
<div id="blue">蓝盒子</div>
<button id="ok">移动</button>
<script>
var ok = document.getElementById("ok");            //获取按钮元素的引用
ok.onclick = function(){                           //为按钮注册一个鼠标单击事件处理函数
    var red = document.getElementById("red");      //获取红盒子的引用
    var blue = document.getElementById("blue");    //获取蓝盒子的引用
    blue.appendChild(red);                         //最后移动红盒子到蓝盒子中
}
</script>
```

上面的代码使用 appendChild()方法把红盒子移动到蓝盒子中间。在移动指定节点时，会同时移动指定节点包含的所有子节点，演示效果如图 8.5 所示。

（a）移动红盒子前

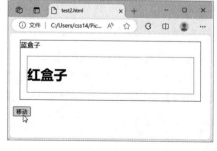
（b）移动红盒子后

图 8.5　使用 appendChild()方法移动节点

2. insertBefore()方法

使用 insertBefore()方法可以在已有的子节点前插入一个新的子节点。其用法如下：

```
父节点.insertBefore(新增子节点, 参考子节点)
```

参考子节点表示插入新节点后的节点，用于指定插入节点的后面相邻位置。插入成功后，该方法将返回新插入的子节点。

【示例 3】针对示例 2，如果把蓝盒子移动到红盒子所包含的标题元素的前面，使用 appendChild()方法是无法实现的，此时不妨使用 insertBefore()方法来实现。

```
var ok = document.getElementById("ok");                //获取按钮元素的引用
ok.onclick = function(){              //为按钮注册一个鼠标单击事件处理函数
    var red = document.getElementById("red");          //获取红盒子的引用
    var blue = document.getElementById("blue");        //获取蓝盒子的引用
    var h1 = document.getElementsByTagName("h1")[0];   //获取标题元素的引用
    red.insertBefore(blue, h1);        //把蓝盒子移动到红盒子内，并且位于标题元素前面
}
```

当单击"移动"按钮之后，蓝盒子被移动到红盒子内部，并且位于标题元素前面，效果如图 8.6 所示。

（a）移动蓝盒子前 　　　　　　　　　　　　（b）移动蓝盒子后

图 8.6　使用 insertBefore()方法移动节点

> **提示**
>
> insertBefore()方法与 appendChild()方法一样，可以把指定元素及其所包含的所有子节点都一起插入到指定位置中，同时会先删除移动的节点，然后再重新插入到新的位置。

扫一扫，看视频

8.4.4　删除元素

removeChild()方法可以从子节点列表中删除某个节点。其用法如下：

```
父节点.removeChild(子节点)
```

如果删除成功，则返回被删除节点；如果失败，则返回 null。当使用 removeChild()方法删除节点时，该节点所包含的所有子节点将同时被删除。

【示例 1】下面的代码演示了在单击按钮时删除红盒子中的一级标题。

```
<div id="red">
    <h1>红盒子</h1>
</div>
<div id="blue">蓝盒子</div>
<button id="ok">移动</button>
```

```
<script>
var ok = document.getElementById("ok");        //获取按钮元素的引用
ok.onclick = function(){                        //为按钮注册一个鼠标单击事件处理函数
    var red = document.getElementById("red");           //获取红盒子的引用
    var h1 = document.getElementsByTagName("h1")[0]; //获取标题元素的引用
    red.removeChild(h1);                                //移除红盒子包含的标题元素
}
</script>
```

【示例 2】如果想删除蓝盒子，但是又无法确定它的父节点，此时可以使用 parentNode 属性来快速获取父节点的引用，并借助这个引用来实现删除操作。

```
var ok = document.getElementById("ok");        //获取按钮元素的引用
ok.onclick = function(){                        //为按钮注册一个鼠标单击事件处理函数
    var blue = document.getElementById("blue");     //获取蓝盒子的引用
        var parent = blue.parentNode;               //获取蓝盒子父节点的引用
    parent.removeChild(blue);                       //移除蓝盒子
}
```

如果希望把删除的节点插入到文档的其他位置，可以使用 removeChild()方法，也可以使用 appendChild()和 insertBefore()方法来实现。

8.5 文　本

文本节点表示元素和属性的文本内容，包含纯文本内容和转义字符，但不包含 HTML 源代码。文本节点不包含子节点。主要特征值如下：nodeType 等于 3、nodeName 等于"#text"、nodeValue 等于包含的文本。

8.5.1　创建文本

使用 document 对象的 createTextNode()方法可以创建文本节点。其用法如下：

```
document.createTextNode("文本内容")
```

【示例】创建一个新 div 元素，并设置其 className 值为 red，然后添加到文档中。

```
var element = document.createElement("div");
element.className = "red";
document.body.appendChild(element);
```

 注意

　　由于 DOM 操作等原因，可能会出现文本节点不包含文本，或者接连出现两个文本节点的情况。为了避免这种情况，一般应在父节点上调用 normalize()方法，删除空文本节点，合并相邻文本节点。

8.5.2　访问文本

使用 nodeValue 或 data 属性可以访问文本节点包含的文本。使用 length 属性可以获取包含文本的长度，利用该属性可以遍历文本节点中的每个字符。

【示例】设计一个读取元素包含文本的通用方法。

```
function text(e){//参数 e 表示指定元素，返回包含的所有文本，包括子节点中包含的文本
    var s = "";
    var e = e.childNodes || e;                //判断元素是否包含子节点
    for(var i = 0; i < e.length; i++){        //遍历所有子节点
        s += e[i].nodeType != 1 ? e[i].nodeValue : text(e[i].childNodes);
                                              //通过递归遍历所有元素的子节点
    }
    return s;
}
```

在上面的代码中，通过递归函数检索指定元素的所有子节点，然后判断每个子节点的类型，如果不是元素，则读取该节点的值，否则再递归遍历该元素包含的所有子节点。

下面使用示例中定义的通用方法读取 div 元素包含的所有文本信息。

```
<div id="div1">
    <span class="red">div</span>元素
</div>
<script>
var div = document.getElementById("div1");
var s = text(div);                           //调用读取元素的文本通用方法
console.log(s);                              //返回字符串"div 元素"
</script>
```

这个通用方法不仅可以在 HTML DOM 中使用，也可以在 XML DOM 文档中工作，并兼容不同的浏览器。

8.5.3 操作文本

便用下列方法可以操作文本节点中的文本。

（1）appendData(string)：将字符串 string 追加到文本节点的尾部。

（2）deleteData(start,length)：从 start 下标位置开始删除 length 个字符。

（3）insertData(start,string)：在 start 下标位置插入字符串 string。

（4）replaceData(start,length,string)：用字符串 string 替换从 start 下标位置开始的 length 个字符。

（5）splitText(offset)：在 offset 下标位置把一个 Text 节点分割成两个节点。

（6）substringData(start,length)：从 start 下标位置开始提取 length 个字符。

📢 **注意**

在默认情况下，每个可以包含内容的元素最多只能有一个文本节点，而且必须确实有内容存在。在开始标签与结束标签之间只要存在空隙，就会创建文本节点。

```
<!-- 下面的 div 不包含文本节点 -->
<div></div>
<!--下面的 div 包含文本节点，值为空格-->
<div> </div>
<!--下面的 div 包含文本节点，值为换行符-->
<div>
</div>
<!--下面的 div 包含文本节点，值为 Hello World!-->
<div>Hello World!</div>
```

8.5.4 读取 HTML 字符串

使用元素的 innerHTML 属性可以返回调用元素包含的所有子节点对应的 HTML 标记字符串。最初它是 IE 的私有属性，HTML5 规范了 innerHTML 的使用方法，并得到所有浏览器的支持。

【示例】使用 innerHTML 属性读取 div 元素包含的 HTML 字符串。

```
<div id="div1">
    <style type="text/css">p {color:red;}</style>
    <p><span>div</span>元素</p>
</div>
<script>
var div = document.getElementById("div1");
var s = div.innerHTML;
console.log(s);
</script>
```

8.5.5 插入 HTML 字符串

使用 innerHTML 属性可以根据传入的 HTML 字符串，创建新的 DOM 片段，然后利用这个 DOM 片段完全替换调用元素原有的所有子节点。设置 innerHTML 属性值之后，可以像访问文档中的其他节点一样访问新创建的节点。

【示例】创建一个 1000 行的表格。先构造一个 HTML 字符串，然后更新 DOM 的 innerHTML 属性。

```
<script>
function tableInnerHTML() {
    var i, h = ['<table border="1" width="100%">'];
    h.push('<thead>');
    h.push('<tr><th>id<\/th><th>yes?<\/th><th>name<\/th><th>url<\/th><th>
action<\/th><\/tr>');
    h.push('<\/thead>');
    h.push('<tbody>');
    for(i = 1; i <= 1000; i++) {
        h.push('<tr><td>');
        h.push(i);
        h.push('<\/td><td>');
        h.push('And the answer is... ' + (i % 2 ? 'yes' : 'no'));
        h.push('<\/td><td>');
        h.push('my name is #' + i);
        h.push('<\/td><td>');
        h.push('<a href="http://example.org/' + i + '.html">
http://example.org/' + i + '.html<\/a>');
        h.push('<\/td><td>');
        h.push('<ul>');
        h.push(' <li><a href="edit.php?id=' + i + '">edit<\/a><\/li>');
        h.push(' <li><a href="delete.php?id="' + i + '-id001"> delete<\/a>
<\/li>');
```

```
        h.push('<\/ul>');
        h.push('<\/td>');
        h.push('<\/tr>');
    }
    h.push('<\/tbody>');
    h.push('<\/table>');
    document.getElementById('here').innerHTML = h.join('');
};
</script>
<div id="here"></div>
<script>
tableInnerHTML();
</script>
```

如果通过 DOM 的 document.createElement()和 document.createTextNode()方法创建同样的表格，代码会非常冗长。在一个性能苛刻的操作中更新一大块 HTML 页面，innerHTML 在大多数浏览器中会执行得更快。

 注意

> 使用 innerHTML 属性也有一些限制。例如，在大多数浏览器中，通过 innerHTML 插入<script>标记后，并不会执行其中的脚本。

8.5.6 替换 HTML 字符串

outerHTML 也是 IE 的私有属性，后来被 HTML5 规范，与 innerHTML 的功能相同，但是它会包含元素自身。

【示例】下面的代码演示了 outerHTML 与 innerHTML 属性的不同效果。分别为列表结构中不同列表项定义一个单击事件，在事件处理函数中分别使用 outerHTML 和 innerHTML 属性改变原列表项的 HTML 标记，会发现 outerHTML 是使用<h2>替换<li>，而 innerHTML 是将<h2>插入到<li>中。

```
<h1>单击回答问题</h1>
<ul>
    <li>你叫什么？</li>
    <li>你喜欢 JS 吗？</li>
</ul>
<script>
var ul = document.getElementsByTagName("ul")[0];    //获取列表结构
var lis = ul.getElementsByTagName("li");            //获取列表结构的所有列表项
lis[0].onclick = function(){                         //为第 2 个列表项绑定事件处理
                                                    //函数

    this.innerHTML = "<h2>我是一名初学者</h2>";       //替换 HTML 文本
}
lis[1].onclick = function(){                         //为第 4 个列表项绑定事件处理
                                                    //函数

    this.outerHTML = "<h2>当然喜欢</h2>";            //覆盖列表项标签及其包含内容
}
</script>
```

演示效果如图 8.7 所示。

（a）单击前的效果　　　　　　　　　　　　（b）单击后的效果

图 8.7　比较 outerHTML 和 innerHTML 属性的不同效果

注意

在使用 innerHTML、outerHTML 时，应删除被替换元素的所有事件处理程序和 JavaScript 对象属性。

8.6　属　　性

属性节点的主要特征值如下：nodeType 等于 2、nodeName 等于属性的名称、nodeValue 等于属性的值、parentNode 等于 null，在 HTML 中不包含子节点。属性节点包含以下 3 个专用属性。

（1）name：属性名称，等效于 nodeName。

（2）value：属性值，可读可写，等效于 nodeValue。

（3）specified：如果属性值是在代码中设置的，则返回 true；如果为默认值，则返回 false。

8.6.1　创建属性

使用 document 对象的 createAttribute()方法可以创建属性节点，具体用法如下：

```
document.createAttribute("属性名")
```

【示例 1】创建一个属性节点，名称为 align，值为 center，然后为标签<div id="box">设置属性 align，最后分别使用以下 3 种方法读取属性 align 的值。

```
<div id="box">document.createAttribute(name)</div>
<script>
var element = document.getElementById("box");
var attr = document.createAttribute("align");
attr.value = "center";
element.setAttributeNode(attr);
console.log(element.attributes["align"].value);        //center
console.log(element.getAttributeNode("align").value);  //center
console.log(element.getAttribute("align"));            //center
</script>
```

在传统 DOM 中，常用点号语法通过元素直接访问 HTML 属性，如 img.src、a.href 等，这种方式虽然不标准，但是获得了所有浏览器的支持。

【示例2】img 元素拥有 src 属性，所有图像对象都拥有一个 src 脚本属性，它与 HTML 的 src 特性关联在一起。下面两种用法都可以很好地工作在不同的浏览器中。

```
<img id="img1" src="" />
<script>
var img = document.getElementById("img1");
img.setAttribute("src","http://www.w3.org/");          //HTML 属性
img.src = "http://www.w3.org/";                        //JavaScript 属性
</script>
```

类似的还有 onclick、style 和 href 等。为了保证 JavaScript 脚本在不同的浏览器中都能很好地工作，建议采用标准用法。很多 HTML 属性并没有被 JavaScript 映射，所以也就无法直接通过脚本属性进行读写。

8.6.2　读取属性

使用元素的 getAttribute()方法可以读取指定属性的值，具体用法如下：

```
元素.getAttribute("属性名")
```

使用元素的 attributes 属性、getAttributeNode()方法可以返回对应的属性节点。

【示例1】访问红盒子和蓝盒子，然后读取这些元素所包含的 id 属性值。

```
<div id="red">红盒子</div>
<div id="blue">蓝盒子</div>
<script>
var red = document.getElementById("red");              //获取红盒子
console.log(red.getAttribute("id"));                   //显示红盒子的 id 属性值
var blue = document.getElementById("blue");            //获取蓝盒子
console.log(blue.getAttribute("id"));                  //显示蓝盒子的 id 属性值
</script>
```

【示例2】HTML DOM 也支持使用点号语法读取属性值，使用方法比较简单，也获得了所有浏览器的支持。

```
var red = document.getElementById("red");
console.log(red.id);
var blue = document.getElementById("blue");
console.log(blue.id);
```

注意

对于 class 属性，必须使用 className 属性名，因为 class 是 JavaScript 语言的保留字；对于 for 属性，则必须使用 htmlFor 属性名，这与 CSS 脚本中 float 和 text 属性被改名为 cssFloat 和 cssText 是一个道理。

【示例3】使用 className 读写样式类。

```
<label id="label1" class="class1" for="textfield">文本框：
    <input type="text" name="textfield" id="textfield" />
</label>
<script>
```

```
var label = document.getElementById("label1");
console.log(label.className);
console.log(label.htmlFor);
</script>
```

【示例 4】对于复合类样式，需要使用 split()方法劈开返回的字符串，然后遍历读取类样式。

```
<div id="red" class="red blue">红盒子</div>
<script>
//所有类名生成的数组
var classNameArray = document.getElementById("red").className.split(" ");
for(var i in classNameArray){                      //遍历数组
    console.log(classNameArray[i]);                //当前 class 名
}
</script>
```

8.6.3　设置属性

扫一扫，看视频

使用元素的 setAttribute()方法可以设置元素的属性值，具体用法如下：

```
元素.setAttribute("属性名", "属性值")
```

属性名和属性值必须以字符串的形式进行传递。如果元素中存在指定的属性，它的值将被刷新；如果不存在，则 setAttribute()方法将为元素创建该属性并赋值。

【示例 1】分别为页面中的 div 元素设置 title 属性。

```
<div id="red">红盒子</div>
<div id="blue">蓝盒子</div>
<script>
var red = document.getElementById("red");      //获取红盒子的引用
var blue = document.getElementById("blue");    //获取蓝盒子的引用
red.setAttribute("title", "这是红盒子");          //为红盒子对象设置 title 属性和值
blue.setAttribute("title", "这是蓝盒子");          //为蓝盒子对象设置 title 属性和值
</script>
```

【示例 2】定义一个文本节点和元素节点，并为一级标题元素设置 title 属性，最后把它们添加到文档结构中。

```
var hello = document.createTextNode("Hello World! "); //创建一个文本节点
var h1 = document.createElement("h1");               //创建一个一级标题
h1.setAttribute("title", "你好，欢迎光临! ");             //为一级标题定义 title 属性
h1.appendChild(hello);                               //把文本节点添加到一级标题中
document.body.appendChild(h1);                       //把一级标题添加到文档结构中
```

【示例 3】通过快捷方法设置 HTML DOM 文档中元素的属性值。

```
<label id="label1">文本框:
    <input type="text" name="textfield" id="textfield" />
</label>
<script>
var label = document.getElementById("label1");
label.className="class1";
label.htmlFor="textfield";
</script>
```

8.6.4 删除属性

使用元素的 removeAttribute()方法可以删除指定的属性，具体用法如下：

```
元素.removeAttribute("属性名")
```

【示例】下面的代码演示了如何动态设置表格的边框。

```
<script>
window.onload = function() {                    //绑定页面加载完毕时的事件处理函数
    var table = document.getElementsByTagName("table")[0];
                                                //获取表格外框的引用
    var del = document.getElementById("del");       //获取"删除"按钮的引用
    var reset = document.getElementById("reset");   //获取"恢复"按钮的引用
    del.onclick = function(){                    //为"删除"按钮绑定事件处理函数
        table.removeAttribute("border");         //移除边框属性
    }
    reset.onclick = function(){                  //为"恢复"按钮绑定事件处理函数
        table.setAttribute("border", "2");       //设置表格的边框属性
    }
}
</script>
<table width="100%" border="2">
    <tr> <td>数据表格</td> </tr>
</table>
<button id="del">删除</button><button id="reset">恢复</button>
```

在上面的代码中，设计了两个按钮，并分别绑定不同的事件处理函数。单击"删除"按钮即可调用表格的 removeAttribute()方法清除表格边框，单击"恢复"按钮即可调用表格的 setAttribute()方法重新设置表格边框的粗细。

8.6.5 使用类选择器

HTML5 为 document 对象和 HTML 元素新增了 getElementsByClassName()方法，使用该方法可以选择指定类名的元素。getElementsByClassName()方法可以接收一个字符串参数，包含一个或多个类名，类名通过空格分隔，不分先后顺序，该方法返回带有指定类的所有元素的 NodeList。

【示例 1】使用 document.getElementsByClassName("red")方法选择文档中所有包含 red 类的元素。

```
<div class="red">红盒子</div>
<div class="blue red">蓝盒子</div>
<div class="green red">绿盒子</div>
<script>
var divs = document.getElementsByClassName("red");
for(var i=0; i<divs.length;i++){
    console.log(divs[i].innerHTML);
}
</script>
```

【示例 2】使用 document.getElementById("box")方法先获取<div id="box">，然后在它下

面使用 getElementsByClassName("blue red")选择同时包含 red 和 blue 类的元素。

```
<div id="box">
    <div class="blue red green">blue red green</div>
</div>
<div class="blue red black">blue red  black</div>
<script>
var divs = document.getElementById("box").getElementsByClassName("blue red");
for(var i=0; i<divs.length;i++){
    console.log(divs[i].innerHTML);
}
</script>
```

在 document 对象上调用 getElementsByClassName()会返回与类名匹配的所有元素，在元素上调用该方法就只会返回后代元素中匹配的元素。

扫一扫，看视频

8.7 CSS 选择器

Selectors API 是由 W3C 发布的一个为浏览器实现原生 CSS 选择器的标准。

Selectors API 第 1 个版本的核心是两个方法：querySelector()和 querySelectorAll()。querySelector()和 querySelectorAll()方法的参数必须是符合 CSS 选择符语法规则的字符串，其中 querySelector()方法返回一个匹配元素，querySelectorAll()方法返回一个匹配集合。

Selector API 第 2 个版本为元素增加了 matchesSelector()方法，该方法接收一个 CSS 选择符参数，如果调用的元素与该选择符匹配，则返回 true，否则返回 false。

【示例1】新建网页文档，输入以下 HTML 结构代码。

```
<div class="content">
    <ul>
        <li>首页</li>
        <li class="red">财经</li>
        <li class="blue">娱乐</li>
        <li class="red">时尚</li>
        <li class="blue">互联网</li>
    </ul>
</div>
```

如果要获得第 1 个 li 元素，可以使用以下方法：

```
document.querySelector(".content ul li");
```

如果要获得所有 li 元素，可以使用以下方法：

```
document.querySelectorAll(".content ul li");
```

如果要获得所有 class 为 red 的 li 元素，可以使用以下方法：

```
document.querySelectorAll("li.red");
```

CSS 选择器是一个便捷的确定元素的方法，这是因为大家已经对 CSS 很熟悉了。当需要联合查询时，使用 querySelectorAll()方法更加便利。

【示例2】在网页文档中，一些 li 元素的 class 名称是 red，另一些 class 名称是 blue，可以用 querySelectorAll()方法一次性获得这两类节点。

```
var lis = document.querySelectorAll("li.red, li.blue");
```

如果在不使用 querySelectorAll() 方法的前提下获得同样列表，则需要选择所有的 li 元素，然后通过迭代操作过滤出那些不需要的列表项目。

```
var result = [], lis1 = document.getElementsByTagName('li'), classname = '';
for(var i = 0, len = lis1.length; i < len; i++) {
    classname = lis1[i].className;
    if(classname === 'red' || classname === 'blue') {
        result.push(lis1[i]);
    }
}
```

比较上面两种不同的用法，使用 querySelectorAll() 方法比使用 getElementsByTagName() 方法的性能要强很多。因此，如果浏览器支持 document.querySelectorAll() 方法，那么最好使用它。

8.8　案 例 实 战

扫一扫，看视频

8.8.1　设计动态表格

表格是 HTML 中最复杂的结构之一。要想创建表格，一般都必须涉及表示表格行、单元格、表头等方面的标签。由于涉及的标签多，因此使用核心 DOM 方法创建和修改表格往往都需要编写大量的代码。为了方便构建表格，HTML DOM 为 <table>、<tbody> 和 <tr> 元素添加了一些属性和方法。具体说明如下。

（1）为 <table> 元素添加的属性和方法如下。

1）caption：保存着对 <caption> 元素（如果有）的指针。

2）tBodies：一个 <tbody> 元素的 HTMLCollection。

3）tFoot：保存着对 <tfoot> 元素（如果有）的指针。

4）tHead：保存着对 <thead> 元素（如果有）的指针。

5）rows：一个表格中所有行的 HTMLCollection。

6）createTHead()：创建 <thead> 元素，将其放到表格中，返回引用。

7）createTFoot()：创建 <tfoot> 元素，将其放到表格中，返回引用。

8）createCaption()：创建 <caption> 元素，将其放到表格中，返回引用。

9）deleteTHead()：删除 <thead> 元素。

10）deleteTFoot()：删除 <tfoot> 元素。

11）deleteCaption()：删除 <caption> 元素。

12）deleteRow(pos)：删除指定位置的行。

13）insertRow(pos)：向 rows 集合中的指定位置插入一行。

（2）为 <tbody> 元素添加的属性和方法如下。

1）rows：保存着 <tbody> 元素中行的 HTMLCollection。

2）deleteRow(pos)：删除指定位置的行。

3）insertRow(pos)：向 rows 集合中的指定位置插入一行，返回对新插入行的引用。

（3）为 <tr> 元素添加的属性和方法如下。

1）cells：保存着<tr>元素中单元格的 HTMLCollection。

2）deleteCell(pos)：删除指定位置的单元格。

3）insertCell(pos)：向 cells 集合中的指定位置插入一个单元格，返回对新插入单元格的引用。

使用这些属性和方法，可以极大地减少创建表格所需的代码数量。下面创建一个两行两列的表格，对比这两种方法的便捷程度。

【案例 1】使用原始方法创建表格。

```
table = document.createElement("table");          //创建一个<table>
tablebody = document.createElement("tbody");       //创建一个<tbody>
for(var j = 0; j < 2; j++) {                       //创建所有的单元格
current_row = document.createElement("tr");        //创建一个<tr>元素
for(var i = 0; i < 2; i++) {
    current_cell = document.createElement("td");//创建一个<td>元素
    currenttext = document.createTextNode("第"+j+"行，第"+i+"列");
                                                   //创建一个文本节点
    current_cell.appendChild(currenttext);         //将创建的文本节点添加到<td>里
    current_row.appendChild(current_cell);         //将列<td>添加到行<tr>
}
tablebody.appendChild(current_row);                //将行<tr>添加到<tbody>
}
table.appendChild(tablebody);                      //将<tbody>添加到<table>
document.body.appendChild(table);                  //将<table>添加到<body>
table.setAttribute("border", "1");                 //将表格的 border 属性设置为1
table.setAttribute("width", "100%");
```

【案例 2】使用表格专用属性和方法创建表格。

```
var table = document.createElement('table');       //创建 table
table.border=1;
table.width ='100%';
var tbody = document.createElement('tbody');        //创建 tbody
table.appendChild(tbody);
tbody.insertRow(0);                                 //创建第 1 行
tbody.rows[0].insertCell(0);
tbody.rows[0].cells[0].appendChild(document.createTextNode("第 1 行，第 1 列"));
tbody.rows[0].insertCell(1);
tbody.rows[0].cells[1].appendChild(document.createTextNode("第 1 行，第 2 列"));
tbody.insertRow(1);                                 //创建第 2 行
tbody.rows[1].insertCell(0);
tbody.rows[1].cells[0].appendChild(document.createTextNode("第 2 行，第 1 列"));
tbody.rows[1].insertCell(1);
tbody.rows[1].cells[1].appendChild(document.createTextNode("第 2 行，第 2 列"));
document.body.appendChild(table);                   //将表格添加到文档中
```

8.8.2 访问表单对象

表单通过<form>标签定义。在 HTML 文档中，<form>标签每出现一次，form 对象就会被创建一次。form 对象拥有专有属性，如 id、name、length（包含控件的数目）、elements（包含控件的集合）等。另外，form 对象还提供以下两个专用方法。

（1）reset()：将所有表单域重置为默认值。

（2）submit()：提交表单。

访问 form 对象的方法如下。

（1）使用 DOM 的 document.getElementById()方法获取。

```
<form id="form1"></form>
<script>
var form = document.getElementById("form1");
</script>
```

（2）使用 HTML 的 document.forms 集合获取。

```
<form id="form1" name="form1"></form>
<form id="form2" name="form2"></form>
<script>
var form1 = document.forms[0];
var form2 = document.forms["form2"];
</script>
```

document.forms 表示页面中所有的表单对象集合，可以通过数字索引或 name 值取得特定的表单。

注意

可以同时为表单指定 id 和 name 属性，但它们的值不一定相同。

8.8.3　访问表单元素

访问表单元素有以下两种方法。

（1）使用 DOM 方法访问表单元素，如 getElementById()等。

（2）使用 form 对象的 elements 属性。

elements 集合是一个有序列表，包含表单中的所有字段，如<input>、<textarea>、<button>、<select>和<fieldset>。每个字段在 elements 集合中的顺序与它们在表单中的顺序相同。

【案例 1】可以按照位置和 name 属性来访问表单元素。

```
var form = document.getElementById("myform");
var field1 = form.elements[2];            //通过下标位置找到第 3 个控件，即单选按钮
var field2 = form.elements["name"];       //通过 name 找到"姓名"文本框
var fieldCount = form.elements.length;    //获取表单字段个数
```

【案例 2】如果有多个表单控件都在使用一个 name，如单选按钮，那么就会返回一个以该 name 命名的 NodeList。

```
var form = document.getElementById("myform");
var sex = form.elements["sex"];           //获取单选按钮组
var field3 = form.elements[3];            //获取第 4 个字段，即第 1 个单选按钮
console.log(sex.length);                  //返回 2
console.log(sex[1] == field3);            //返回 true
```

在这个表单中，有两个单选按钮，它们的 name 都是 sex。在访问 form.elements["sex"]时，就会返回一个 NodeList，其中包含这两个元素。如果访问 form.elements[3]，则只会返回第 1 个单选按钮，与包含在 form.elements["sex"]中的第 1 个元素相同。

【**案例 3**】通过访问表单的属性来访问元素，案例 2 的代码可以简化为以下代码。

```
var form = document.getElementById("myform");
var sex = form["sex"];
var field3 = form[3];
console.log(sex.length);
console.log(sex[1] == field3);
```

这些属性与通过 elements 集合访问到的元素是相同的。但是，建议尽可能使用 elements，通过表单属性访问元素只是为了兼容早期浏览器而保留的一种过渡方法。

提示

除了 fieldset 元素之外，所有表单元素都拥有相同的一组属性。简单说明如下。

（1）disabled：布尔值，表示当前表单控件是否被禁用。

（2）form：只读，指向当前表单控件所属的表单对象。

（3）name：当前表单控件的名称。

（4）readOnly：布尔值，表示当前表单控件是否只读。

（5）tabIndex：表示当前表单控件的切换序号（Tab 键）。

（6）type：当前表单控件的类型，如 checkbox、radio 等。

（7）value：当前表单控件将被提交给服务器的值。对于文件控件来说，这个属性是只读的，包含着文件在计算机中的路径。

除了 form 属性之外，可以动态修改这些属性值。对于 input 元素来说，type 属性值等于 HTML 标签的 type 属性值，而对于其他元素的 type 属性值，简单说明如下。

（1）<select></select>的 type 属性值等于"select-one"。

（2）<select multiple></select>的 type 属性值等于"select-multiple"。

（3）<button></button>的 type 属性值等于"submit"。

（4）<button type="button">的 type 属性值等于"button"。

<input>和<button>标签的 type 属性是可以动态修改的，而<select>标签的 type 属性是只读的。

不管是单行文本框，还是多行文本框，在 JavaScript 中，使用 value 属性可以读取和设置文本框的值。在脚本中建议使用 value 属性读取或设置文本框的值，不建议使用 DOM 的 setAttribute()方法设置<input>和<textarea>的值，因为对 value 属性所作的修改，不一定会反映在 DOM 中。

8.8.4　访问选择框的值

扫一扫，看视频

使用<select>和<option>标签可以创建选择框，select 对象定义了下列专用属性和方法。

（1）multiple：布尔值，设置或返回是否可有多个选项被选中，等价于<select multiple>。

（2）selectedIndex：设置或返回被选选项的索引号，如果没有选中项，则值为-1。对于支持多选的控件来说，只保存选中项中第 1 项的索引。

（3）size：设置或返回一次显示的选项，等价于<select size="4" >。

（4）length：返回选项的数目。

（5）options：返回包含所有选项的控件集合。

（6）add(option, before)：向控件中插入新 option 元素，其位置在 before 参数之前。

（7）remove(index)：移除给定位置的选项。

选择框的 type 属性值为"select-one"或"select-multiple"，这取决于 multiple 属性值。

选择框的 value 属性由当前选中项决定，具体说明如下。

（1）如果没有选中的项，则选择框的 value 属性保存空字符串。

（2）如果有一个选中项，而且该项的 value 属性值已经在 HTML 中指定，则选择框的 value 属性等于选中项的 value 属性值。

（3）如果有一个选中项，但该项的 value 特性在 HTML 中未指定，则选择框的 value 属性等于该项包含的文本。

（4）如果选中多个项，则选择框的 value 属性将依据前两条规则取得第 1 个选中项的值。

【案例 1】设计如下下拉列表框：

```html
<form id="myform" method="post" action="#">
    <select name="grade" id="grade">
        <option value="1">初级</option>
        <option value="2">中级</option>
        <option value="3">高级</option>
        <option value="">未知</option>
        <option>不明确</option>
    </select>
</form>
```

然后使用下面的 JavaScript 代码读取下拉列表框的值。

```javascript
var form = document.getElementById("myform");
var grade = form.elements["grade"];
grade.onchange = function(){
    console.log("被选中项: " + this.options[this.selectedIndex].outerHTML
+ ", select.value = " + this.value);
}
```

在浏览器中的测试，分别选择不同的项目，则可以看到选择框对应的值。

使用<option>标签可以创建选择项目，option 对象支持下列专用属性，以方便访问数据。

（1）index：返回当前选项在 options 集合中的索引。

（2）label：设置或返回选项的标签，等价于<option label="提示文本">。

（3）selected：布尔值，设置或返回当前选项的 selected 属性值，表示当前选项是否被选中。

（4）text：设置或返回选项的文本值。

（5）value：设置或返回选项的值，等价于<option value="2">。

其中大部分属性都是为了方便对选项数据的访问。虽然可以使用 DOM 进行访问，但效率比较低，建议采用选择框及其项目的专有属性进行访问。

【案例 2】对于只允许选择一项的选择框，访问选中项的方法如下：

```javascript
var form = document.getElementById("myform");
var grade = form.elements["grade"];
grade.onchange = function(){
    var selIndex = grade.selectedIndex;
    var selOption = grade.options[selIndex];
    console.log(" index: " +grade.selectedIndex + "\ntext: " + selOption
.text + "\nvalue: " + grade.value);
}
```

对于可以选择多项的选择框，selectedIndex 属性无效，设置 selectedIndex，会导致取消以前的所有选项并选择指定的那一项，而读取 selectedIndex 则只会返回选中项中第 1 项的索引值。

与 selectedIndex 不同，在允许多选的选择框中设置选项的 selected 属性，不会取消对其他选中项的选择，因此可以动态选中任意多个项。但是，如果是在单选选择框中，修改某个选项的 selected 属性则会取消对其他选项的选择。需要注意的是，将 selected 属性设置为 false 对单选选择框没有影响。

【案例 3】 要获取所有选中的项，可以循环遍历选项集合，然后测试每个选项的 selected 属性。

```javascript
var form = document.getElementById("myform");
var grade = form.elements["grade"];
grade.onchange = function () {
    for (var i = 0, len = grade.options.length; i < len; i++) {
        option = grade.options[i];
        if (option.selected) {
            console.log(option.index + " text: " + option.text + " value: "
+ option.value)
        }
    }
}
```

本 章 小 结

本章首先介绍了 DOM 与节点相关的多个概念，同时介绍了节点关系、访问节点和操作节点；然后介绍了与文档相关的操作，如访问文档、访问子节点、访问特殊元素、访问元素集合和文档信息；接着详细讲解了元素、文本和属性的操作；最后介绍了 CSS 选择器的使用。通过对本章的学习，读者能够熟悉 DOM 的相关概念，可以熟练编辑文档结构。

课 后 练 习

一、填空题

1. 在网页中，所有对象和内容都被称为_____，如文档、元素、文本、属性、注释等。
2. 根据 DOM 规范，整个文档是一个_____节点，每个标签是一个_____节点，元素包含的文本是_____节点，元素的属性是一个_____节点，注释属于_____节点。
3. 使用_____属性可以判断一个节点的类型。
4. 使用_____和_____属性可以读取节点的名称和值。
5. _____属性返回当前节点的父节点；_____属性返回当前节点的第 1 个子节点。
6. 文本节点表示元素和属性的文本内容，其 nodeType 等于_____，nodeName 等于_____。
7. 使用 document 对象的_____方法可以创建属性节点。
8. 使用_____方法可以选择指定类名的元素。

二、判断题

1. 在节点树中，最顶端节点为根节点。　　　　　　　　　　　（　　）
2. 每个节点都有一个父节点。　　　　　　　　　　　　　　　（　　）

3. 所有节点都可以包含任何数量的子节点。 （　　）
4. 同级节点是拥有相同父节点的节点。 （　　）
5. nextSibling 属性返回当前节点相邻的同级节点。 （　　）

三、选择题

1. 属性节点的 nodeType 等于（　　）。
   A. 1 　　　　　　　　B. 2 　　　　　　　　C. 3 　　　　　　　　D. 4
2. 下列四个选项中，关于属性节点的描述错误的是（　　）。
   A. nodeName 等于属性的名称 　　　　B. nodeValue 等于属性的值
   C. parentNode 等于当前元素 　　　　D. 在 HTML 中不包含子节点
3. 下列四个选项中，关于文本节点的描述错误的是（　　）。
   A. 文本节点表示元素和属性的文本内容
   B. 文本内容包含纯文本内容、转义字符和 HTML 源代码
   C. nodeName 等于"#text"
   D. nodeValue 等于包含的文本
4. 下列四个选项中，关于元素节点的描述错误的是（　　）。
   A. nodeType 等于 1
   B. nodeName 等于标签名称
   C. nodeValue 等于包含的文本
   D. 元素节点包含 5 个公共属性：id、title、lang、dir、className
5. 下列四个选项中，关于文档节点的描述错误的是（　　）。
   A. 文档节点是唯一的、只读的
   B. nodeValue 等于 null，parentNode 等于 null，ownerDocument 等于 null
   C. nodeType 等于 8
   D. nodeName 等于"#document"

四、简答题

1. 在不同环境中，获取文档节点的方法不同，请具体说明一下。
2. 在文档中访问子节点都有哪些方法？

五、编程题

请编写一个函数 loadScript()，用来动态加载外部 JavaScript 文件，调用格式如下：

```
loadScript("file.js", function(){});            //回调函数，加载完成后执行
```

拓 展 阅 读

扫描下方二维码，了解关于本章的更多知识。

第 9 章　事　　件

【学习目标】

↘ 了解事件相关概念。

↘ 能够正确注册、销毁事件。

↘ 正确操作鼠标和键盘事件。

↘ 熟悉常用页面事件的开发方法。

　　早期的互联网访问速度是非常慢的，为了解决用户漫长等待的问题，开发人员尝试把服务器端处理的任务部分前移到客户端，让客户端 JavaScript 脚本代替解决，如表单信息验证等。于是在 IE 3.0 和 Netscape 2.0 浏览器中开始出现事件。DOM 2 规范开始标准化 DOM 事件，直到 2004 年发布 DOM 3.0 时，W3C 才完善事件模型。目前主流浏览器都已经支持 DOM 3 事件模块。

9.1　事　件　基　础

9.1.1　认识事件

　　事件是可以被 JavaScript 侦测到的行为。网页中的每个元素都可以产生某些可以触发 JavaScript 函数的事件。例如，单击某个按钮时产生一个 click 事件来触发某个函数。

　　在浏览器发展历史中，出现过 4 种事件处理模型。

　　（1）基本事件模型：也称为 0 级事件模型，是浏览器初期出现的一种比较简单的事件模型，主要通过 HTML 事件属性为指定标签绑定事件处理函数。由于这种模型应用比较广泛，因此获得了所有浏览器的支持。但是这种模型对于 HTML 文档标签依赖严重，不利于 JavaScript 独立开发。

　　（2）DOM 事件模型：由 W3C 制定，是目前标准的事件处理模型。包括 DOM 2 事件模块和 DOM 3 事件模块，DOM 3 事件模块是 DOM 2 事件模块的升级版，大部分规范和用法保持一致，主要新增了一些事件类型，以适应移动设备的开发需要。

　　（3）IE 事件模型：IE 4.0 及其以上版本浏览器支持，与 DOM 事件模型相似，但用法不同。

　　（4）Netscape 事件模型：由 Netscape 4.0 浏览器实现，在 Netscape 6.0 中停止支持。

9.1.2　事件流

　　事件流就是多个节点对象对同一种事件进行响应的先后顺序，主要包括以下 3 种类型。

扫一扫，看视频

　　（1）冒泡型：事件从最特定的目标向最不特定的目标（document 对象）触发，也就是事件从下向上进行响应，这个传递过程被形象地称为冒泡。

　　（2）捕获型：事件从最不特定的目标（document 对象）开始触发，然后到最特定的目标，也就是事件从上向下进行响应。

（3）混合型：DOM 事件模型支持捕获型和冒泡型两种事件流，其中捕获型事件流先发生，然后才发生冒泡型事件流。两种事件流会触及 DOM 中的所有层级对象，从 document 对象开始，到返回 document 对象结束。因此，可以把事件传播的整个过程分为 3 个阶段，即捕获阶段、目标阶段和冒泡阶段。

扫一扫，看视频

9.1.3 绑定事件

在基本事件模型中，JavaScript 支持以下两种绑定方式。

1. 静态绑定

把 JavaScript 脚本作为属性值，直接赋给事件属性。

【示例 1】在下面的代码中，把 JavaScript 脚本以字符串的形式传递给 onclick 属性，为 <button> 标签绑定 click 事件。当单击按钮时，就会触发 click 事件，执行这行 JavaScript 脚本。

```html
<button onclick="alert('你单击了一次！');">按钮</button>
```

2. 动态绑定

使用 DOM 对象的事件属性进行赋值。

【示例 2】在下面的代码中，使用 document.getElementById() 方法获取 button 元素，然后把一个匿名函数作为值传递给 button 元素的 onclick 属性，实现事件绑定操作。

```html
<button id="btn">按钮</button>
<script>
var button = document.getElementById("btn");
button.onclick = function(){
    console.log("你单击了一次！");
}
</script>
```

可以在脚本中直接为页面元素附加事件，而不破坏 HTML 结构，比上一种方式灵活。

扫一扫，看视频

9.1.4 事件处理函数

事件处理函数是一类特殊的函数，其主要任务是实现事件处理，由事件触发进行响应。事件处理函数一般没有明确的返回值。在特定事件中，用户可以利用事件处理函数的返回值影响程序的执行，如单击超链接时，禁止默认的跳转行为。

【示例 1】下面的代码为 form 元素的 onsubmit 事件属性定义字符串脚本，设计当文本框中的输入值为空时，定义事件处理函数返回值为 false。这样将强制表单禁止提交数据。

```html
<form id="form1" name="form1" method="post" action="http://www.mysite.cn/"
    onsubmit="if(this.elements[0].value.length==0) return false;">
    姓名：<input id="user" name="user" type="text" />
    <input type="submit" name="btn" id="btn" value="提交" />
</form>
```

在上面的代码中，this 表示当前 form 元素，elements[0] 表示姓名文本框，如果该文本框的 value.length 属性值长度为 0，表示当前文本框为空，则返回 false，禁止提交表单。

事件处理函数不需要参数。在 DOM 事件模型中，事件处理函数默认包含 event 对象，event 对象负责传递当前响应事件的相关信息。

【示例 2】下面的代码为按钮对象绑定一个单击事件。在该事件处理函数中，参数 e 为形参，响应事件之后，浏览器会把 event 对象传递给形参变量 e，再把 event 对象作为一个实参进行传递，读取 event 对象包含的事件信息，在事件处理函数中输出当前源对象节点名称。

```
<button id="btn">按    钮</button>
<script>
var button = document.getElementById("btn");
button.onclick = function(e){
    var e = e || window.event;               //获取事件对象
    document.write(e.srcElement ? e.srcElement : e.target);
                                             //获取当前单击对象的标签名
}
</script>
```

IE 事件模型和 DOM 事件模型对于 event 对象的处理方式不同：IE 事件模型把 event 对象定义为 window 对象的一个属性，而 DOM 事件模型把 event 定义为事件处理函数的默认参数。因此，在处理 event 对象时，应该判断 event 对象在当前解析环境中的状态，如果当前浏览器支持，则使用 event（DOM 事件模型）；如果不支持，则说明当前环境是 IE 浏览器，通过 window.event 获取 event 对象。

event.srcElement 表示当前事件的源，即响应事件的当前对象，这是 IE 事件模型的用法。但是 DOM 事件模型不支持该属性，需要使用 event 对象的 target 属性，它是一个符合标准的源属性。为了能够兼容不同浏览器，这里使用了一个条件运算符，先判断 event.srcElement 属性是否存在，否则使用 event.target 属性来获取当前事件对象的源。

9.1.5　注册事件

在 DOM 事件模型中，通过调用对象的 addEventListener()方法注册事件，具体用法如下：

```
element.addEventListener(String type, Function listener, boolean useCapture);
```

参数说明如下。

（1）type：注册事件的类型名。事件类型与事件属性不同，事件类型名没有 on 前缀。例如，对于 onclick 事件属性来说，所对应的事件类型为 click。

（2）listener：事件处理函数。在指定类型的事件发生时将调用该函数。在调用这个函数时，默认传递给它的唯一参数是 event 对象。

（3）useCapture：一个布尔值。如果为 true，则指定的事件处理函数将在事件传播的捕获阶段触发；如果为 false，则事件处理函数将在冒泡阶段触发。

【示例 1】在下面的代码中，为段落文本注册两个事件：mouseover 和 mouseout。当将鼠标指针移到段落文本上面时会显示为蓝色背景，而当鼠标指针移出段落文本时会自动显示为红色背景。

```
<p id="p1">为对象注册多个事件</p>
<script>
var p1 = document.getElementById("p1");      //捕获段落元素的句柄
p1.addEventListener("mouseover", function(){
    this.style.background = 'blue';
```

```
}, true);                                      //为段落元素注册第 1 个事件处理函数
p1.addEventListener("mouseout", function(){
    this.style.background = 'red';
}, true);                                      //为段落元素注册第 2 个事件处理函数
</script>
```

IE 事件模型使用 attachEvent()方法注册事件，具体用法如下：

```
element.attachEvent(etype,eventName)
```

参数说明如下。

（1）etype：设置事件类型，如 onclick、onkeyup、onmousemove 等。

（2）eventName：设置事件名称，也就是事件处理函数。

【示例 2】以示例 1 为基础，使用 IE 事件模型进行注册。

```
<p id="p1">IE 事件注册</p>
<script>
var p1 = document.getElementById("p1");        //捕获段落元素
p1.attachEvent("onmouseover", function(){
    p1.style.background = 'blue';
});                                            //注册 mouseover 事件
p1.attachEvent("onmouseout", function(){
    p1.style.background = 'red';
});                                            //注册 mouseout 事件
</script>
```

9.1.6 销毁事件

在 DOM 事件模型中，使用 removeEventListener()方法可以从指定对象中删除已经注册的事件处理函数，具体用法如下：

```
element.removeEventListener(String type, Function listener, boolean
useCapture);
```

参数说明可以参阅 addEventListener()方法的参数说明。removeEventListener()方法只能够删除 addEventListener()方法注册的事件。

IE 事件模型使用 detachEvent()方法的注销事件，具体用法如下：

```
element.detachEvent(etype, eventName)
```

参数说明可以参阅 attachEvent()方法的参数说明。

【示例】兼容 IE 事件模型和 DOM 事件模型。下面的代码使用 if 语句判断当前浏览器支持的事件处理模型，然后分别使用 DOM 注册方法和 IE 注册方法为段落文本注册 mouseover 和 mouseout 两个事件。当触发 mouseout 事件之后，再把 mouseover 和 mouseout 事件注销掉。

```
<p id="p1">注册兼容性事件</p>
<script>
var p1 = document.getElementById("p1");        //捕获段落元素
var f1 = function(){                           //定义事件处理函数 1
    p1.style.background = 'blue';
};
var f2 = function(){                           //定义事件处理函数 2
```

```
        p1.style.background = 'red';
        if(p1.detachEvent){                            //兼容 IE 事件模型
            p1.detachEvent("onmouseover", f1);         //注销事件 mouseover
            p1.detachEvent("onmouseout", f2);          //注销事件 mouseout
        } else{                                        //兼容 DOM 事件模型
            p1.removeEventListener("mouseover", f1);    //注销事件 mouseover
            p1.removeEventListener("mouseout", f2);     //注销事件 mouseout
        }
    };
    if(p1.attachEvent){                                //兼容 IE 事件模型
        p1.attachEvent("onmouseover", f1);             //注册事件 mouseover
        p1.attachEvent("onmouseout", f2);              //注册事件 mouseout
    }else{                                             //兼容 DOM 事件模型
        p1.addEventListener("mouseover", f1);          //注册事件 mouseover
        p1.addEventListener("mouseout", f2);           //注册事件 mouseout
    }
</script>
```

9.1.7　使用 event 对象

event 对象由事件自动创建，记录了当前事件的状态，如事件发生的源节点，键盘按键的响应状态，鼠标指针的移动位置，鼠标按键的响应状态等信息。

在 DOM 事件模型中，event 对象被传递给事件处理函数；在 IE 事件模型中，event 对象被存储在 window 对象的 event 属性中。下面列出了 DOM 事件标准定义的 event 对象属性，见表 9.1。这些属性都是只读属性。

表 9.1　DOM 事件模型中 event 对象属性

属　　性	说　　明
bubbles	返回布尔值，指示事件是否为冒泡事件类型。如果事件是冒泡类型，则返回 true，否则返回 fasle
cancelable	返回布尔值，指示事件是否可以取消的默认动作。如果使用 preventDefault()方法可以取消与事件关联的默认动作，则返回值为 true，否则为 fasle
currentTarget	返回触发事件的当前节点，即当前处理该事件的元素、文档或窗口。在捕获和冒泡阶段，该属性是非常有用的，因为在这两个阶段，它不同于 target 属性
eventPhase	返回事件传播的当前阶段，包括捕获阶段（1）、目标事件阶段（2）和冒泡阶段（3）
target	返回事件的目标节点（触发该事件的节点），如生成事件的元素、文档或窗口
timeStamp	返回事件生成的日期和时间
type	返回当前 event 对象表示的事件的名称，如"submit"、"load"或"click"

表 9.2 列出了 DOM 事件标准定义的 event 对象方法，IE 事件模型不支持这些方法。

表 9.2　DOM 事件模型中 event 对象方法

方　　法	说　　明
initEvent()	初始化新创建的 event 对象的属性
preventDefault()	通知浏览器不要执行与事件关联的默认动作
stopPropagation()	终止事件在传播过程的捕获、目标处理或冒泡阶段的进一步传播。调用该方法后，该节点上处理该事件的函数将被调用，但事件不再被分派到其他节点

IE 事件模型的 event 对象定义了一组完全不同的属性，见表 9.3。

表 9.3　IE 事件模型中 event 对象属性

属　　性	说　　明
cancelBubble	如果想在事件处理函数中阻止事件传播到上级包含的对象，必须把该属性设置为 true
fromElement	对于 mouseover 和 mouseout 事件，fromElement 引用移出鼠标指针的元素
keyCode	对于 keypress 事件，该属性声明了被按的键生成的 Unicode 字符码。对于 keydown 和 keyup 事件，它指定了被按的键的虚拟键盘码。虚拟键盘码可能和使用的键盘的布局相关
offsetX、offsetY	发生事件的地点在事件源元素的坐标系统中的 x 坐标和 y 坐标
returnValue	如果设置了该属性，它的值比事件处理函数的返回值优先级高。把这个属性设置为 false，可以取消发生事件的源元素的默认动作
srcElement	对于生成事件的 window 对象、document 对象或 element 对象的引用
toElement	对于 mouseover 和 mouseout 事件，该属性引用移入鼠标指针的元素
x、y	事件发生位置的 x 坐标和 y 坐标，它们相对于用 CSS 定位的最内层包含元素

为了兼容 IE 和 DOM 两种事件模型，可以使用以下表达式进行兼容。

```
var event = event || window.event;                    //兼容不同模型的 event 对象
```

如果事件处理函数存在 event 参数，则使用 event 来传递事件信息；如果不存在 event 参数，则调用 window 对象的 event 属性来获取事件信息。

【示例】下面的代码演示了如何禁止超链接默认的跳转行为。

```
<a href="https://www.baidu.com/" id="a1">禁止超链接跳转</a><script>
document.getElementById('a1').onclick = function(e) {
    e = e || window.event;                            //兼容事件对象
    var target = e.target || e.srcElement;            //兼容事件目标元素
    if(target.nodeName !== 'A') {                      //仅针对超链接起作用
        return;
    }
    if(typeof e.preventDefault === 'function') {       //兼容 DOM 模型
        e.preventDefault();                            //禁止默认行为
        e.stopPropagation();                           //禁止事件传播
    } else {                                           //兼容 IE 模型
        e.returnValue = false;                         //禁止默认行为
        e.cancelBubble = true;                         //禁止冒泡
    }
};
</script>
```

9.2　使 用 鼠 标

鼠标事件是网页开发中最常用的事件类型，包括 7 种类型：click（单击）、dblclick（双击）、mousedown（按下）、mouseup（释放）、mouseover（移过）、mouseout（移出）、mousemove（移动）。

9.2.1　鼠标单击

扫一扫，看视频

鼠标单击事件包括 4 个：click、dblclick、mousedown 和 mouseup。其中 click 事件类型比较常用，而 mousedown 和 mouseup 事件类型多用在鼠标拖放操作中。当这些事件处理函数的返回值为 false 时，则会禁止绑定对象的默认行为。

【示例】 在下面的代码中，当定义超链接指向自身时（多在设计过程中 href 属性值暂时使用 "#" 或 "?" 表示），可以取消超链接被单击时的默认行为，即刷新页面。

```
<a name="tag" id="tag" href="#">a</a>
<script>
var a = document.getElementsByTagName("a");      //获取页面中所有的超链接元素
for(var i = 0; i < a.length; i ++){              //遍历所有 a 元素
    if((new RegExp(window.location.href)).test(a[i].href)){
        //如果当前超链接 href 属性中包含本页面的 URL 信息
        a[i].onclick = function(){               //则为超链接注册鼠标单击事件
            return false;                        //将禁止超链接的默认行为
        }
    }
}
</script>
```

9.2.2 鼠标移动

扫一扫，看视频

mousemove 事件类型是一个实时响应的事件，当鼠标指针的位置发生变化时（至少移动 1 个像素），就会触发 mousemove 事件。该事件响应的灵敏度主要参考鼠标指针移动速度的快慢，以及浏览器跟踪更新的速度。

【示例】 下面的代码演示了如何综合应用各种鼠标事件实现页面元素拖放操作的设计过程。

```
<div id="box" ></div>
<script>
//初始化拖放对象
var box = document.getElementById("box");        //获取页面中被拖放元素的引用指针
box.style.position = "absolute";                 //绝对定位
box.style.width = "160px";                       //定义宽度
box.style.height = "120px";                       //定义高度
box.style.backgroundColor = "red";               //定义背景色
//初始化变量，标准化事件对象
var mx, my, ox, oy;                              //定义备用变量
function e(event){                               //定义事件对象标准化函数
    if(! event){                                 //兼容 IE 事件模型
        event = window.event;
        event.target = event.srcElement;
        event.layerX = event.offsetX;
        event.layerY = event.offsetY;
    }
    event.mx = event.pageX || event.clientX + document.body.scrollLeft;
        //计算鼠标指针的 x 轴距离
    event.my = event.pageY || event.clientY + document.body.scrollTop;
        //计算鼠标指针的 y 轴距离
    return event;                                //返回标准化的事件对象
}
//定义鼠标事件处理函数
```

```
document.onmousedown = function(event){          //按下鼠标时，初始化处理
    event = e(event);                            //获取标准事件对象
    o = event.target;                            //获取当前拖放的元素
    ox = parseInt(o.offsetLeft);                 //拖放元素的 x 轴坐标
    oy = parseInt(o.offsetTop);                  //拖放元素的 y 轴坐标
    mx = event.mx;                               //按下鼠标指针的 x 轴坐标
    my = event.my;                               //按下鼠标指针的 y 轴坐标
    document.onmousemove = move;                 //注册鼠标移动事件处理函数
    document.onmouseup = stop;                   //注册释放鼠标事件处理函数
}
function move(event){                            //鼠标移动处理函数
    event = e(event);
    o.style.left = ox + event.mx - mx  + "px";   //定义拖动元素的 x 轴距离
    o.style.top = oy + event.my - my + "px";     //定义拖动元素的 y 轴距离
}
function stop(event){                            //释放鼠标处理函数
    event = e(event);
    ox = parseInt(o.offsetLeft);                 //记录拖放元素的 x 轴坐标
    oy = parseInt(o.offsetTop);                  //记录拖放元素的 y 轴坐标
    mx = event.mx ;                              //记录鼠标指针的 x 轴坐标
    my = event.my ;                              //记录鼠标指针的 y 轴坐标
    o = document.onmousemove = document.onmouseup = null;   //释放所有操作对象
}
</script>
```

扫一扫，看视频

9.2.3　鼠标经过

鼠标经过包括移过和移出两种事件类型。当移动鼠标指针到某个元素上时，将触发 mouseover 事件；当把鼠标指针移出某个元素时，将触发 mouseout 事件。

【示例】在下面的代码中，分别为 3 个嵌套的 div 元素定义了 mouseover 和 mouseout 事件处理函数，这样当从外层的父元素中移动到内部的子元素时，将会触发父元素的 mouseover 事件类型，但是不会触发 mouseout 事件类型。

```
<div>
    <div>
        <div>盒子</div>
    </div>
</div>
<script>
var div = document.getElementsByTagName("div");  //获取 3 个嵌套的 div 元素
for(var i=0;i<div.length;i++){                    //遍历嵌套的 div 元素
    div[i].onmouseover = function(e){             //注册移过事件处理函数
        this.style.border = "solid blue";
    }
    div[i].onmouseout = function(){               //注册移出事件处理函数
        this.style.border = "solid red";
    }
}
</script>
```

9.3　使　用　键　盘

当用户操作键盘时会触发键盘事件，键盘事件主要包括 3 种类型：keydown（按下）、keypress（按下并释放）、keyup（释放）。

扫一扫，看视频

9.3.1　键盘事件属性

键盘事件定义了很多属性，见表 9.4。利用这些属性可以精确地控制键盘操作。键盘事件属性一般只在键盘相关事件发生时才会存在于事件对象中，但是 ctrlKey 和 shiftKey 属性除外，因为它们可以在鼠标事件中存在。例如，当按下 Ctrl 或 Shift 键时单击鼠标操作。

表 9.4　键盘事件定义的属性

属　　性	说　　明
keyCode	该属性包含键盘中对应键位的键值
charCode	该属性包含键盘中对应键位的 Unicode 编码，仅 DOM 支持
target	发生事件的节点（包含元素），仅 DOM 支持
srcElement	发生事件的元素，仅 IE 支持
shiftKey	是否按下 Shift 键，如果按下则返回 true，否则返回 false
ctrlKey	是否按下 Ctrl 键，如果按下则返回 true，否则返回 false
altKey	是否按下 Alt 键，如果按下则返回 true，否则返回 false
metaKey	是否按下 Meta 键，如果按下则返回 true，否则返回 false，仅 DOM 支持

【示例 1】ctrlKey 和 shiftKey 属性可存在于键盘和鼠标事件中，表示键盘上的 Ctrl 和 Shift 键是否被按下。下面的代码能够监测 Ctrl 和 Shift 键是否被同时按下。如果同时按下，并且单击了某个页面元素，则会把该元素从页面中删除。

```
document.onclick = function(e){
    var e = e || window.event;              //标准化事件对象
    var t = e.target || e.srcElement;       //获取发生事件的元素，兼容 IE 和 DOM
    if(e.ctrlKey && e.shiftKey)             //如果同时按下 Ctrl 和 Shift 键
        t.parentNode.removeChild(t);        //删除当前元素
}
```

【示例 2】下面的代码演示了如何使用方向键控制页面元素的移动效果。

```
<div id="box"></div>
<script>
var box = document.getElementById("box");   //获取页面元素的引用指针
box.style.position = "absolute";            //色块绝对定位
box.style.width = "20px";                   //色块宽度
box.style.height = "20px";                  //色块高度
box.style.backgroundColor = "red";          //色块背景
document.onkeydown = keyDown;               //在 document 对象中注册 keyDown
                                            //事件处理函数
function keyDown(event){                     //方向键控制元素移动函数
    var event = event || window.event;      //标准化事件对象
    switch(event.keyCode){                   //获取当前按下键的编码
    case 37 :                               //按下左箭头键，向左移动 5 个像素
        box.style.left = box.offsetLeft - 5  + "px";
```

```
                    break;
        case 39 :                                //按下右箭头键，向右移动 5 个像素
            box.style.left = box.offsetLeft + 5 + "px";
            break;
        case 38 :                                //按下上箭头键，向上移动 5 个像素
            box.style.top = box.offsetTop - 5 + "px";
            break;
        case 40 :                                //按下下箭头键，向下移动 5 个像素
            box.style.top = box.offsetTop + 5 + "px";
            break;
        }
        return false
    }
</script>
```

在上面的代码中，首先获取页面元素，然后通过 CSS 脚本控制元素绝对定位、大小和背景色。然后在 document 对象上注册键盘按键按下事件类型处理函数，在事件回调函数 keyDown()中侦测当前按下的方向键，并决定定位元素在窗口中的位置。其中元素的 offsetLeft 和 offsetTop 属性可以存取它在页面中的位置。

扫一扫，看视频

9.3.2 键盘响应顺序

当按下按键时，会连续触发多个事件，它们将按顺序发生。

（1）对于字符键来说，键盘事件的响应顺序为 keydown→keypress→keyup。

（2）对于非字符键（如功能键或特殊键）来说，键盘事件的响应顺序为 keydown→keyup。

（3）如果按下字符键不放，则 keydown 和 keypress 事件将逐个持续发生，直至释放按键。

（4）如果按下非字符键不放，则只有 keydown 事件持续发生，直至释放按键。

【示例】下面设计一个简单示例，以获取键盘事件响应顺序。

```
<textarea id="text" cols="26" rows="16"></textarea>
<script>
var n = 1;                                       //定义编号变量
var text = document.getElementById("text");      //获取文本区域的引用指针
text.onkeydown = f;                              //注册 keydown 事件处理函数
text.onkeyup = f;                                //注册 keyup 事件处理函数
text.onkeypress = f;                             //注册 keypress 事件处理函数
function f(e){                                   //事件调用函数
    var e = e || window.event;                   //标准化事件对象
    text.value += (n++) + "=" + e.type +" (keyCode=" + e.keyCode + ")\n";
                                                 //捕获响应信息

}
</script>
```

9.4 案例实战

扫一扫，看视频

9.4.1 窗口重置

resize 事件在 resize 浏览器窗口被重置时触发，如在调整窗口大小、最大化、最小化、恢

复窗口大小显示时触发。利用 resize 事件可以跟踪窗口大小的变化以便动态调整页面元素的显示大小。

【案例】下面的代码能够跟踪窗口大小变化，及时调整页面内红色盒子的大小，使其始终保持与窗口固定比例的大小显示。

```
<div id="box"></div>
<script>
var box = document.getElementById("box");        //获取盒子的引用指针
box.style.position = "absolute";                 //绝对定位
box.style.backgroundColor = "red";               //背景色
box.style.width = w() * 0.8 + "px";              //设置盒子宽度为窗口宽度的 0.8 倍
box.style.height = h() * 0.8 + "px";             //设置盒子高度为窗口高度的 0.8 倍
window.onresize = function(){                     //注册事件处理函数，动态调整盒子大小
    box.style.width = w() * 0.8 + "px";
    box.style.height = h() * 0.8 + "px";
}
function w(){                                     //获取窗口宽度
    if (window.innerWidth)                        //兼容 DOM
        return window.innerWidth;
    else if ((document.body) && (document.body.clientWidth)) //兼容 IE
        return document.body.clientWidth;
}
function h(){                                     //获取窗口高度
    if (window.innerHeight)                       //兼容 DOM
        return window.innerHeight;
    else if ((document.body) && (document.body.clientHeight)) //兼容 IE
        return document.body.clientHeight;
}
</script>
```

9.4.2　页面滚动

扫一扫，看视频

scroll 事件用于在浏览器窗口内移动文档的位置时触发，如通过键盘箭头键、翻页键或空格键移动文档位置，或者通过滚动条滚动文档位置。利用 scroll 事件可以跟踪文档位置的变化，及时调整某些元素的显示位置，确保它始终显示在屏幕可见区域中。

【案例】在下面的代码中，控制红色小盒子始终位于窗口内坐标为(100px,100px)的位置。

```
<div id="box"></div>
<script>
var box = document.getElementById("box");
box.style.position = "absolute";
box.style.backgroundColor = "red";
box.style.width = "200px";
box.style.height = "160px";
window.onload = f;                               //页面初始化时固定其位置
window.onscroll = f;                             //当文档位置发生变化时重新固定其位置
function f(){                                     //元素位置固定函数
    box.style.left = 100 + parseInt(document.body.scrollLeft) + "px";
    box.style.top = 100 + parseInt(document.body.scrollTop) + "px";
}
```

```
</script>
<div style="height:2000px;width:2000px;"></div>
```

扫一扫，看视频

9.4.3 错误处理

error 事件是在 JavaScript 代码发生错误时触发，利用该事件可以捕获并处理错误信息。error 事件与 try/catch 语句功能相似，都用来捕获异常信息。不过 error 事件无须传递事件对象，并且可以包含已经发生错误的解释信息。

【案例】在下面的代码中，当页面发生编译错误时，将会触发 error 事件注册的事件处理函数，并弹出错误信息。

```
window.onerror = function(message){              //捕获浏览器错误行为
    alert("错误原因: " + arguments[0]+
            "\n 错误 URL: " + arguments[1] +
            "\n 错误行号: " + arguments[2]
    );
    return true;                                 //禁止浏览器显示标准出错信息
}
a.innerHTML = "";                                //制造错误机会
```

在 error 事件处理函数中，默认包含 3 个参数，其中第 1 个参数表示错误信息，第 2 个参数表示出错文件的 URL，第 3 个参数表示文件中错误位置的行号。

error 事件处理函数的返回值可以决定浏览器是否显示一条标准出错信息。如果返回值为 false，则浏览器会弹出错误提示对话框，显示标准出错信息；如果返回值为 true，则浏览器不会显示标准出错信息。

扫一扫，看视频

9.4.4 焦点处理

焦点处理主要包括 focus（获取焦点）和 blur（失去焦点）两种事件类型。

（1）focus：当单击或使用 Tab 键切换到某个表单元素或超链接对象时，会触发该事件。

（2）blur：当元素失去焦点时响应，主要作用于表单元素和超链接对象。

【案例】在下面的代码中，为所有输入表单元素绑定了 focus 和 blur 事件处理函数，设置当元素获取焦点时呈凸起显示，失去焦点时则显示为默认的凹陷效果。

```
<input type="text" />
<input type="text" />
<script>
var o = document.getElementsByTagName("input");  //获取输入表单元素集合
for(var i=0;i<o.length;i++){                      //遍历所有表单元素
    o[i].onfocus = function(){                    //注册 focus 事件处理函数
        this.style.borderStyle = "outset";
    }
    o[i].onblur = function(){                      //注册 blur 事件处理函数
        this.style.borderStyle = "inset";
    }
}
</script>
```

每个表单字段都有两个方法：focus()和 blur()。其中 focus()方法用于设置表单字段为焦点，blur()方法的作用是从元素中移走焦点。

9.4.5 选择文本

当在文本框或文本区域内选择文本时，将触发 select 事件。通过该事件，可以设计用户选择操作的交互行为。另外，在调用 select()方法时也会触发 select 事件。

【案例】在下面的代码中，当选择第 1 个文本框中的文本时，则会在第 2 个文本框中动态显示用户所选择的文本。

```
<input type="text" id="a" value="请随意选择字符串" />
<input type="text" id="b" />
<script>
var a = document.getElementsByTagName("input")[0]; //获取第 1 个文本框的引用指针
var b = document.getElementsByTagName("input")[1]; //获取第 2 个文本框的引用指针
a.onselect = function(){                            //为第 1 个文本框绑定事件
    if (document.selection){                        //兼容 IE
        o = document.selection.createRange();       //创建一个选择区域
        if(o.text.length > 0)                       //如果选择区域内存在文本
            b.value = o.text;                       //则把文本赋值给第 2 个文本框
    }else{                                          //兼容 DOM
        p1 = a.selectionStart;                      //获取文本框中选择的初始位置
        p2 = a.selectionEnd;                        //获取文本框中选择的结束位置
        b.value = a.value.substring(p1, p2);
        //截取文本框中被选取的文本字符串，然后赋值给第 2 个文本框
    }
}
</script>
```

9.4.6 字段值变化监测

change 事件类型是在表单元素的值发生变化时触发，它主要用于 input、select 和 textarea 元素。对于 input 和 textarea 元素来说，当它们失去焦点且 value 值改变时触发；对于 select 元素，在其选项改变时触发，也就是说不失去焦点，也会触发 change 事件。

【案例】下面的代码演示了当在下拉列表框中选择不同的网站时，会自动打开该网站的首页。

```
<select>
    <option value="http://www.baidu.com/">百度</option>
    <option value="http://www.google.cn/">谷歌</option>
</select>
<script>
var a = document.getElementsByTagName("select")[0];
a.onchange = function(){
    window.open(this.value,"");          //根据下拉列表框的当前值打开指定的网址
}
</script>
```

9.4.7 提交表单

使用<input>或<button>标签都可以定义提交按钮，只要将 type 属性值设置为"submit"即

可，而图像按钮则要将<input>的 type 属性值设置为"image"。当单击提交按钮或图像按钮时，就会提交表单。submit 事件类型仅在单击提交按钮，或者在文本框中输入文本时按 Enter 键触发。

【案例】在下面的代码中，当表单内没有包含提交按钮时，在文本框中输入文本之后，只要按 Enter 键也一样能够触发 submit 事件。

```
<form id="form1" name="form1" method="post" action="">
    <input type="text" name="t" id="t" />
</form>
<script>
var t = document.getElementsByTagName("input")[0];
var f = document.getElementsByTagName("form")[0];
f.onsubmit = function(e){
    alert(t.value);
}
</script>
```

 注意

在<textarea>文本区域中按 Enter 键只会换行，不会提交表单。

 提示

当单击重置按钮时，表单将被重置，所有表单字段将恢复为初始值，这时会触发 reset 事件。

扫一扫，看视频

9.4.8　页面初始化

【案例】load 事件类型在页面完全加载完毕时触发。该事件包含所有的图形图像、外部文件（如 CSS、JS 文件等）的加载，也就是说，在页面所有内容全部加载之前，任何 DOM 操作都不会发生。为 window 对象绑定 load 事件类型的方法有 3 种。

（1）为 window 对象注册页面初始化事件处理函数，代码如下：

```
window.onload = f;
function f(){
    alert("页面加载完毕");
}
```

（2）在页面<body>标签中定义 onload 事件处理属性，代码如下：

```
<body onload="f()">
<script>
function f(){
    alert("页面加载完毕");
}
</script>
```

（3）通过事件注册的方式来实现，代码如下：

```
if(window.addEventListener){                        //兼容 DOM 标准
    window.addEventListener("load",f1,false);       //为 load 添加事件处理函数
    window.addEventListener("load",f2,false);       //为 load 添加事件处理函数
```

```
}
else{                                               //兼容 IE 事件模型
     window.attachEvent("onload",f1);
     window.attachEvent("onload",f2);
}
```

本 章 小 结

本章首先介绍了事件相关的概念；然后介绍了事件的绑定、注册和销毁方法；最后详细讲解了与键盘和鼠标相关操作的事件。通过本章的学习，读者应能够为页面元素注册不同类型的事件，并根据任务需要设计事件响应程序。

课 后 练 习

一、填空题

1．事件流主要包括三种类型：_____、_____和_____。

2．在 DOM 事件模型中通过调用对象的_____方法注册事件。

3．鼠标事件包括 7 种类型：_____、_____、_____、_____、_____、_____和_____。

4．键盘事件包括 3 种类型：_____、_____和_____。

5．使用_____方法可以阻止事件的默认行为。

二、判断题

1．当按下字符键时，键盘事件的响应顺序为 keydown→keypress→keyup。　　（　　）

2．当按下功能键时，键盘事件的响应顺序为 keydown→keyup。　　（　　）

3．如果按下字符键不放，则 keydown 和 keyup 事件将逐个持续发生，直至释放按键。
　　　　　　　　　　　　　　　　　　　　　　　　　　　　（　　）

4．如果按下非字符键不放，则 keydown 和 keypress 事件持续发生，直至释放按键。
　　　　　　　　　　　　　　　　　　　　　　　　　　　　（　　）

5．mousemove 事件类型是一个实时响应的事件，当鼠标指针的位置发生变化时，就会触发 mousemove 事件。　　（　　）

三、选择题

1．在 event 对象中，（　　）属性可以获取目标元素。
　　A．type　　　　　　B．target　　　　　　C．cancelable　　　D．bubbles

2．在 event 对象中，（　　）属性可以获取事件类型。
　　A．type　　　　　　B．target　　　　　　C．cancelable　　　D．bubbles

3．在 event 对象中，（　　）方法可以阻止事件流传播。
　　A．initEvent()　　B．preventDefault()　C．stopPropagation()　D．stop()

4. 当将鼠标指针移动到某个元素上时，将触发（　　）事件。

    A．mouseover   B．mouseout   C．mousemove   D．mouseup

5. 在 event 对象中，（　　）属性包含键盘中对应键位的键值。

    A．charCode   B．keyCode   C．target   D．srcElement

四、简答题

1. 事件流主要包括哪三种类型？有什么不同？请具体说明一下。
2. 简单比较 IE 事件模型和 DOM 事件模型中事件对象的异同。

五、编程题

    JavaScript 事件需要考虑 DOM 事件模型和 IE 事件模型，为了方便开发，请尝试定义事件模块对象，封装事件处理代码，包含事件常规操作，如注册、销毁、获取事件对象、获取按钮和键盘信息、获取响应对象等。

拓 展 阅 读

    扫描下方二维码，了解关于本章的更多知识。

第 10 章　CSS

【学习目标】
- 使用 JavaScript 控制行内样式。
- 使用 JavaScript 控制样式表。
- 控制对象大小。
- 控制对象位置。
- 设计显示、隐藏，以及动画效果。

脚本化 CSS 就是使用 JavaScript 来操作 CSS，配合 HTML5、Ajax、jQuery 等技术，可以设计出细腻、逼真的页面特效和交互行为，能够大幅提升用户体验，如显示、定位、变形、运动等动态样式特效。

10.1　CSS 脚本化基础

10.1.1　读写行内样式

扫一扫，看视频

任何支持 style 特性的 HTML 标签，在 JavaScript 中都有一个对应的 style 脚本属性。style 是一个可读可写的对象，包含了一组 CSS 样式。

使用 style 的 cssText 属性可以返回行内样式的字符串表示。同时 style 对象还包含一组与 CSS 样式属性一一映射的脚本属性。这些脚本属性的名称与 CSS 样式属性的名称对应。在 JavaScript 中，由于连字符是减号运算符，含有连字符的样式属性（如 font-family），脚本属性会以驼峰命名法重新命名（如 fontFamily）。

【示例】对于 border-right-color 属性来说，在脚本中应该使用 borderRightColor。

```
<div id="box" >盒子</div>
<script>
var box = document.getElementById("box");
box.style.borderRightColor = "red";
box.style.borderRightStyle = "solid";
</script>
```

📢 注意

使用 CSS 脚本属性时，需要注意以下几个问题。

（1）float 是 JavaScript 保留字，因此使用 cssFloat 表示与之对应的脚本属性的名称。

（2）在 JavaScript 中，所有 CSS 属性值都是字符串，必须加上引号。

```
elementNode.style.fontFamily = "Arial, Helvetica, sans-serif";
elementNode.style.cssFloat = "left";
elementNode.style.color = "#ff0000";
```

（3）CSS 样式声明结尾的分号不能作为脚本属性值的一部分。

（4）属性值和单位必须完整地传递给 CSS 脚本属性，省略单位则所设置的脚本样式无效。

```
elementNode.style.width = "100px";
elementNode.style.width = width + "px";
```

扫一扫，看视频

10.1.2　使用 style 对象

DOM 2 级样式规范为 style 对象定义了以下一些属性和方法。

（1）cssText：返回 style 的 CSS 样式字符串。

（2）length：返回 style 声明的 CSS 样式的数量。

（3）parentRule：返回 style 所属的 CSSRule 对象。

（4）getPropertyCSSValue()：返回包含指定属性的 CSSValue 对象。

（5）getPropertyValue()：返回指定属性的字符串值。

（6）setProperty()：为指定元素设置样式，也可以附加优先级标志。

（7）removeProperty()：从样式中删除给定属性。

（8）item()：返回指定索引位置的 CSS 属性的名称。

（9）getPropertyPriority()：返回指定属性是否附加了!important 优先级命令。

下面重点介绍几个常用方法。

1．getPropertyValue()方法

getPropertyValue()方法能够获取指定元素样式属性的值。具体用法如下：

```
var value = e.style.getPropertyValue(propertyName)
```

参数 propertyName 表示 CSS 属性名，复合名应使用连字符进行连接。

【示例 1】下面的代码使用 getPropertyValue()方法获取行内样式中的 width 属性值，然后输出显示。

```
<script>
window.onload = function(){
    var box = document.getElementById("box");          //获取<div id="box">
     var width = box.style.getPropertyValue("width");   //读取 div 元素的 width
                                                        //属性值
    box.innerHTML = "盒子宽度：" + width;              //输出显示 width 值
}
</script>
<div id="box" style="width:300px; height:200px;border:solid 1px red" >盒子
</div>
```

2．setProperty()方法

setProperty()方法为指定元素设置样式。具体用法如下：

```
e.style.setProperty(propertyName, value, priority)
```

参数说明如下。

（1）propertyName：设置 CSS 属性名。

（2）value：设置 CSS 属性值，包含属性值的单位。

（3）priority：表示是否设置!important 优先级命令，如果不设置可以以空字符串表示。

【**示例 2**】在下面的代码中，使用 setProperty()方法定义盒子的显示宽度和高度分别为 400 像素和 200 像素。

```
<script>
window.onload = function(){
    var box = document.getElementById("box");        //获取<div id="box">
    box.style.setProperty("width","400px","");        //定义盒子宽度为 400 像素
    box.style.setProperty("height","200px","");       //定义盒子高度为 200 像素
}
</script>
<div id="box" style="border:solid 1px red" >盒子</div>
```

3．removeProperty()方法

removeProperty()方法可以移除指定 CSS 属性的样式声明。具体用法如下：

```
e.style. removeProperty (propertyName)
```

4．item()方法

item()方法返回 style 对象中指定索引位置的 CSS 属性的名称。具体用法如下：

```
var name = e.style.item(index)
```

参数 index 表示 CSS 样式的索引号。

5．getPropertyPriority()方法

getPropertyPriority()方法可以获取指定 CSS 属性中是否附加了!important 优先级命令，如果存在则返回"important"字符串，否则返回空字符串。

10.1.3　使用 styleSheets 对象

在 DOM 2 级样式规范中，使用 styleSheets 对象可以访问页面中所有样式表，包括用<style>标签定义的内部样式表，以及用<link>标签或@import 命令导入的外部样式表。

cssRules 对象包含指定样式表中所有的规则（样式）。而 IE 支持 rules 对象表示的样式表中的规则。可以使用下面的代码兼容不同浏览器。

```
var cssRules = document.styleSheets[0].cssRules || document.styleSheets[0]
.rules;
```

在上面的代码中，先判断浏览器是否支持 cssRules 对象，如果支持则使用 cssRules（非 IE 浏览器），否则使用 rules（IE 浏览器）。

【**示例**】在下面的代码中，通过<style>标签定义一个内部样式表，为页面中的<div id="box">标签定义 4 个属性：宽度、高度、背景色和边框。在脚本中使用 styleSheets 对象访问该内部样式表，把样式表中的第 1 个样式的所有规则读取出来，并在盒子中输出显示。

```
<style type="text/css">
#box {
    width: 400px;
    height: 200px;
    background-color:#BFFB8F;
    border: solid 1px blue;
```

```
    }
    </style>
    <script>
    window.onload = function(){
        var box = document.getElementById("box");
        //判断浏览器类型
        var cssRules = document.styleSheets[0].cssRules || document
.styleSheets[0].rules;
        box.innerHTML = "<h3>盒子样式</h3>"
        box.innerHTML += "<br>边框: " + cssRules[0].style.border;    //cssRules 的
                                                            //border 属性
        box.innerHTML += "<br>背景色: " + cssRules[0].style.backgroundColor;
        box.innerHTML += "<br>高度: " + cssRules[0].style.height;
        box.innerHTML += "<br>宽度: " + cssRules[0].style.width;
    }
    </script>
    <div id="box"></div>
```

 提示

　　cssRules（或 rules）的 style 对象在访问 CSS 属性时，使用的是 CSS 脚本属性名，因此所有属性名称中不能使用连字符。例如：

```
    cssRules[0].style.backgroundColor;
```

扫一扫，看视频

10.1.4　使用 selectorText 对象

　　使用 selectorText 对象可以获取样式的选择器字符串表示。

　　【示例】在下面的代码中，使用 selectorText 属性获取第 1 个样式表（styleSheets[0]）中的第 3 个样式（cssRules[2]）的选择器名称，输出显示为.blue。

```
    <style type="text/css">
    #box {color:green;}
    .red {color:red;}
    .blue {color:blue;}
    </style>
    <link href="style1.css" rel="stylesheet" type="text/css" media="all" />
    <script>
    window.onload = function(){
        var cssRules = document.styleSheets[0].cssRules || document
.styleSheets[0].rules;
        var box = document.getElementById("box");
        box.innerHTML = "第 1 个样式表中第 3 个样式选择符 = " + cssRules[2]
.selector- Text;
    }
    </script>
    <div id="box"></div>
```

扫一扫，看视频

10.1.5　添加样式

　　使用 addRule()方法可以为样式表添加一个样式。具体用法如下：

```
styleSheet.addRule(selector,style,[index])
```

styleSheet 表示样式表引用，参数说明如下。

（1）selector：样式选择符，以字符串的形式传递。

（2）style：具体的声明，以字符串的形式传递。

（3）index：一个索引号，表示添加样式在样式表中的索引位置，默认为-1，表示位于样式表的末尾，该参数可以不设置。

Firefox 支持使用 insertRule()方法添加样式。具体用法如下：

```
styleSheet.insertRule(rule ,[index])
```

参数说明如下。

（1）rule：一个完整的样式字符串。

（2）index：与 addRule()方法中的 index 参数作用相同，但默认为 0，放置在样式表的末尾。

【示例】在下面的代码中，先在文档中定义一个内部样式表；然后使用 styleSheets 对象获取当前样式表，利用数组默认属性 length 获取样式表中包含的样式数量；最后在脚本中使用 addRule()（或 insertRule()）方法添加一个新样式，样式选择符为 p，样式声明为背景色是红色，字体颜色为白色，段落内部补白为 1 个字体大小。

```
<style type="text/css">
#box {color:green;}
.red {color:red;}
.blue {color:blue;}
</style>
<script>
window.onload = function(){
    var styleSheets = document.styleSheets[0];        //获取样式表引用
    var index = styleSheets.length;        //获取样式表中包含样式的数量
    if(styleSheets.insertRule){        //判断浏览器是否支持 insertRule()方法
        //在内部样式表中增加 p 标签选择符的样式，插入样式表的末尾
        styleSheets.insertRule("p{background-color:red;color:#fff;
padding:1em;}", index);
    }else{        //如果浏览器不支持 insertRule()方法
        styleSheets.addRule("P", "background-color:red;color:#fff;
padding:1em;", index);
    }
}
</script>
<p>在样式表中添加样式操作</p>
```

10.2　大　　小

10.2.1　元素尺寸

在某些情况下，如果需要精确计算元素的尺寸，可以选用 HTML 特有的属性，这些属性虽然不是 DOM 标准的一部分，但是由于它们获得了所有浏览器的支持，所以在 JavaScript 开发中仍然被普遍应用。与元素尺寸相关的属性见表 10.1。

扫一扫，看视频

表 10.1　与元素尺寸相关的属性

属　　性	说　　明
clientWidth	获取元素可视部分的宽度，即 CSS 的 width 和 padding 属性值之和，元素边框和滚动条不包括在内，也不包含任何可能的滚动区域
clientHeight	获取元素可视部分的高度，即 CSS 的 height 和 padding 属性值之和，元素边框和滚动条不包括在内，也不包含任何可能的滚动区域
offsetWidth	元素在页面中占据的宽度总和，包括 width、padding、border，以及滚动条的宽度
offsetHeight	元素在页面中占据的高度总和，包括 height、padding、border，以及滚动条的高度
scrollWidth	当元素设置了 overflow:visible 样式属性时，元素的总宽度。也有人把它解释为元素的滚动宽度。在默认状态下，如果该属性值大于 clientWidth 属性值，则元素会显示滚动条，以便能够翻阅被隐藏的区域
scrollHeight	当元素设置了 overflow:visible 样式属性时，元素的总高度。也有人把它解释为元素的滚动高度。在默认状态下，如果该属性值大于 clientHeight 属性值，则元素会显示滚动条，以便能够翻阅被隐藏的区域

【示例】设计一个简单的盒子，盒子的 height 值为 200 像素，width 值为 200 像素，边框显示为 50 像素，补白区域定义为 50 像素。内部包含信息框，其宽度设置为 400 像素，高度也设置为 400 像素。

```
<div id="div" style="height:200px;width:200px;border:solid 50px red;
overflow:auto;padding:50px;">
    <div id="info" style="height:400px;width:400px;
        border:solid 1px blue;"></div>
</div>
```

利用 JavaScript 脚本在内容框中插入一些行列号，让内容超出窗口显示。

分别调用 offsetHeight、scrollHeight、clientHeight 属性，以及自定义函数 getH()，则可以看到获取不同区域的高度，如图 10.1 所示。

```
var div = document.getElementById("div");
//以下返回值是根据 IE 7.0 浏览器而定的
var ho = div.offsetHeight;                    //返回 400
var hs = div.scrollHeight;                    //返回 502
var hc = div.clientHeight;                    //返回 283
var hg = getH(div);                           //返回 400
```

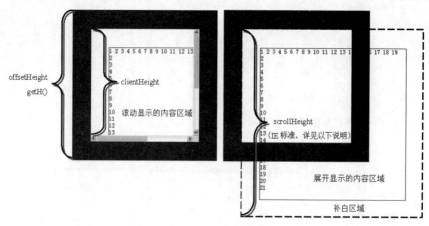

图 10.1　盒模型不同区域的高度示意图

具体说明如下：

（1）offsetHeight = border-top-width + padding-top + height + padding-bottom + border-bottom-width。

（2）scrollHeight = padding-top + 包含内容的完全高度 + padding-bottom。

（3）clientHeight = padding-top + height + border-bottom-width – 滚动条的宽度。

10.2.2 视图尺寸

扫一扫，看视频

scrollLeft 和 scrollTop 属性可以获取移出可视区域外面的宽度和高度。用户利用这两个属性可以确定滚动条的位置，也可以使用它们获取当前滚动区域的内容，其说明见表 10.2。

表 10.2 scrollLeft 和 scrollTop 属性说明

属 性	说 明
scrollLeft	元素左侧已经滚动的距离（像素值）。更通俗地说，就是设置或获取位于元素左边界与元素中当前可见内容的最左端之间的距离
scrollTop	元素顶部已经滚动的距离（像素值）。更通俗地说，就是设置或获取位于元素顶部边界与元素中当前可见内容的最顶端之间的距离

【示例】下面的代码演示了如何设置和更直观地获取滚动外区域的尺寸，效果如图 10.2 所示。

```html
<textarea id="text" rows="5" cols="25" style="float:right;">
</textarea>
<div id="div" style="height:200px;width:200px;border:solid 50px red;
padding:50px;overflow:auto;">
    <div id="info" style="height:400px;width:400px;border:solid 1px
blue;"> </div>
</div>
<script>
var div = document.getElementById("div");
div.scrollLeft = 200;                    //设置盒子左侧滚出区域宽度为 200 像素
div.scrollTop = 200;                     //设置盒子顶部滚出区域高度为 200 像素
var text = document.getElementById("text");
div.onscroll = function(){               //注册滚动事件处理函数
    text.value = "scrollLeft = " + div.scrollLeft + "\n" +
            "scrollTop = " + div.scrollTop + "\n" +
            "scrollWidth = " + div.scrollWidth + "\n" +
            "scrollHeight = " + div.scrollHeight ;
}
</script>
```

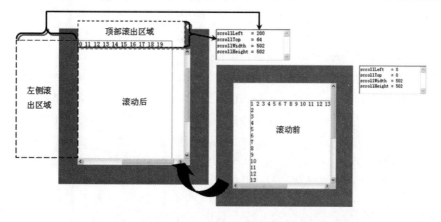

图 10.2 scrollLeft 和 scrollTop 属性指示区域示意图

扫一扫，看视频

10.2.3 窗口尺寸

如果获取了<html>标签的 clientWidth 和 clientHeight 属性，就可以得到浏览器窗口的可视宽度和高度，而<html>标签在脚本中表示为 document.documentElement。

在 IE 怪异模式下，body 是最顶层的可视元素，而 html 元素隐藏。所以只有通过<body>标签的 clientWidth 和 clientHeight 属性才可以得到浏览器窗口的可视宽度和高度，而<body>标签在脚本中表示为 document.body。因此，考虑到浏览器的兼容性，可以这样设计：

```
var w = document.documentElement.clientWidth || document.body.clientWidth;
var h = document.documentElement.clientHeight || document.body.clientHeight;
```

如果浏览器支持 DOM 标准，则使用 documentElement 对象读取；如果该对象不存在，则使用 body 对象读取。

如果窗口包含内容超出了窗口可视区域，则应该使用 scrollWidth 和 scrollHeight 属性来获取窗口的实际宽度和高度。但是对于 document.documentElement 和 document.body 来说，不同浏览器对于它们的支持略有差异。

```
<body style="border:solid 2px blue;margin:0;padding:0">
    <div style="width:2000px;height:1000px;border:solid 1px red;">
    </div>
</body>
<script>
var wb = document.body.scrollWidth;
var hb = document.body.scrollHeight;
var wh = document.documentElement.scrollWidth;
var hh = document.documentElement.scrollHeight;
</script>
```

10.3 位　　置

扫一扫，看视频

10.3.1 窗口位置

CSS 的 left 和 top 属性不能真实地反映元素相对于页面或其他对象的精确位置，不过每个元素都拥有 offsetLeft 和 offsetTop 属性，它们描述了元素的偏移位置。但不同浏览器定义元素的偏移参照对象不同。例如，IE 会以父元素为参照对象进行偏移，而支持 DOM 标准的浏览器会以最近定位元素为参照对象进行偏移。

【示例】下面的代码是一个三层嵌套的结构，其中最外层 div 元素被定义为相对定位显示。然后可以在 JavaScript 脚本中使用 offsetLeft 和 offsetTop 属性获取最内层 div 元素的偏移位置，则 IE 返回值为 50 像素，而其他支持 DOM 标准的浏览器会返回 101 像素。

```
<style type="text/css">
div {width:200px; height:100px; border:solid 1px red; padding:50px;}
#wrap {position:relative; border-width:20px;}
</style>
<div id="wrap">
    <div id="sub">
```

```
            <div id="box"></div>
        </div>
</div>
```

获取元素的位置示意图如图 10.3 所示。

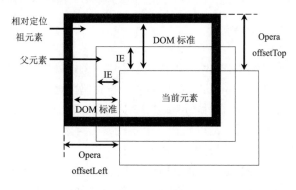

图 10.3　获取元素的位置示意图

对于任何浏览器来说，offsetParent 属性总能够自动识别当前元素偏移的参照对象，所以不用担心 offsetParent 在不同浏览器中具体指代什么元素。这样就能够通过迭代来计算当前元素距离窗口左上顶角的坐标值，示意图如图 10.4 所示。

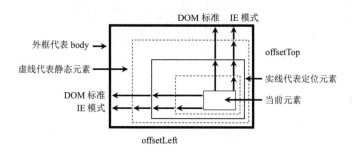

图 10.4　能够兼容不同浏览器的元素偏移位置示意图

通过图 10.4 可以看出，尽管不同浏览器的 offsetParent 属性指代的元素不同，但是通过迭代计算，当前元素距离浏览器窗口的坐标距离都是相同的。

10.3.2　鼠标指针绝对位置

扫一扫，看视频

要获取鼠标指针的页面位置，首先应捕获当前事件对象，然后读取事件对象中包含的定位信息。考虑到浏览器的不兼容性，可以选用 pageX/pageY（兼容 Safari）或 clientX/clientY（兼容 IE）属性对。另外，还需要配合使用 scrollLeft 和 scrollTop 属性。

```
function getMP(e){                    //获取鼠标指针的页面位置，参数 e 表示事件对象
    var e = e || window.event;        //标准化事件对象
    return {
        x : e.pageX || e.clientX + (document.documentElement.scrollLeft
|| document.body.scrollLeft),
        y : e.pageY || e.clientY + (document.documentElement.scrollTop ||
document.body.scrollTop)
    }
}
```

pageX 和 pageY 事件属性不被 IE 浏览器支持，而 clientX 和 clientY 事件属性又不被 Safari 浏览器支持，因此可以混合使用它们以兼容不同的浏览器。同时，对于 IE 怪异模式来说，body 元素代表页面区域，而 html 元素被隐藏，但是支持 DOM 标准的浏览器认为 html 元素代表页面区域，而 body 元素仅是一个独立的页面元素，所以需要兼容这两种解析方式。

10.3.3 鼠标指针相对位置

除了考虑鼠标指针的页面位置外，在开发中还应该考虑鼠标指针在当前元素内的位置。这需要用到事件对象的 offsetX/offsetY 或 layerX/layerY 属性对。由于早期 Mozilla 类型浏览器不支持 offsetX 和 offsetY 事件属性，可以考虑用 layerX 和 layerY，但是这两个事件属性是以定位包含框为参照对象，而不是以元素左上角为参照对象，因此还需要减去当前元素的 offsetLeft/offsetTop 值。

【示例】可以使用 offsetLeft 和 offsetTop 属性获取元素在定位包含框中的偏移坐标，然后使用 layerX 属性值减去 offsetLeft 属性值，使用 layerY 属性值减去 offsetTop 属性值，即可得到鼠标指针在元素内部的位置。

```
function getME(e, o){                    //获取鼠标指针在元素内的位置
    var e = e || window.event;
    return {
        x : e.offsetX || (e.layerX - o.offsetLeft),
        y : e.offsetY || (e.layerY - o.offsetTop)
    }
}
```

10.3.4 滚动条位置

对于浏览器窗口的滚动条来说，使用 scrollLeft 和 scrollTop 属性可以获取窗口滚动条的位置。

```
function getPS(){
    var h = document.documentElement;   //获取页面引用指针
    var x = self.pageXOffset ||          //兼容早期浏览器
            (h && h.scrollLeft) ||       //兼容标准浏览器
            document.body.scrollLeft;    //兼容 IE 怪异模式
    var y = self.pageYOffset ||          //兼容早期浏览器
            (h && h.scrollTop) ||        //兼容标准浏览器
            document.body.scrollTop;     //兼容 IE 怪异模式
    return {                             //其中属性 x 表示 x 轴偏移距离，属性 y 表示
                                         //y 轴偏移距离
        x : x,
        y : y
    };
}
```

 提示

window 对象定义了 scrollTo(x, y)方法，该方法能够根据传递的参数值定位滚动条的位置，其中参数 x 可以定位页面内容在 x 轴方向上的偏移量，而参数 y 可以定位页面在 y 轴方向上的偏移量。

10.4　可　　见

扫一扫，看视频

10.4.1　显隐

使用 CSS 的 visibility 和 display 属性可以控制元素的显示或隐藏。如果希望隐藏元素之后，不会破坏页面的结构和布局，可以选用 visibility。使用 visibility 隐藏元素之后，在页面中会留下一块空白区域。如果担心空白区域影响视觉效果，同时不考虑布局问题，则可以使用 display。

使用 style.display 属性可以设计元素的显示和隐藏。恢复 style.display 属性的默认值，只需设置 style.display 属性值为空字符串（style.display = ""）即可。

【示例】下面设计一个扩展函数，根据参数决定是否进行显示或隐藏。参数 e 表示操作元素，当 b 为 true 时，将显示元素 e；当 b 为 false 时，将隐藏元素 e。如果省略参数 b，则根据元素 e 的显示状态，进行显示或隐藏切换。

```
function display(e, b){
    //如果第 2 个参数存在且不为布尔值，则抛出异常
    if(b && (typeof b != "boolean")) throw new Error("第 2 个参数应该是布尔值!");
    var c = e,style.display;          //获取当前元素的显示属性值
    (c != "none") && (e._display = c); //记录元素的显示性质，并存储到元素的属性中
    e._display = e._display || "";     //如果没有定义显示性质，则赋值为空字符串
    if(b || (c == "none")){            //当第 2 个参数值为 true 或者元素隐藏时
        e.style.display = e._display;  //则将调用元素的_display 属性值恢复元素
                                       //或显示元素
    }else{
        e.style.display = "none";      //否则隐藏元素
    }
}
```

10.4.2　透明显示

扫一扫，看视频

设计元素的不透明度实现方法：IE 怪异模式支持 filters 滤镜集，DOM 标准浏览器支持 style.opacity 属性。它们的取值范围也不同：

（1）IE 的 filters 属性值范围为 0~100，其中 0 表示完全透明，而 100 表示不透明。

（2）DOM 标准的 style.opacity 属性值范围是 0~1，其中 0 表示完全透明，而 1 表示不透明。

【示例】为了兼容不同的浏览器，可以把设置元素透明度的功能进行函数封装。参数 e 表示要预设置的元素，n 表示一个数值，取值范围为 0~100，如果省略，则默认为 100，即不透明显示。

```
function setOpacity(e, n){
    var n = parseFloat(n);            //把第 2 个参数转换为浮点数
    if(n && (n>100) || !n) n=100;     //如果第 2 个参数大于 100，或者不存在，则设置
                                      //为 100
    if(n && (n<0)) n =0;              //如果第 2 个参数存在且值小于 0，则设置其为 0
    if (e.filters){                   //兼容 IE 浏览器
        e.style.filter = "alpha(opacity=" + n + ")";
```

```
        } else{                                        //兼容 DOM 标准
            e.style.opacity = n / 100;
        }
    }
```

10.5　案　例　实　战

扫一扫，看视频

10.5.1　移动动画

JavaScript 传统动画主要利用定时器（setTimeout 和 setInterval）来实现。设计思路：通过循环改变元素的某个 CSS 样式属性，从而达到动态效果，如移动位置、缩放大小、渐隐渐显等。

移动动画主要通过动态修改元素的坐标来实现。技术要点如下：

（1）考虑元素的初始坐标、终点坐标，以及移动坐标等定位要素。

（2）移动速度、频率等问题。可以借助定时器来实现，但效果的模拟涉及算法问题，不同的算法可能会设计出不同的移动效果，如匀速运动、加速和减速运动。

【案例】下面的代码演示了如何设计一个简单的元素滑动效果。通过指向元素移动的位置以及移动的步数，可以设计按一定的速度把元素从当前位置移动指定的位置。本案例引用前面介绍的 getB()方法，该方法能够获取当前元素的绝对定位坐标值。参数 e 表示元素，x 和 y 表示要移动的终点坐标，t 表示元素移动的步数。

```
function slide(e, x, y, t){
    var t = t || 100;     //初始化步数，步数越大，速度越慢，移动效果越逼真
    var o = getB(e);      //当前元素的绝对定位坐标值
    var x0 = o.x;
    var y0 = o.y;
    var stepx = Math.round((x - x0) / t);
    //计算 x 轴每次移动的步长，由于像素点不可用小数，所以会存在一定的误差
    var stepy = Math.round((y - y0) / t);        //计算 y 轴每次移动的步长
    var out = setInterval(function(){            //设计定时器
        var o = getB(e);                         //获取每次移动后的绝对定位坐标值
        var x0 = o.x;
        var y0 = o.y;
        e.style["left"] = (x0 + stepx) + 'px';   //定位每次移动的位置
        e.style["top"] = (y0 + stepy) + 'px';    //定位每次移动的位置
        //如果距终点的距离小于步长，则停止循环，并校正最终坐标位置
        if (Math.abs(x - x0) <= Math.abs(stepx) || Math.abs(y - y0) <=
Math.abs(stepy)) {
            e.style["left"] = x + 'px';
            e.style["top"] = y + 'px';
            clearTimeout(out);
        };
    },2)
};
```

扫一扫，看视频

10.5.2　渐隐和渐显

渐隐和渐显效果主要通过动态修改元素的透明度来实现。

【案例】下面的代码实现一个简单的渐隐渐显动画效果。参数 e 表示元素，t 表示速度，值越大速度越慢；io 表示渐隐渐显方式，true 表示渐显，false 表示渐隐。

```
function fade(e, t, io){
    var t = t || 10;                            //初始化渐隐渐显速度
    if(io){var i = 0;}                          //初始化渐隐渐显方式
    else{var i = 100;}
    var out = setInterval(function(){           //设计定时器
        setOpacity(e, i);                       //调用 setOpacity()函数
        if(io) {                                //根据渐隐或渐显方式决定执行效果
            i ++ ;
            if(i >= 100) clearTimeout(out);
        } else{
            i-- ;
            if(i <= 0) clearTimeout(out);
        }
    }, t);
}
```

10.5.3　使用 requestAnimationFrame()方法

HTML5 为 window 对象新增了 window.requestAnimationFrame()方法，用于设计动画。requestAnimationFrame()的优势：能够充分利用显示器的刷新机制，可以节省系统资源，解决了浏览器不知道动画什么时候开始、不知道最佳循环间隔时间的问题。

requestAnimationFrame()与 setInterval()一样会返回一个句柄，然后把动画句柄作为参数传递给 cancelAnimationFrame()函数，可以取消动画。控制动画的模板代码如下：

```
var globalID;
function animate() {                                  //动画函数
    //执行动画
    globalID = requestAnimationFrame(animate);        //循环请求动画
    if(条件表达式) cancelAnimationFrame(globalID);      //取消动画
}
globalID = requestAnimationFrame(animate);            //初次请求动画
```

【案例】模拟进度条动画，初始 div 宽度为 1px，在 step()函数中将进度加 1，然后再更新到 div 上，在宽度达到 100 之前，一直重复这一过程。为了演示方便添加了一个运行按钮。

```
<div id="test" style="width:1px;height:17px;background:#0f0;">0%</div>
<input type="button" value="Run" id="run"/>
<script>
window.requestAnimationFrame = window.requestAnimationFrame ||
    window.mozRequestAnimationFrame || window.webkitRequestAnimationFrame ||
    window.msRequestAnimationFrame;
var start = null;
var ele = document.getElementById("test");
var progress = 0;
function step(timestamp) {                             //动画函数
    progress += 1;                                     //递增变量
    ele.style.width = progress + "%";                  //递增进度条的宽度
    ele.innerHTML=progress + "%";                      //动态更新宽度信息
```

```
        if (progress < 100) {                                  //设置执行动画的条件
            requestAnimationFrame(step);                       //循环请求动画
        }
    }
document.getElementById("run").addEventListener("click", function() {
    ele.style.width = "1px";
    progress = 0;
    requestAnimationFrame(step);                               //初始启动动画
}, false);
</script>
```

本 章 小 结

本章首先介绍了 CSS 脚本化基础，包括读取行内样式，使用 style、styleSheets、selectorText 对象；然后详细讲解了如何控制元素的大小、位置和可见性；最后介绍了 CSS 动画设计的基本方法。通过本章的学习，读者能够初步掌握网页样式的动态操控。

课 后 练 习

一、填空题

1. 使用 style 的_____属性可以返回行内样式的字符串表示。
2. 任何支持 style 特性的 HTML 标签，在 JavaScript 中都有一个对应的_____脚本属性。
3. 使用_____对象可以访问页面中的所有样式表。
4. _____对象包含指定样式表中的所有规则。
5. 使用_____对象可以获取样式的选择器字符串表示。

二、判断题

1. float 对应的脚本属性是 float。   （   ）
2. 在 JavaScript 中所有的 CSS 属性值都可以直接使用。   （   ）
3. CSS 样式声明结尾的分号不能作为脚本属性值的一部分。   （   ）
4. CSS 属性值和单位必须完整地传递给 CSS 脚本属性。   （   ）
5. style 对象的 parentRule 属性返回 style 的父节点。   （   ）

三、选择题

1. 使用 style 对象的（   ）方法可以获取下标位置的 CSS 属性的名称。
   A. item()   B. getPropertyValue()   C. removeProperty()   D. setProperty()
2. （   ）属性可以获取元素可视部分的宽度。
   A. offsetWidth   B. clientWidth   C. scrollWidth   D. innerWidth
3. （   ）属性可以获取元素在页面中占据的宽度总和。
   A. offsetWidth   B. clientWidth   C. scrollWidth   D. innerWidth

4.（　　）属性可以获取窗口滚动条的位置。

    A．pageX   B．layerX   C．offsetX   D．scrollLeft

5.在不影响布局的情况下，（　　）CSS 属性可以控制元素的显隐。

    A．opacity   B．display   C．visibility   D．filters

四、简答题

1．使用 JavaScript 设计移动动画时需要注意什么问题？

2．使用 requestAnimationFrame()方法设计动画有什么优势？

五、编程题

    工具提示是比较实用的 JavaScript 应用技巧。在页面中为 a 元素定义 title 属性，设计当鼠标指针经过时高亮、动态显示提示信息，提示信息能够跟随鼠标移动，效果如图 10.5 所示。

图 10.5　提示信息效果

拓 展 阅 读

扫描下方二维码，了解关于本章的更多知识。

第 11 章　Web 服务与 Ajax

【学习目标】

- 了解 Web 服务相关的概念。
- 正确安装和使用 Node.js。
- 掌握如何使用 Express 框架搭建 Web 服务器。
- 了解什么是 Ajax，以及 XMLHttpRequest 插件。
- 掌握如何实现 GET 请求和 POST 请求。
- 能够跟踪异步请求的响应状态。
- 正确接收和处理不同格式的响应数据。

Ajax（Asynchronous JavaScript and XML）是使用 JavaScript 脚本，借助 XMLHttpRequest 插件，在客户端与服务器端之间实现异步通信的一种方法。2005 年 2 月，Ajax 第 1 次正式出现，从此以后，Ajax 成为 JavaScript 发起 HTTP 异步请求的代名词。2006 年，W3C 发布了 Ajax 标准，Ajax 技术开始快速普及。

11.1　Web 服务基础

11.1.1　Web 服务器

Web 服务器又称网站服务器，是指驻留于互联网上某种类型的服务程序，它可以处理网页浏览器等 Web 客户端的请求并返回响应信息，也可以放置网页文件，让用户浏览；可以放置数据文件，让用户下载，Web 服务器工作原理如图 11.1 所示。常用的 Web 服务器包括 Node.js、Apache、Nginx、IIS 等。

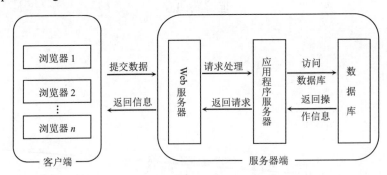

图 11.1　Web 服务器工作原理

从图 11.1 可以看出，客户端浏览器首先通过 URL 提交服务请求。Web 服务器接收请求后，会把请求交给应用程序服务器进行分析处理。如果要访问数据，还需要向数据库发出请求，然后从数据库中获取查询记录或操作信息。应用程序服务器把处理的结果生成静态网页返回给 Web 服务器。最后由 Web 服务器将生成的网页响应给客户端浏览器。

11.1.2　URL

在本地计算机中，所有的文件都由操作系统统一管理，但是在互联网上，各个网络、各台主机的操作系统可能都不一样，因此必须指定访问文件的方法，这个方法就是 URL（Uniform Resource Locator，统一资源定位符）定位技术。一个 URL 一般由 3 部分组成：协议（服务方式）、主机的 IP 地址（包括端口号）、主机的资源路径（包括目录和文件名等）。具体语法格式如下：

```
protocol://machinename[:port]/directory/filename
```

其中，protocol 表示访问资源所采用的协议，常用的协议如下。

（1）http://或 https://：超文本传输协议，表示访问的资源是 HTML 文件。

（2）ftp://：文件传输协议，表示使用 FTP 传输方式访问资源。

（3）mailto::表示该资源是电子邮件（不需要两条斜杠）。

（4）file://：表示本地文件。

machinename 表示存放资源的主机的 IP 地址，如 www.baidu.com.port。其中 port 是服务器在主机中所使用的端口号，一般情况下不需要指定，只有当服务器使用的不是默认的端口号时才需要指定。

directory 和 filename 是资源路径的目录和文件名。

11.1.3　路径

路径包括 3 种格式：绝对路径、相对路径和根路径。

（1）绝对路径：完整的 URL，包括传输协议，如 http://news.baidu.com/main.html。在跨域请求时要使用绝对路径。

（2）相对路径：以当前文件所在位置为起点到被请求文件经由的路径，如 sub/main.html。在同一个应用内发出请求时常用相对路径。

（3）根路径：从站点根文件夹到请求文件经由的路径。根路径由前斜杠开头，它代表站点根文件夹，如/sup/sub/main.html。在网站内发出请求时一般常用根路径，因为在网站内移动一个包含根路径的链接文件时，无须对原有的链接进行修改。

11.1.4　HTTP

HTTP（Hyper Text Transfer Protocol，超文本传输协议）是一种应用层协议，负责超文本的传输，如文本、图像、多媒体等。HTTP 由两部分组成：请求（Request）和响应（Response）。

1. 请求

HTTP 请求信息由 3 部分组成：请求行、消息报头和请求正文（可选）。

请求行以一个方法符号开头，以空格分隔，后面跟着请求的 URI 和协议的版本。具体格式如下：

```
Method Request-URI HTTP-Version CRLF
```

请求行各部分的说明如下。

（1）Method：请求方法，请求方法以大写形式显示，如 POST、GET 等。

（2）Request-URI：统一资源标识符。

（3）HTTP-Version：请求的 HTTP 协议版本。

（4）CRLF：回车符和换行符。

请求行后是消息报头部分，用来说明服务器需要调用的附加信息。

在消息报头后是一个空行，然后才是请求正文部分，即主体部分（body），该部分可以添加任意数据。

2．响应

HTTP 响应信息也由 3 部分组成：状态行、消息报头和响应正文（可选）。

状态行格式如下：

```
HTTP-Version Status-Code Reason-Phrase CRLF
```

状态行各部分的说明如下。

（1）HTTP-Version：服务器 HTTP 协议版本。

（2）Status-Code：服务器发回的响应状态代码。

（3）Reason-Phrase：状态代码的文本描述。

状态代码由 3 位数字组成，第 1 位数字定义了响应的类别，并且有 5 种可能取值。

1）1xx：指示信息。表示请求已接收，继续处理。

2）2xx：成功。表示请求已被成功接收、理解或接受。

3）3xx：重定向。要完成请求必须进行更进一步的操作。

4）4xx：客户端错误。请求有语法错误，或者请求无法实现。

5）5xx：服务器端错误。服务器未能实现合法的请求。

常见的状态代码如下：200，表示客户端请求成功；301，表示请求的资源发生移动；400，表示客户端请求有语法错误；404，表示请求的资源不存在；500，表示服务器发生不可预期的错误。

在状态行之后是消息报头。一般服务器会返回一个名为 Data 的信息，用来说明响应生成的日期和时间。接下来就是与 POST 请求中一样的 Content-Type 和 Content-Length。响应主体所包含的就是所请求资源的 HTML 源文件。

Content-Type 描述的是媒体类型，通常使用 MIME 类型来表达。常见的 Content-Type 类型如下：text/html，表示 HTML 网页；text/plain，表示纯文本；application/json，表示 JSON 格式；application/xml，表示 XML 格式；image/gif，表示 GIF 图片；image/jpeg，表示 JPEG 图片；audio/mpeg，表示音频 MP3；video/mpeg，表示视频 MPEG。

 提示

借助现代浏览器，可以查看当前网页的请求头和响应头信息。其方法是按 F12 键，打开开发者工具，然后切换到"网络"面板，重新刷新页面就可以看到所有的请求资源。再选择相应的资源，就可以看到当前资源请求和响应的全部信息。

11.2　Web 服务器搭建

本节利用 Node.js 开发环境，使用 Express 框架搭建 Web 服务器，并将网页部署到服务器上。

11.2.1　认识 Node.js

Node.js 不是一门新的编程语言，也不是一个 JavaScript 框架，它是一套 JavaScript 运行环境，用来支持 JavaScript 代码的执行。如果说浏览器是 JavaScript 的前端运行环境，那么 Node.js 就是 JavaScript 的后端运行环境，它是一个为实时 Web 应用开发而诞生的平台。

在 Node.js 之前，JavaScript 只能运行在浏览器中，作为网页脚本使用。有了 Node.js 以后，JavaScript 就可以脱离浏览器，像其他编程语言一样直接在计算机上使用。

Node.js 可以作为服务器向用户提供服务，直接面向前端开发。其优势如下。

（1）高性能：Node.js 采用基于事件驱动的非阻塞 I/O 模型，使服务器能够高效地处理并发请求，提供了出色的性能表现。

（2）轻量级和高可扩展性：Node.js 具有轻量级的特点，可以在相对较低的硬件上运行，并且可以通过集群和负载均衡等方式进行水平扩展，以满足高流量和大规模应用的需求。

（3）单一语言：使用 JavaScript 作为服务器端编程语言，使前后端开发更加一致，方便开发者共享代码和技能。

（4）强大的生态系统：Node.js 拥有庞大且活跃的第三方库和模块生态系统，提供了许多功能丰富的解决方案，帮助开发者更高效地构建应用程序。

（5）构建实时应用：由于事件驱动的特性，Node.js 非常适合构建实时应用，如聊天应用、游戏服务器等，能够快速地响应用户请求并广播数据。

11.2.2　安装 Node.js

如果希望通过 Node.js 来运行 JavaScript 代码，就必须先在计算机中安装 Node.js。具体操作步骤如下。

扫一扫，看视频

（1）在浏览器中打开 Node.js 官网，如图 11.2 所示。下载最新的长期支持版本（20.10.0 LTS），该版本比较稳定，右侧的 21.5.0 Current 为最新版。

图 11.2　Node.js 官网

（2）下载完毕后，在本地双击安装文件（node-v20.10.0-x64.msi），进入安装欢迎界面，如图 11.3 所示。

（3）单击 Next 按钮，进入许可协议界面，勾选 I accept the terms in the License Agreement 复选框，如图 11.4 所示。

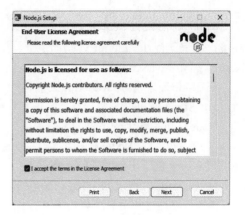

图 11.3　Node.js 安装欢迎界面　　　　　　　　　图 11.4　许可协议界面

（4）单击 Next 按钮，进入设置安装路径界面，如图 11.5 所示。安装路径默认在 C:\Program Files 下，也可以自定义，其方法如下：单击 Change 按钮，更改默认的安装路径即可。

（5）单击 Next 按钮，进入自定义设置界面，如图 11.6 所示。

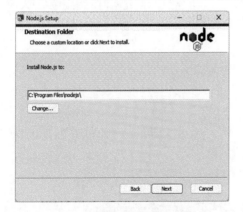

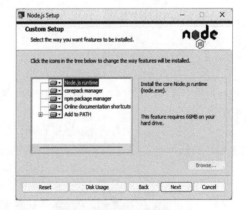

图 11.5　设置安装路径界面　　　　　　　　　图 11.6　自定义设置界面

Node.js 默认安装以下 5 项基本功能，在安装时可以采用默认的设置。

1）Node.js runtime：Node.js 运行环境，这也是安装 Node.js 的核心功能。

2）corepack manager：Node.js 的通用包管理器，类似 Python 的 pip，提供了对 Node.js 包的查找、下载、安装、卸载的管理功能。常用的 Node.js 包管理器有 npm、yarn、pnpm、cnpm 等，这些包管理器可以统一用 corepack 来发挥它们的功能。

3）npm package manager：npm 包管理器，是 JavaScript 运行时环境 Node.js 推荐的包管理器。

4）Online documentation shortcuts：在线文档快捷方式，在 Windows 桌面的"开始"菜单中创建在线文档快捷方式，可以链接到 Node.js 的在线文档和 Node.js 网站。

5）Add to PATH：添加到 Windows 的环境变量。单击左侧的"+"图标，将展开两个子功能：Node.js and npm 和 npm modules，即把 Node.js、npm、npm modules 添加到环境变量。

（6）单击 Next 按钮，进入本机模块设置工具界面，如图 11.7 所示。

当使用 npm 下载安装某些包或模块时，可能需要被 C/C++编译，这时需要用到 Python 或

VS（Visual Studio），考虑到安装速度，可以先取消勾选复选框，暂时不安装这些工具，安装完 Node 后再手动安装，或者以后根据需要来安装。

（7）单击 Next 按钮，进入准备安装界面，如图 11.8 所示。

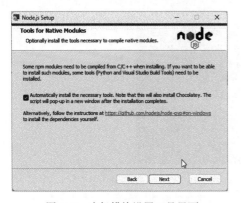

图 11.7　本机模块设置工具界面

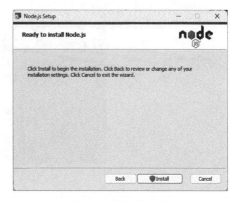

图 11.8　准备安装界面

（8）单击 Install 按钮，开始安装，并显示安装的进度，如图 11.9 所示。

（9）安装完成后，单击 Finish 按钮，完成软件的安装，如图 11.10 所示。

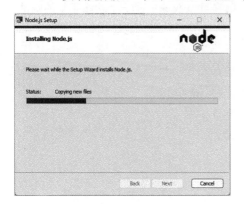

图 11.9　显示安装的进度

图 11.10　完成软件的安装

接下来需要检测是否安装成功。具体操作步骤如下。

（1）使用 Win+R 组合键打开"运行"对话框，然后在其中输入"cmd"，如图 11.11 所示。

（2）单击"确定"按钮，即可打开 DOS 系统窗口，输入命令"node -v"，然后按 Enter 键，如果出现 Node 对应的版本号，则说明安装成功，如图 11.12 所示。

图 11.11　"运行"对话框

图 11.12　检查 Node 版本

提示

因为 Node.js 已经自带 npm（包管理工具），直接在 DOS 系统窗口中输入命令 "npm -v" 即可检查 NPM 版本，如图 11.13 所示。

图 11.13　检查 NPM 版本

扫一扫，看视频

11.2.3　安装 Express

Express 是一个简洁而灵活的 Web 应用框架，使用它可以快速搭建一个功能完整的网站。安装 Express 框架的步骤如下。

（1）在本地计算机中新建一个站点目录，如 D:\test。

（2）参考前面操作步骤打开 DOS 系统窗口，输入命令 "d:"，然后按 Enter 键，进入 D 盘根目录，再输入命令 "cd test"，按 Enter 键进入 test 目录。

（3）输入以下命令开始在当前目录中安装 Express 框架。

```
npm install express -save
```

（4）安装完毕，输入以下命令。

```
npm list express
```

按 Enter 键查看 Express 版本号以及安装信息。

```
test@ D:\test
'-- express@4.18.2 -> .\node_modules\.store\express@4.18.2\node_modules\
express
```

以上命令会将 Express 框架安装在当前目录的 node_modules 子目录中，node_modules 子目录中会自动创建 express 目录。

使用 npm 进行安装，受网速影响，在国内安装过程可能会较慢，甚至会因为延迟而导致安装失败。因此，推荐使用淘宝镜像（cnpm）进行安装，安装的速度更快。使用方法如下。

（1）先安装 cnpm 命令：

```
npm install -g cnpm --registry=https://registry.npm.taobao.org
```

（2）cnpm 安装成功后，在终端使用 cnpm 命令时，如果提示 "cnpm 不是内部命令"，则需要设置 cnpm 命令的环境变量，让系统能够找到 cnpm 命令所在的位置，如图 11.14 所示。

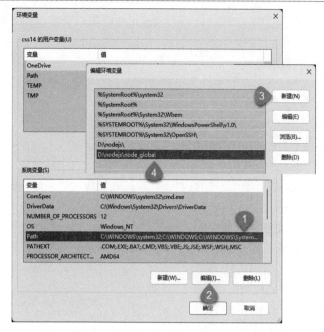

图 11.14　设置 cnpm 命令的环境变量

（3）使用 cnpm 命令安装依赖包，用法与 npm 命令完全一样。

```
cnpm install express -save
```

提示

　　使用 VSCode 可以快速地进行命令行测试。方法如下：启动 VSCode，选择"文件/选择文件夹"菜单命令，打开 D:\test，此时 VSCode 会自动把该目录视为一个应用站点，在左侧的"资源管理器"面板中可以操作站点文件。同时选择"终端/新建终端"菜单命令，就可以在底部新建一个终端面板，在终端面板中可以输入命令行命令，进行快速测试，其用法和响应结果与 DOS 系统窗口内完全相同。

11.2.4　使用 Express 搭建服务器

扫一扫，看视频

本小节通过两个示例简单介绍 Express 框架的基本用法。

【示例 1】使用 Express 框架搭建服务器，并在客户端发起请求后，响应 Hello World 信息。

（1）在 test 目录中新建 JavaScript 文件，并命名为 app.js。

（2）在 app.js 文件中输入以下 JavaScript 代码，创建服务器运行程序。

```
var express = require('express');        //导入 Express 模块
var app = express();                     //创建 Web 服务器对象
app.get('/', function (req, res) {       //处理 GET 请求，响应 Hello World 信息
    res.send('Hello World');
})
var server = app.listen(8000, function () {       //监听 8000 端口
    console.log("服务器启动成功")
})
```

在 get()方法的回调函数中，参数 req 表示 Request 对象，负责 HTTP 请求，包含了请求查询字符串、参数、内容、HTTP 头部等属性。常见属性如下。

1）req.body：获取请求主体。

2）req.hostname、req.ip：获取主机名和 IP 地址。

3）req.path：获取请求路径。

4）req.protocol：获取协议类型。

5）req.query：获取 URL 的查询参数串。

6）req.get()：获取指定的 HTTP 请求头。

参数 res 表示 Response 对象，负责 HTTP 响应，即在接收到请求时向客户端发送的 HTTP 响应数据。常见属性如下。

1）res.append()：追加指定 HTTP 头。

2）res.download()：传送指定路径的文件。

3）res.get()：返回指定的 HTTP 头。

4）res.json()：传送 JSON 响应。

5）res.jsonp()：传送 JSONP 响应。

6）res.send()：传送 HTTP 响应。

7）res.set()：设置 HTTP 头。

8）res.status()：设置 HTTP 状态码。

（3）打开 DOS 系统窗口，输入命令"d:"，然后按 Enter 键，进入 D 盘根目录，再输入命令"cd test"，按 Enter 键进入 test 目录。

（4）输入以下命令运行 Web 服务器，如图 11.15 所示。

```
node app.js
```

（5）打开浏览器，在地址栏中输入"http://127.0.0.1:8000/"，或者"http://localhost:8000/"，按 Enter 键即可看到响应信息，如图 11.16 所示。

图 11.15　运行 Web 服务器

图 11.16　查看响应信息

【示例 2】可以使用 express.static 中间件设置静态文件访问路径，如 HTML 文件、图片、CSS、JavaScript 文件等。

（1）在 test 目录中新建 public 子目录。

（2）在 public 子目录中新建 test.html 文件，代码如下：

```
<!doctype html>
<html><head><meta charset="utf-8"></head><body>
<h1>静态文件</h1>
</body></html>
```

（3）在 app.js 文件中添加代码 "app.use(express.static('public'));"。

```
var express = require('express');
var app = express();
app.use(express.static('public'));                    //处理静态资源
var server = app.listen(8000, function () {
    console.log("服务器启动成功")
})
```

（4）输入以下命令运行 Web 服务器。

```
node app.js
```

（5）打开浏览器，在地址栏中输入 "http://127.0.0.1:8000/test.html"，按 Enter 键后便可以看到静态网页内容。

提示

在命令行窗口中按 Ctrl+C 组合键可以停止服务器的运行。

11.3 XMLHttpRequest

XMLHttpRequest 是一个异步请求 API，提供了客户端向服务器发出 HTTP 请求的功能，请求过程允许不同步，不需要刷新页面。

11.3.1 定义 XMLHttpRequest 对象

扫一扫，看视频

XMLHttpRequest 是客户端的一个 API，它为浏览器与服务器通信提供了一个便捷通道。现代浏览器都支持 XMLHttpRequest API。创建 XMLHttpRequest 对象的语法格式如下：

```
var xhr = new XMLHttpRequest();
```

XMLHttpRequest 对象提供一些常用属性和方法，见表 11.1 和表 11.2。

表 11.1 XMLHttpRequest 对象属性

属　　性	说　　明
onreadystatechange	当 readyState 属性值改变时响应执行绑定的回调函数
readyState	返回当前请求的状态
status	返回当前请求的 HTTP 状态码
statusText	返回当前请求的响应行状态
responseBody	返回正文信息
responseStream	以文本流的形式返回响应信息
responseText	以字符串的形式返回响应信息
responseXML	以 XML 格式的数据返回响应信息
responseType	设置响应数据的类型，包括 text、arraybuffer、blob、json 或 document，默认为 text
response	如果请求成功，则返回响应的数据
timeout	请求时限。超过时限，会自动停止 HTTP 请求

表 11.2　XMLHttpRequest 对象方法

方　　法	说　　明
open()	创建一个新的 HTTP 请求
send()	发送请求到 HTTP 服务器并接收响应
getAllResponseHeaders()	获取响应的所有 HTTP 头信息
getResponseHeader()	从响应信息中获取指定的 HTTP 头信息
setRequestHeader()	单独指定请求的某个 HTTP 头信息
abort()	取消当前请求

使用 XMLHttpRequest 对象实现异步通信的一般步骤如下：

（1）定义 XMLHttpRequest 实例对象。

（2）调用 XMLHttpRequest 对象的 open()方法打开服务器端 URL 地址。

（3）注册 onreadystatechange 事件处理函数，准备接收响应数据，并进行处理。

（4）调用 XMLHttpRequest 对象的 send()方法发送请求。

扫一扫，看视频

11.3.2　建立 HTTP 连接

使用 XMLHttpRequest 对象的 open()方法可以建立一个 HTTP 请求。具体语法格式如下：

```
xhr.open(method, url, async, username, password);
```

其中，xhr 表示 XMLHttpRequest 对象，open()方法包含 5 个参数，简单说明如下。

（1）method：HTTP 请求方法，字符串型，包括 POST、GET 和 HEAD，大小写不敏感。

（2）url：请求的 URL 字符串，大部分浏览器仅支持同源请求。

（3）async：可选参数，指定请求是否为异步方式，默认为 true。如果为 false，当状态改变时会立即调用 onreadystatechange 绑定的回调函数。

（4）username：可选参数，如果服务器需要验证，该参数指定用户名，如果未指定，当服务器需要验证时，会弹出验证窗口。

（5）password：可选参数，验证信息中的密码部分，如果用户名为空，则该值将被忽略。

建立连接后，可以使用 send()方法发送请求，用法如下：

```
xhr.send(body);
```

参数 body 表示将通过该请求发送的数据，如果不传递数据，可以设置为 null 或者省略。

发送请求后，可以使用 XMLHttpRequest 对象的 responseBody、responseStream、responseText 或 responseXML 属性等待接收响应数据。

【示例】以 11.2.4 节示例 2 创建的服务器为基础，本示例简单演示如何实现异步通信。

（1）在/public/test.html 文件中输入以下 JavaScript 代码。

```
var xhr = new XMLHttpRequest();          //实例化 XMLHttpRequest 对象
xhr.open("GET","server.txt", false);     //建立连接，要求同步响应
xhr.send(null);                          //发送请求
console.log(xhr.responseText);           //接收数据
```

（2）在服务器端静态文件（/public/server.txt）中输入以下字符串。

```
Hello World                              //服务器端脚本
```

（3）在浏览器中预览页面（http://localhost:8000/test.html），在控制台会显示 Hello World 的提示信息。该字符串是从服务器端响应的字符串。

11.3.3　发送 GET 请求

发送 GET 请求简单、方便，适合传递简单的字符信息，不适合传递大容量或加密的数据。实现方法如下：将包含查询字符串的 URL 传入 XMLHttpRequest 对象的 open()方法，设置第 1 个参数值为 GET 即可。服务器能够通过查询字符串接收用户信息。

 提示

查询字符串通过问号（?）作为前缀附加在 URL 的末尾，发送数据是以连字符（&）连接的一个或多个键值对。

【示例】以 GET 方式向服务器传递一条信息 id=123456。然后服务器接收到请求后把该条信息响应回去。

（1）新建 test.html 文件，放在/public/test.html 目录下，然后输入以下代码。

```
<input name="submit" type="button" id="submit" value="向服务器发出请求" />
<script>
window.onload = function(){                    //页面初始化
    var b = document.getElementsByTagName("input")[0];
    b.onclick = function(){
        var url = "/get?id=123456"              //设置查询字符串
        var xhr = new XMLHttpRequest();         //实例化 XMLHttpRequest 对象
        xhr.open("GET",url, false);             //建立连接，要求同步响应
        xhr.send(null);                         //发送请求
        console.log(xhr.responseText);          //接收数据
    }
}
</script>
```

（2）在服务器端应用程序文件（/app.js）中输入以下代码。获取查询字符串中 id 的参数值，并把该值响应给客户端。

```
var express = require('express');              //导入 Express 模块
var app = express();                          //创建 Web 服务器对象
app.get('/get', function (req, res) {         //处理 GET 请求
    res.send(req.query);                      //接收查询字符串，并响应给客户端
})
app.use(express.static('public'));            //处理静态资源
var server = app.listen(8000, function () {   //创建服务，并监听指定端口
    console.log("服务器启动成功")
})
```

（3）在浏览器中预览页面（http://localhost:8000/test.html），当单击"向服务器发出请求"按钮时，在控制台显示传递的参数值，如图 11.17 所示。

图 11.17　查看响应信息

11.3.4 发送 POST 请求

POST 请求允许发送任意类型、任意长度的数据，多用于表单提交。请求的信息以 send() 方法的参数进行传递，而不是以查询字符串的方式进行传递。具体语法格式如下：

```
send("name1=value1&name2=value2…");
```

【示例】以 11.3.3 小节中的示例为例，使用 POST 方法向服务器传递数据。

（1）新建 test.html 文件，放在/public/test.html 目录下。然后输入以下代码。

```
window.onload = function(){                        //页面初始化
    var b = document.getElementsByTagName("input")[0];
    b.onclick = function(){
        var url = "/post"                          //设置请求的地址
        var xhr = new XMLHttpRequest();            //实例化 XMLHttpRequest 对象
        xhr.open("POST",url, false);               //建立连接，要求同步响应
        xhr.setRequestHeader('Content-type','application/x-www-form-
urlencoded');                                      //设置为表单方式提交
        xhr.send("id=123456");                     //发送请求
        console.log(xhr.responseText);             //接收数据
    }
}
```

在 open()方法中，设置第 1 个参数为 POST，然后使用 setRequestHeader()方法设置请求消息的内容类型为 "application/x-www-form-urlencoded"，它表示传递的是表单值，一般使用 POST 发送请求时都必须设置该选项，否则服务器会无法识别传递过来的数据。

（2）在服务器端应用程序文件（/app.js）中输入以下代码。在服务器端设计接收 POST 方式传递的数据，并进行响应。

```
var express = require('express');                  //导入 Express 模块
var app = express();                               //创建 Web 服务器对象
var bodyParser = require('body-parser');           //导入 body-parser 模块
//创建 application/x-www-form-urlencoded 编码解析
var urlencodedParser = bodyParser.urlencoded({extended: false})
app.post('/post', urlencodedParser, function (req, res) {   //处理 POST 请求
    res.send(req.body);                            //接收主体信息，并响应给客户端
})
app.use(express.static('public'));                 //处理静态资源
var server = app.listen(8000, function () {        //创建服务，并监听指定端口
    console.log("服务器启动成功")
})
```

（3）由于本示例用到 body-parser 子模块，用于解析 POST 请求中 body 包含的二进制数据，需要在当前 test 目录下输入以下命令安装该子模块。

```
npm install body-parser-save
```

或者输入：

```
cnpm install body-parser-save
```

扫一扫，看视频

11.3.5　跟踪响应状态

使用 XMLHttpRequest 对象的 readyState 属性可以实时跟踪响应状态。当该属性值发生变化时，会触发 readystatechange 事件，调用绑定的回调函数。readyState 属性值说明见表 11.3。

表 11.3　readyState 属性值

返 回 值	说　　明
0	未初始化。表示对象已经建立，但是尚未初始化，尚未调用 open()方法
1	初始化。表示对象已经建立，尚未调用 send()方法
2	发送数据。表示 send()方法已经调用，但是当前的状态及 HTTP 头未知
3	数据传送中。已经接收部分数据，因为响应及 HTTP 头不全，这时通过 responseBody 和 responseText 获取部分数据会出现错误
4	完成。数据接收完毕，此时可以通过 responseBody 和 responseText 获取完整的响应数据

如果 readyState 属性值为 4，则说明响应完毕，那么就可以安全读取响应的数据。考虑到各种特殊情况，更安全的方法如下：同时监测 HTTP 状态码，只有当 HTTP 状态码为 200 时，就说明 HTTP 响应顺利完成。

【示例】以 11.3.4 小节中的示例为例，修改请求为异步响应请求，然后通过 status 属性获取当前的 HTTP 状态码。如果 readyState 属性值为 4，且 status 属性值为 200，则说明 HTTP 请求和响应过程顺利完成，这时可以安全、异步地读取数据了。

```
window.onload = function(){                       //页面初始化
    var b = document.getElementsByTagName("input")[0];
    b.onclick = function(){
        var url = "/post"                         //设置请求的地址
        var xhr = new XMLHttpRequest();           //实例化 XMLHttpRequest 对象
        xhr.open("POST",url, true);               //建立连接，要求异步响应
        xhr.setRequestHeader('Content-type','application/x-www-form-
urlencoded');                                     //设置为表单方式提交
        xhr.onreadystatechange = function(){      //绑定响应状态事件监听函数
            if(xhr.readyState == 4){              //监听 readyState 状态
                if (xhr.status == 200 || xhr.status == 0){//监听 HTTP 状态码
                console.log(xhr.responseText);         //接收数据
                }
            }
        }
        xhr.send("id=123456");                    //发送请求
    }
}
```

11.4　案 例 实 战

11.4.1　获取 XML 数据

XMLHttpRequest 对象通过 responseText、responseBody、responseStream 或 responseXML 属性获取响应信息，说明见表 11.4，它们都是只读属性。

表 11.4　XMLHttpRequest 对象响应信息说明

响 应 信 息	说　　明
responseBody	将响应信息正文以 Unsigned Byte 数组形式返回
responseStream	以 ADO Stream 对象的形式返回响应信息
responseText	将响应信息作为字符串返回
responseXML	将响应信息格式化为 XML 文档格式返回

在实际应用中，一般将格式设置为 XML、HTML、JSON 或其他纯文本格式。具体使用哪种响应格式，可以参考以下几条原则。

（1）如果向页面中添加 HTML 字符串片段，选择 HTML 格式会比较方便。

（2）如果需要协作开发，并且项目庞杂，选择 XML 格式会更通用。

（3）如果要检索复杂的数据，并且结构复杂，那么选择 JSON 格式比较方便。

【案例】获取 XML 数据。

（1）在服务器端创建一个简单的 XML 文档，放在/public/server.xml 目录下，然后输入以下代码。

```
<?xml version="1.0" encoding="utf-8"?>
<the>XML 数据</the >
```

也可以使用服务器端 JavaScript 脚本动态生成 XML 结构数据。

（2）新建 test.html 文件，放在/public/test.html 目录下，在客户端进行如下请求：

```
<input name="submit" type="button" id="submit" value="向服务器发出请求" />
<script>
window.onload = function(){                    //页面初始化
    var b = document.getElementsByTagName("input")[0];
    b.onclick = function(){
        var xhr = new XMLHttpRequest();         //实例化 XMLHttpRequest 对象
        xhr.open("GET","server.xml", true);     //建立连接，要求异步响应
        xhr.onreadystatechange = function(){    //绑定响应状态事件监听函数
            if(xhr.readyState == 4){            //监听 readyState 状态
                if (xhr.status == 200 || xhr.status == 0){//监听 HTTP 状态码
                    var  info = xhr.responseXML;
                    console.log(info.getElementsByTagName("the")[0]
.firstChild.data);                             //返回元信息字符串"XML 数据"
                }
            }
        }
        xhr.send();                             //发送请求
    }
}
</script>
```

在上面的代码中，使用 XML DOM 的 getElementsByTagName()方法获取 the 节点，然后再定位第 1 个 the 节点的子节点内容。此时如果继续使用 responseText 属性来读取数据，则会返回 XML 源代码字符串。

扫一扫，看视频

11.4.2　获取 JSON 数据

使用 responseText 可以获取 JSON 格式的字符串，然后使用 eval()方法将其解析为本地

JavaScript 脚本，再从该数据对象中读取信息。

【案例】获取 JSON 数据。

（1）在服务器端请求文件中包含以下 JSON 数据（/public/server.js）。

```
{user:"ccs8",pass: "123456",email:"css8@mysite.cn"}
```

（2）在客户端执行下面的请求。把返回 JSON 字符串转换为对象，然后读取属性值。

```
<input name="submit" type="button" id="submit" value="向服务器发出请求" />
<script>
window.onload = function(){                      //页面初始化
    var b = document.getElementsByTagName("input")[0];
    b.onclick = function(){
        var xhr = new XMLHttpRequest();          //实例化 XMLHttpRequest 对象
        xhr.open("GET","server.js", true);       //建立连接，要求异步响应
        xhr.onreadystatechange = function(){//绑定响应状态事件监听函数
            if(xhr.readyState == 4){             //监听 readyState 状态
                if (xhr.status == 200 || xhr.status == 0){//监听 HTTP 状态码
                    var info = xhr.responseText;
                    var o = eval("("+info+")");      //调用 eval()方法把字符
                                                     //串转换为本地脚本
                    console.log(info);     //显示 JSON 对象字符串
                    console.log(o.user);   //读取对象属性值，返回字符串"css8"
                }
            }
        }
        xhr.send();                              //发送请求
    }
}
</script>
```

📢 注意

eval()方法在解析 JSON 字符串时存在安全隐患。如果 JSON 字符串中包含恶意代码，在调用回调函数时可能会被执行。解决方法如下：先对 JSON 字符串进行过滤，屏蔽掉敏感或恶意代码。也可以访问 https://github.com/douglascrockford/JSON-js 下载 JavaScript 版本解析程序。不过如果确信所响应的 JSON 字符串是安全的，没有被恶意攻击，那么可以使用 eval()方法直接解析 JSON 字符串。

11.4.3　获取纯文本

扫一扫，看视频

对于简短的信息，可以使用纯文本格式进行响应。但是纯文本信息在传输过程中容易丢失，并且没有办法检测信息的完整性。

【案例】获取纯文本。服务器端响应信息为字符串"true"，则可以在客户端这样设计：

```
var xhr = new XMLHttpRequest();                  //实例化 XMLHttpRequest 对象
xhr.open("GET","server.txt", true);              //建立连接，要求异步响应
xhr.onreadystatechange = function(){             //绑定响应状态事件监听函数
    if(xhr.readyState == 4){                      //监听 readyState 状态
        if (xhr.status == 200 || xhr.status == 0){   //监听 HTTP 状态码
            var info = xhr.responseText;
            if(info == "true") console.log("文本信息传输完整");
```

```
                                                //检测信息是否完整
            else console.log("文本信息可能存在丢失");
        }
    }
}
xhr.send();                                     //发送请求
```

本 章 小 结

本章首先介绍了 Web 服务的相关概念，如 Web 服务器、URL、路径和 HTTP 等；然后具体介绍了如何构建 Node.js 服务器，包括在本地安装 Node.js 服务软件，如何安装 Express 框架，并使用 Express 框架启动 Web 服务功能；最后详细讲解了 XMLHttpRequest 插件的使用，包括如何建立与服务器端的连接，如何请求和响应数据，如何跟踪响应状态和接收不同格式的数据。

课 后 练 习

一、填空题

1．Ajax 是使用_____脚本，借助_____插件，在客户端与服务器端之间实现异步通信的一种方法。

2．Web 服务器又称_____，是指驻留于互联网上某种类型的服务程序。

3．常用的 Web 服务器包括_____、_____和_____等。

4．一个 URL 一般由 3 部分组成：_____、_____和_____。

5．HTTP 是_____协议，表示访问的资源是 HTML 文件。

二、判断题

1．HTTP 是一种网络层协议，负责超文本的传输，如文本、图像、多媒体等。（   ）

2．HTTP 由两部分组成：请求和响应。（   ）

3．HTTP 请求由 3 部分组成：请求行、消息报头、请求正文。（   ）

4．HTTP 响应由 3 部分组成：响应行、消息报头、响应正文。（   ）

5．状态码为 400 表示请求已被成功接收、理解或接受。（   ）

三、选择题

1．（   ）表示本地文件。

    A．http://   B．ftp://   C．mailto: D．file://

2．下列四个选项中，（   ）路径不能用于网站开发。

    A．绝对路径   B．物理路径   C．相对路径   D．根路径

3．使用 POST 方式发送 HTTP 请求，请求信息一般位于（   ）。

    A．请求行   B．状态行   C．消息报头   D．请求正文

4．如果发生服务器端错误，则响应状态码应该是（　　　）。

A．5xx　　　　　　B．4xx　　　　　　C．3xx　　　　　D．2xx

5．使用（　　　）属性可以接收 JSON 格式的数据。

A．responseStream　　B．responseText　　C．responseXML　　D．responseType

四、简答题

1．简单介绍一下 Node.js 的作用。

2．简单说明一下 Express 框架的作用和搭建步骤。

五、编程题

1．为了安全起见，Ajax 异步通信一般都遵循同源策略，即发起请求的 URL 和响应请求的 URL 的协议、端口和主机必须相同。Express 支持跨域请求，但是需要在服务器端应用程序中主动设置允许跨域访问，代码如下：

```
app.all('*', (req, res, next) => {                //all()方法表示匹配所有请求方式
    res.setHeader('Access-Control-Allow-Origin', '*');
                                                  //设置响应头，允许跨域访问
    next();                                        //执行下一个中间件或路由
});
```

根据以上思路和方法，将 11.3.3 小节中的示例改为跨域请求。

2．设计一个登录验证页，包含用户名和密码两个文本框以及一个"登录"按钮。输入信息之后，单击"登录"按钮，通过 Ajax 技术把用户信息上传到服务器，然后在服务器端进行验证，如果通过验证则提示登录成功，否则提示登录失败。

拓 展 阅 读

扫描下方二维码，了解关于本章的更多知识。

第 12 章　面向对象编程

　　面向对象编程（Object Oriented Programming，OOP）是一种程序设计思想，与面向过程编程相比较，它有更强的灵活性和扩展性。面向过程编程会将问题分解成一个一个的步骤，每个步骤用函数实现，然后按逻辑调用即可；面向对象编程会将问题分解成一个一个的步骤，然后对每个步骤进行抽象，形成对象，通过不同对象之间的调用、组合来解决问题。本章将讲解如何使用 JavaScript 进行面向对象编程。

12.1　类　和　对　象

　　面向对象符合人类看待事物的一般规律。采用面向对象的思想进行编程，每个程序都是由多个独立的对象组成的，每个对象都能独立地接收信息、处理信息以及向其他对象发送信息。这样编写的代码更清晰，也容易维护，具有较强的可重用性。

12.1.1　认识类和对象

　　类的概念源于人们认识自然、理解社会的过程。例如，人是动物的一种，是一类具有思维能力的高级动物，而张三、李四、王五等人是一些有名有姓的个体。如果说人是高级动物的概括，是一个类的抽象，那么这些具体的人就是对象，而动物又是人的祖先，所以可以把动物称为父类。总之，类是对象的抽象，对象是类的实现。类与对象之间的关系如图 12.1 所示，其中虚线框代表类，实线框代表对象。

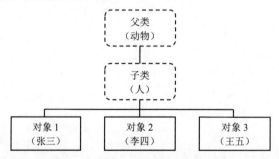

图 12.1　类与对象之间的关系示意图

在编程世界里，可以把类理解为模板，用来复制对象。如果两个或多个对象的结构或功能类似，可以抽象出一个模板，依照模板可以复制出多个相似的实例，就像工厂使用模具生产产品一样。通过类来创建对象，开发者就不必重写代码，以达到代码复用的目的。

提示

　　函数也能够实现代码的复用，但是函数无法解决数据封装的难题，也无法实现多个函数之间的有机联系，更不能实现代码的继承。而类能够把多个函数关联在一起，分工合作，用代码封装数据，以更便捷的方式处理数据。

面向对象具有 3 个基本特性，简单概括如下。

1．继承

不同类型之间可能会存在部分代码重叠，如公共数据或方法，但是又不想重写雷同的代码，于是就利用继承机制快速实现代码的"复制"。继承简化了类的创建，提高了代码的可重用性。

2．封装

封装就是信息隐藏，将类的使用和实现分开，只保留有限的接口（方法）与外部联系。对于开发人员来说，只需知道如何调用类的方法，而不用关心类的实现过程和技术细节。这样就可以让开发人员把更多的精力集中于应用层面的开发，还避免了程序之间的依赖和耦合。封装保护了代码的隐私性和安全性。

3．多态

多态是指一个接口可以拥有多种实现，当作用于不同的对象时，可以有不同的执行结果。多态关注的不是传入对象是否符合指定类型，而关注的是传入对象是否有符合执行要求的方法，如果有，就执行。多态增强了代码使用的灵活性。

12.1.2　定义类

扫一扫，看视频

ES5 通过函数来模拟类，ES6 引入了 class 关键字，通过 class 命令来定义类。定义类的方法有以下两种。

1．声明类

声明类的语法格式如下：

```
class 类名{                                          //声明类
    [类主体]
}
```

类名首字母习惯上要大写，以便与实例名相区别。类主体可以包含构造函数、字段和方法。

提示

　　声明函数与声明类之间有一个重要的区别：声明的函数会提升作用域，而声明的类则不会。只有先声明类，然后才能够使用类，否则将抛出 ReferenceError 异常。

【**示例 1**】下面的代码声明了一个学生类 Student，然后实例化一个具体的学生对象。

```
class Student {                                    //声明类
    constructor(name) {                            //构造函数
        this.name = name;                          //姓名
    }
    say() {console.log('我的名字是：' + this.name)} //实例方法
}
var student = new Student('张三') ;                 //实例化类，并初始化信息
student.say();                                     //调用实例方法，显示学生姓名
```

student 是按照 Student 模板复制出来的对象，实例对象拥有预制的结构和功能。

 提示

在定义类的方法时，可以使用简写语法，不包含 function 关键字。方法与方法之间不需要逗号分隔，否则会抛出异常。

2. 类表达式

类表达式可以命名，也可以不命名，具体语法格式如下：

```
类名 = class 类别名{[类主体]};                       //命名类表达式
类名 = class {[类主体]};                             //不命名类表达式
```

不命名的类表达式称为匿名类。使用声明的类名可以引用该类。通过类的 name 属性可以读取类的别名，如果没有别名，则返回类名。

【**示例 2**】下面的代码分别使用匿名表达式和命名表达式定义两个类，再使用 name 属性读取类的名字。

```
let Rectangle1 = class {};                         //匿名类
console.log(Rectangle1.name);                      //"Rectangle1"
let Rectangle2 = class Rect {};                    //命名类
console.log(Rectangle2.name);                      //"Rect"
```

扫一扫，看视频

12.1.3 实例化对象

使用 new 命令可以实例化类，返回一个实例对象，具体语法格式如下：

```
实例对象 = new 类名([可选参数列表]);
```

如果类的构造函数包含参数，则实例化时需要传入对等的参数。

【**示例 1**】下面的代码声明一个 Point 类，包含两个实例字段：x 和 y。在构造函数内，x 和 y 需要绑定到 this 上，this 指代未来的实例对象。Point 类中还包含一个实例方法：toString()，因为定义在类主体内，所以不需要绑定 this。

```
class Point {                                      //声明类
    constructor(x, y) {                            //构造函数
        this.x = x;                                //实例字段
        this.y = y;                                //实例字段
    }
    toString() {                                   //实例方法
        return '(' + this.x + ', ' + this.y + ')';
```

```
    }
}
var point = new Point(2, 3);                    //实例化对象，初始传入两个值，
                                                //这两个值最后传递给 constructor(x, y)函数
console.log(point.toString());                  //(2, 3)
```

 提示

每一个类都包含一个名为 constructor()的特殊函数，该函数称为构造函数。如果包含多个 constructor()函数，将抛出 SyntaxError 异常。如果在类中没有定义 constructor()函数，JavaScript 会自动添加一个空的 constructor()函数。当使用 new 命令实例化类时，会自动调用该构造函数，用于初始化实例对象。

【示例 2】constructor()函数默认返回实例对象（this），也可以手动返回其他对象。在下面的代码中，设置 constructor()函数返回一个空对象，那么这个空对象就不是 Point 类的实例了。

```
class Point{
    constructor() {
        return Object.create(null);             //手动返回一个空对象
    }
}
console.log(new Point() instanceof Point);      //false
```

扫一扫，看视频

12.1.4 字段

字段是类用来保存信息的变量。根据归属不同，字段可以分为以下两种类型。
（1）实例字段：归属于实例对象，通过实例对象访问，也称为实例变量或本地变量。
（2）静态字段：归属于类对象，通过类对象访问，也称为类变量。
根据访问权限，字段可以分为以下两种类型。
（1）公共字段：可以在任意位置访问，包括类的内部和外部。
（2）私有字段：只能在类的内部使用，不对外部开放。

1. 公共实例字段

公共实例字段一般用于存储实例信息，初始化实例对象。
【示例 1】在下面的代码中，将声明一个实例字段 name，并分配一个初始值。

```
class User {
    constructor(name) {
        this.name = name;                       //构造函数内声明实例字段
    }
}
```

然后可以在 User 内部或外部访问实例字段 name。

```
const user = new User('Hi');                    //实例化，初始 name 的值
console.log(user.name);                         //在类的外部访问，=>'Hi'
```

也可以在类主体内其他位置声明实例字段。例如：

```
class User {
```

239

```
        name = 'Hi';                      //主体内声明实例字段
    }
    const user = new User();
    console.log(user.name);               //'Hi'
```

 提示

如果字段的值固定，建议在类主体的顶部进行集中声明，方便展示数据结构，并且在声明类时，可以立即初始化数据。

2. 私有实例字段

私有实例字段可以保存私有信息，常用于实例内部的逻辑处理或数据缓存。定义私有实例字段的方法如下：

```
#私有实例字段名
在实例字段名称前面加上特殊符号"#"。
```

 注意

每次使用私有实例字段时，都必须保留前缀"#"。

【示例 2】在下面的代码中，定义一个私有实例字段#name，用于暂时存储传入的用户名。

```
class User {
    #name;                                //私有字段
    constructor(name) {                   //构造函数
        this.#name = name;                //把初始化信息存储到私有字段中备用
    }
    getName() {                           //实例方法
        return this.#name;                //在方法内访问私有字段
    }
}
const user = new User('张三');
console.log(user.getName());              //通过实例方法，可以在外部间接访问，=>'张三'
console.log(user.#name);                  //如果直接在类的外部访问，将抛出语法异常
```

#name 是一个私有实例字段，可以在 User 主体内访问。因此，getName()函数可以访问 #name。如果尝试在类外直接访问，则会抛出异常。

3. 公共静态字段

公共静态字段主要用于定义类常量，或者保存类的公共信息。定义公共静态字段的方法如下：

```
static 公共静态字段名
```

使用 static 关键字，在其后跟随字段名称即可。

【示例 3】下面的代码为 User 类添加一个实例字段 type，设置用户类型，再添加两个公共静态字段：TYPE_S 和 TYPE_T，定义类常量，标识两种用户类型。

```
class User {
    static TYPE_S = 'student';            //公共静态字段，标识学生类型
    static TYPE_T = 'teacher';            //公共静态字段，标识教师类型
```

```
    name;                                      //实例字段,用户名
    type;                                      //实例字段,用户类型
    constructor(name, type) {                  //构造函数
        this.name = name;                      //初始化姓名
        this.type = type;                      //初始化类型
    }
}
const admin = new User('张三', User.TYPE_S);
console.log(admin.type === User.TYPE_S);       //true
```

公共静态字段 TYPE_S 和 TYPE_T 定义了 User 类的常量,用于标识用户类型。要想访问公共静态字段,可以使用 User.TYPE_S 和 User.TYPE_T。

4. 私有静态字段

私有静态字段保存类的私有值,供类内所有的方法使用,主要用于内部的逻辑处理。定义私有静态字段的方法如下:

```
static #私有静态字段名
```

【示例 4】设计一个 User 类,并限制类的实例最多有两个。

```
class User {
    static #MAX = 2;                           //私有静态字段,限制实例个数
    static #instances = 0;                     //私有静态字段,实例化计数器
    name;                                      //公共实例字段,用户名
    constructor(name) {                        //构造函数
        User.#instances++;                     //统计实例化次数
        if (User.#instances > User.#MAX) {     //如果超出了限制,则抛出异常
            throw new Error('超出最大限制次数');
        }
        this.name = name;                      //初始化用户名
    }
}
new User('Zhansan');                           //创建第 1 个实例
new User('Lisi');                              //创建第 2 个实例
new User('Wangwu');                            //创建第 3 个实例,超出限制抛出异常
```

私有静态字段 User.#MAX 用于设置最大实例化次数,User.#instances 用于统计实例个数。这些私有静态字段只能在 User 内部使用,并且在访问时都必须使用类名进行引用。

12.1.5 方法

字段用于存储信息,而方法用于处理信息、执行任务。JavaScript 的类支持实例方法和静态方法。

扫一扫,看视频

1. 实例方法

实例方法是附加在实例上的函数,可以读写字段信息,也可以调用其他方法。

【示例 1】下面的代码定义了两个实例方法:getName()返回 User 类实例的名称,nameContains(str)可以接收一个参数 str,判断用户名是否包含指定的字符串。

```
class User {
    constructor(name) {                        //构造函数
```

```
        this.name = name;              //实例字段
    }
    getName() {return this.name;}      //实例方法，返回用户名
    nameContains(str) {                //实例方法，检索用户名
        return this.name.includes(str);
    }
}
const user = new User('Zhangsan');     //实例化对象
console.log(user.getName());           //'Zhangsan'
console.log(user.nameContains('Li'));  //false
```

在实例方法和构造函数中，this 指向实例对象。

在实例方法的名称前面添加"#"前缀，可以定义私有实例方法，仅供在类内部调用。

【示例 2】以示例 1 为基础，把 getName()方法设为私有，在 nameContains(str)内，可以这样调用私有方法：this.#getName()。

```
class User {
    constructor(name) {                //构造函数
        this.name = name;              //实例字段
    }
    #getName() {return this.name;}     //私有实例方法，返回用户名
    nameContains(str) {                //实例方法，检索用户名
        return this.#getName().includes(str);
    }
}
const user = new User('Zhangsan');     //实例化对象
console.log(user.nameContains('Li'));  //false
```

作为私有方法，就不能在外部调用，如果调用方法 user.#getName()，将抛出异常。

2. 属性

在类中可以使用 get 和 set 关键字为实例定义读、写属性，绑定取值函数（getter）和存值函数（setter），允许实例以字段的方式调用函数，实现对字段的读、写行为进行监控。

当尝试读取属性值时，将调用取值函数；当尝试写入属性值时，将调用存值函数。取值函数不需要参数，而存值函数需要接收一个参数。

【示例 3】继续以上面的示例为基础。为了确保 name 属性不为空，将私有字段#nameValue 封装到 getter 和 setter 中。

```
class User {
    #nameValue;                        //私有实例字段，缓存用户名
    constructor(name) {                //构造函数
        this.#nameValue = name;        //初始化缓存用户名
    }
    get name() {                       //取值函数，返回缓存的用户名
        return this.#nameValue;
    }
    set name(name) {                   //存值函数，设置用户名，并进行监控
        if (name === '') {             //如果参数为空，则抛出异常
            throw new Error('请设置用户名');
        }
        this.#nameValue = name;        //为私有字段#nameValue 赋值，缓存用户名
    }
```

```
}
const user = new User('Zhangsan');
console.log(user.name);                    //读取属性值，=>'Zhangsan'
user.name = 'Lisi';                        //设置属性值
user.name = '';                            //将抛出异常
```

3．静态方法

静态方法是直接附加在类对象上的函数，主要为类创建工具函数，处理与类相关的各种通用逻辑或任务，而不是与实例相关的具体事务。定义静态方法的语法如下：

```
static 静态方法名([可选参数]){
    //方法主体
}
```

在静态方法中，可以访问静态字段，不可以访问实例字段。方法内的 this 指向类对象，而不是实例对象。

注意

静态方法不会继承给实例对象，也不允许通过实例对象调用，只允许通过类对象调用，调用时也不需要先实例化。父类的静态方法可以被子类继承。

【示例 4】 继续以上面的示例为基础。新添加静态方法 isNameTaken()，使用静态私有字段 User.#takenNames 来存储用户名。

```
class User {
    static #takenNames = [];                //静态私有字段，保存用户名
    static isNameTaken(name) {              //静态方法，检测用户名
        return User.#takenNames.includes(name);
    }
    name;                                   //实例字段，用户名
    constructor(name) {
        this.name = name;                   //初始化用户名
        User.#takenNames.push(name);        //并把用户名存入静态私有字段中
    }
}
const user = new User('Zhangsan');
console.log(User.isNameTaken('Zhangsan'));  //true
console.log(User.isNameTaken('Lisi'));      //false
```

也可以定义仅在类主体内使用的私有静态方法，具体语法格式如下：

```
static #静态方法名([可选参数]) {
    //方法主体
}
```

12.1.6　继承

1．继承的实现

ES5 通过原型实现继承，ES6 通过 extends 关键字支持单继承。具体语法格式如下：

```
class 父类 {}
class 子类 extends 父类 {}
```

子类通过 extends 关键字继承父类的构造函数、字段和方法，但是父类的私有成员不会被子类继承。

【示例 1】创建一个子类 Reader，扩展父类 User。从 User 继承构造函数、getName()方法和 name 字段，同时声明一个新字段 arr。

```
class User {                           //父类
    name;                              //实例字段
    constructor(name) {                //构造函数
        this.name = name;              //初始化实例字段，设置用户名
    }
    getName() {                        //实例方法
        return this.name;
    }
}
class Reader extends User {            //子类，继承自 User
    arr = [];                          //新添加 arr 字段
}
const reader = new Reader('Hi');       //实例化子类
console.log(reader.name);              //继承自父类 =>'Hi'
console.log(reader.getName());         //继承自父类 =>'Hi'
console.log(reader.arr);               //来自子类新字段 =>[]
```

2. 使用 super()函数

如果子类也定义了构造函数，实例化时会覆盖父类的构造函数。为确保父类的构造函数在子类中实现初始化，必须在子类的构造函数中先调用一个特殊函数 super()，它指代父类的构造函数。

 注意

super()函数只能用在子类的构造函数之中，用于其他位置将抛出异常。

【示例 2】以示例 1 为基础，在子类 Reader 的构造函数内首先调用父类 User 的构造函数，实现父类和子类的同时初始化，以便继承 name 字段，并新添加一个 age 字段。

```
class User {                              //父类
    constructor(name) {                   //父类构造函数
        this.name = name;                 //初始化实例字段，设置用户名
    }
}
class Reader extends User {               //子类
    constructor(name, age) {              //子类构造函数
        super(name);                      //必须首先调用父类构造函数，初始化父类实例
        this.age = age;                   //初始化实例字段，设置用户年龄
    }
}
const reader = new Reader('Lisi', 20);    //实例化子类
console.log(reader.name);                 //'Lisi'
console.log(reader.age);                  //20
```

3. 使用 super

如果在子类的方法中访问父类，可以使用 super。在实例方法中，this 指代实例对象，而 super 具有以下两个指代作用。

（1）在实例方法中使用时，指向父类的实例对象。

（2）在静态方法中使用时，指向父类对象。

【**示例 3**】在下面的代码中，子类的 getName()方法覆盖了父类的 getName()方法，要访问父类的 getName()，可以使用 super.getName()。

```
class User {                                      //父类
    name;                                         //实例字段
    constructor(name) {                           //父类构造函数
        this.name = name;                         //初始化实例字段，设置用户名
    }
    getName() {                                   //父类的实例方法
        return this.name;
    }
}
class Reader extends User {                        //子类
    posts = [];                                   //实例字段
    constructor(name, posts) {                     //子类构造函数
        super(name);                              //实例化父类的构造函数
        this.posts = posts;                       //初始化实例字段
    }
    getName() {                                   //重写方法
        const name = super.getName();             //调用被覆盖的父类方法
        if (name === '') {                        //如果名字为空，则返回提示字符
            return 'Null';
        }
        return name;
    }
}
const reader = new Reader('', ['Hi', 'World']);   //实例化子类，设置 name 为空
console.log(reader.getName());                    //'Null'
```

在子类方法中通过 super 调用父类方法时，此时 super 指代父类的实例，super()函数内的 this 指向子类实例。

12.2　构 造 函 数

ES5 没有 class 关键字，不支持类，模拟类主要通过函数来实现，这类函数称为构造函数（或构造器）。本节将讲解 ES5 中构造函数的定义和使用。

12.2.1　定义构造函数

在语法结构上，构造函数与普通函数相似。任何 JavaScript 函数（不包括箭头函数、生成器函数和异步函数）都可以用作构造函数。定义构造函数的语法格式如下：

```
function 构造函数名([可选参数列表]) {
    this.属性名=属性值;
```

扫一扫，看视频

```
    this.方法名= function(){ //处理代码 };
    ...
}
```

与普通函数相比，构造函数有以下两个显著特点。

（1）须在函数体内可以使用 this 指代未来的实例对象。

（2）必须使用 new 命令调用函数，生成实例对象。

【示例】下面的代码定义了一个构造函数，包含两个属性和一个方法。

```
function Point(x,y){                  //构造函数
    this.x = x;                       //属性
    this.y = y;                       //属性
    this.sum = function(){            //方法
        return this.x + this.y;
    }
}
```

12.2.2 调用构造函数

使用 new 命令可以调用构造函数，创建实例对象。语法格式如下：

实例对象 = new 构造函数名([可选参数列表])

【示例1】下面的代码使用 new 命令调用构造函数 Point()，生成一个实例，然后调用方法 sum()，获取两个属性的和。

```
function Point(x,y){                  //构造函数
    this.x = x;                       //属性
    this.y = y;                       //属性
    this.sum = function(){            //方法
        return this.x + this.y;
    }
}
var p1 = new Point(100,200);          //实例化对象1
console.log(p1.sum());                //300
```

 提示

构造函数可以接收参数，以便初始化实例对象。如果不需要传递参数，可以省略小括号，直接使用 new 命令调用，下面两行代码是等价的。

```
var p1 = new Point();
var p2 = new Point;
```

📢 注意

如果不使用 new 命令，直接使用小括号调用构造函数，这时构造函数就是普通函数，不会生成实例对象，this 就指代调用对象。

【示例2】为了避免误用，可以在构造函数中启用严格模式，这样在调用时必须使用 new 命令，否则将抛出异常。或者使用 if 对 this 进行检测，如果 this 不是实例对象，则强迫返回

实例对象。

```
function Point(x,y){                         //构造函数
    'use strict';                            //启用严格模式
}
function Point(x,y){                         //构造函数
    if(!(this instanceof Point)) return new Point(x, y);
                                             //检测 this 是否为实例对象
}
```

 说明

使用 new 命令创建实例时，会激活并运行函数体代码。如果函数不需要返回值，或者 return 的返回值是对象，则可以使用 new 命令间接运行函数。

12.3　this

除了箭头函数外，JavaScript 为每种函数都内置了 this 指针，用来指代调用对象。本节将讲解 this 的安全使用和控制。

12.3.1　认识 this

在不同的运行环境中，this 会指代不同的对象。

（1）在全局作用域中，使用小括号直接调用函数，则函数体内的 this 指代全局对象，如 window。

（2）当函数作为对象的方法被调用时，则函数体内的 this 指代该对象。

（3）当函数被定义为构造函数，使用 new 命令调用时，则函数体内的 this 指代实例对象。

扫一扫，看视频

12.3.2　锁定 this

考虑到 this 指代对象的灵活性，使用时应该时刻保持谨慎。在程序开发中，可以考虑先锁定 this，然后再使用。锁定 this 有以下两种基本方法。

扫一扫，看视频

（1）使用私有变量存储 this 指代的对象。

（2）使用 call、apply 或 bind 强制绑定 this 指代的对象。

【示例 1】在构造函数中把 this 存储到私有变量中，然后在方法中使用私有变量来引用构造函数的 this，这样在类型实例化后，方法内的 this 不会发生变化。

```
function Base(){                             //基类
    var _this = this;                        //使用私有变量存储实例对象
    this.func = function(){
        return _this;                        //返回实例对象
    };
    this.name = "Base";                      //基类的别名
}
function Sub(){                              //子类
    this.name = "Sub";                       //子类的别名
}
Sub.prototype = new Base();                  //继承基类
```

```
var sub = new Sub();                      //实例化子类
var _this = sub.func();                   //调用继承方法 func()
console.log(_this.name);                  //"Base"，说明 this 指向基类实例
```

【示例 2】使用 call()和 apply()方法强制锁定 this 的指代对象。以示例 1 为基础，不在 Base()中保存 this 指代的对象，而是使用 Base.call(sub)方法把 Base()函数中的 this 绑定到实例 sub，这样调用 sub.func()方法时返回的是 Base()函数的上下文环境，而不是 Sub()函数的上下文环境，即 Sub 的实例对象，所以再次访问 this.name 时，就是"Base"，而不是"Sub"。

```
function Base(){                          //基类
    this.func = function(){
        return this;                      //返回实例对象
    };
    this.name = "Base";                   //基类的别名
}
function Sub(){                           //子类
    this.name = "Sub";                    //子类的别名
}
var sub = new Sub();                      //实例化子类
Base.call(sub) ;                          //绑定 this 到 Base 的上下文对象
var _this = sub.func();                   //调用继承方法 func()
console.log(_this.name);                  //"Base"，说明 this 始终指向基类实例
```

12.3.3 使用 bind()方法

扫一扫，看视频

ES5 为 Function 类型新增了 bind()原型方法，用来把原函数的 this 绑定到指定的对象上，最后返回一个新函数。具体语法格式如下：

```
func1 = func2.bind(thisArg[,arg1[arg2[,argN]]])
```

参数说明如下。

（1）func1：返回绑定了 this 的新函数。

（2）func2：预绑定的原函数。

（3）thisArg：必需参数，指定绑定函数内的 this 指代的对象。

（4）arg1[,arg2[,argN]]：可选参数，传递给返回函数的参数列表。

【示例】下面设计一个 obj 对象，定义了两个属性：min（下限）和 max（上限），一个方法：check()，用于检测指定的值是否处于指定范围内。然后直接调用方法 obj.check(10)，检测 10 是否在指定范围，返回 false。接着把 obj.check 方法绑定到 range 对象上，再次传入 10，则返回 true，说明 range 对象的 min 和 max 属性值覆盖掉了 obj 对象的属性值，此时 min 和 max 的值分别为 10 和 20。

```
var obj = {
    min: 50,                              //初始下限值
    max: 100,                             //初始上限值
    check: function (value) {             //检测方法
        if (typeof value !== 'number')    //参数不为数值，则直接返回 false
            return false;
        else                              //参数介于 min 和 max 之间，则返回 true
            return value >= this.min && value <= this.max;
    }
}
```

```
console.log(obj.check(10));              //false
var range = {min: 10, max: 20};          //定义一个新范围对象
var check1 = obj.check.bind(range);      //把 obj.check 方法绑定到 range 对象上
                                         //那么 check 内的 this 就不再指代 obj，而是 range
console.log(check1(10));                 //true
```

12.4　原　型

在 ES6 之前，JavaScript 通过构造函数模拟类，通过原型（prototype）实现继承。那么什么是原型呢？我们又如何使用它呢？

12.4.1　认识原型

扫一扫，看视频

原型是 JavaScript 语言中一个比较难懂的知识点，如果掌握了它，则可以更好地理解 JavaScript 内部的继承机制。实际上，原型指代一个对象，默认由 JavaScript 自动创建，并与构造函数建立联系。构造函数、原型和实例之间的关系简单说明如下：

（1）构造函数通过 prototype 属性访问原型对象。

（2）构造函数通过 new 命令创建实例对象。

（3）实例对象通过 constructor 属性访问构造函数。

（4）实例对象通过原型链访问原型对象。

【示例 1】为本地属性设置默认值。当原型属性与本地属性同名时，删除本地属性后，可以访问原型属性，这样可以把原型属性值作为默认值使用。

```
function P(x){                   //构造函数
    if(x) this.x = x;            //如果传入参数，则定义属性，该条件是关键
}
P.prototype.x = 0;               //使用原型属性设置默认值
var p = new P();                 //实例化，不带参数
console.log(p.x);                //0，返回默认值
p = new P(1);                    //再次实例化，传入新值
console.log(p.x);                //1，返回参数值
```

【示例 2】备份本地属性。如果把实例对象的属性完全赋值给原型对象，相当于为实例对象做了一次备份，当实例属性变更时，可以通过原型对象恢复实例对象的初始状态。

```
function P(x){                   //构造函数
    this.x = x;                  //本地属性
}
P.prototype.backup = function(){ //原型方法
    for(var i in this){          //备份实例对象的所有属性
        P.prototype[i] = this[i];
    }
}
var p = new P(1);                //实例化对象
p.backup();                      //备份实例对象中的数据
p.x =10;                         //改写实例属性值
p = P.prototype;                 //恢复备份
console.log(p.x)                 //1，说明恢复到对象初始状态
```

12.4.2 操作原型

对原型对象的操作主要包括 3 个方面：访问、设置和检测。

1. 访问原型

JavaScript 主要提供了以下 3 种方法访问原型对象。

（1）obj.__proto__。

（2）obj.constructor.prototype。

（3）Object.getPrototypeOf(obj)。

其中，obj 表示实例对象；__proto__（前后各两个下划线）为私有属性；obj.constructor 指代构造函数；getPrototypeOf()是 Object 类型的静态方法，参数为实例对象，返回值为参数的原型对象。

 注意

使用 obj.constructor.prototype 存在一定的风险，如果 obj 的 constructor 被覆盖，则 obj.constructor.prototype 返回值就是无效的。因此，推荐使用 Object.getPrototypeOf()方法。

【示例 1】 下面的代码创建一个空构造函数，实例化后分别使用 3 种方法访问原型。

```
var F = function(){};                        //构造函数
var obj = new F();                           //实例化
var proto1 = Object.getPrototypeOf(obj);     //引用原型，使用工具函数
var proto2 = obj.constructor.prototype;      //引用原型，间接使用原型属性
var proto3 = F.prototype;                    //引用原型，直接使用原型属性
console.log(proto1 === proto2);              //true
console.log(proto1 === proto3);              //true
```

2. 设置原型

设置原型对象有以下两种方法。

（1）Object.setPrototypeOf(obj, prototypeObj)

（2）Object.create(prototypeObj)

其中，参数 obj 表示实例对象，prototypeObj 表示原型对象。

【示例 2】 下面的代码使用两种方法分别为对象设置原型。

```
var proto = {name:"prototype"};              //定义原型对象
var obj1 = {};                               //定义对象直接量
Object.setPrototypeOf(obj1, proto);          //设置原型
console.log(obj1.name);                      //"prototype"，继承原型属性 name
var obj2 = Object.create(proto);             //创建对象，并设置原型
console.log(obj2.name);                      //"prototype"，继承原型属性 name
```

3. 检测原型

使用原型方法 isPrototypeOf()可以判断当前对象是否为参数对象的原型。

【示例 3】 下面的代码分别检测 Object.prototype 是否为不同类型的实例对象的原型，返回结果说明 Object.prototype 是所有对象的根原型，除了空对象 null。

```
var proto = Object.prototype;
```

```
console.log(proto.isPrototypeOf({}));                    //true
console.log(proto.isPrototypeOf([]));                    //true
console.log(proto.isPrototypeOf(/ /));                   //true
console.log(proto.isPrototypeOf(function(){}));          //true
console.log(proto.isPrototypeOf(null));                  //false
```

12.4.3 原型链

扫一扫，看视频

所有对象都有原型，这句话包含两层含义：一方面任何对象都可以充当原型；另一方面，由于原型也是对象，所以它也有原型。这样就形成了一个"原型链"：从对象到原型，再从原型到原型。一层层追溯，最终所有对象的原型都可以追溯到 Object.prototype，即 Object 构造函数的 prototype 属性。也就是说，所有对象都继承了 Object.prototype 的属性。

当读取对象的某个属性时，JavaScript 会先寻找对象自身的本地属性，如果找不到，就到它的原型去找，如果还是找不到，就到原型的原型去找。如果直到顶层的 Object.prototype 还是找不到，则返回 undefined。如果对象自身和它的原型都定义了一个同名属性，那么优先读取对象自身的本地属性，这称为覆盖。

注意

一级级向上检索，在整个原型链上寻找某个属性，对性能是有影响的。所寻找的属性在越上层的原型对象中，对性能的影响就越大。如果寻找某个不存在的属性，将会遍历整个原型链。

【**示例**】下面的代码直观演示了对象检索属性的原型链以及继承关系。

```
function A(x){                              //构造函数 A
    this.x = x;
}
A.prototype.x = 0;                          //定义原型属性 x，值为 0
function B(x){                              //构造函数 B
    this.x = x;
}
B.prototype = new A(1);                     //原型为 A 的实例
function C(x){                              //构造函数 C
    this.x = x;
}
C.prototype = new B(2);                     //原型为 B 的实例
var d = new C(3);                           //实例化 C，返回实例 d
console.log(d.x);                           //读取 d 的属性 x，返回 3
delete d.x;                                 //删除 d 的本地属性 x
console.log(d.x);                           //调用 d 的属性 x，返回 2
delete C.prototype.x;                       //删除 C 类的原型属性 x
console.log(d.x);                           //调用 d 的属性 x，返回 1
delete B.prototype.x;                       //删除 B 类的原型属性 x
console.log(d.x);                           //调用 d 的属性 x，返回 0
delete A.prototype.x;                       //删除 A 类的原型属性 x
console.log(d.x);                           //调用 d 的属性 x，返回 undefined
```

12.4.4 原型继承

扫一扫，看视频

原型继承 JavaScript 原生支持的继承机制，也是一种简化的继承模式。在原型继承中，

251

类和实例的概念被淡化，一切都是对象。如果一个对象（如 objA）被另一个对象（如 objB）的原型引用，两个对象就形成了一种继承关系，其中引用对象（如 objA）称为原型，被引用对象（如 objB）称为实例。JavaScript 能够根据原型链检索对象之间的所有原型继承关系。

【示例】下面的代码使用原型继承的模式设计类型继承。

```
function A(x){                          //A 类
    this.x1= x;                         //本地属性 x1
    this.get1 = function(){             //本地方法 get1()
        return this.x1;
    }
}
function B(x){                          //B 类
    this.x2 = x;                        //本地属性 x2
    this.get2 = function(){             //本地方法 get2()
        return this.x2 + this.x2;
    };
}
B.prototype = new A(1);                 //原型对象继承 A 的实例
function C(x){                          //C 类
    this.x3 = x;                        //C 的本地属性 x3
    this.get3 = function(){             //C 的本地方法 get3()
        return this.x3 * this.x3;
    };
}
C.prototype = new B(2);                 //原型对象继承 B 的实例
```

在上面的代码中，分别定义了 A、B、C 3 个构造类型，然后通过原型链把它们串连在一起，这样 C 能够继承 B 和 A 的成员，而 B 能够继承 A 的成员。此时，可以在 C 的实例中调用 B 和 A 的属性。

```
var b = new B(2);                       //实例化 B
var c = new C(3);                       //实例化 C
console.log(b.x1);                      //在实例 b 中调用 A 的 x1，返回 1
console.log(c.x1);                      //在实例 c 中调用 A 的 x1，返回 1
console.log(c.get3());                  //在实例 c 中调用 C 的 get3() 方法，返回 9
console.log(c.get2());                  //在实例 c 中调用 B 的 get3() 方法，返回 4
```

原型继承的优点是结构简单，使用简便，但是也存在以下几个缺点。

（1）每个类型只有一个原型，所以它不支持多重继承。

（2）不能友好地支持带参数的父类。

（3）使用不灵活。在原型声明阶段实例化父类，并把它作为当前类型的原型，这限制了父类实例化的灵活性，无法确定父类实例化的时机和场合。

12.5　案例实战

12.5.1　设计员工类

扫一扫，看视频

【案例】使用 class 命令设计一个员工类，包含员工姓名、部门、年龄等信息，并添加统计员工总人数的功能。实现方法：通过 new.target.count 为类添加一个静态计数器，并在构造函数中汇总实例化的次数，从而实现自动计数功能，一旦有新员工加入，实例化时就会自动计数。

```
class Employee {                                    //定义员工类
    constructor(name, age, department) {            //初始化类
        this.name = name;                           //员工姓名
        this.age = age;                             //员工年龄
        this.department = department;               //所属部门
        if (new.target.count) {new.target.count += 1;}  //每创建一个员工类，
                                                        //员工人数自增
        else {new.target.count = 1;}
    }
}
//实例化类
let emp1 = new Employee('zhangsan', 19, 'A');
let emp2 = new Employee('Lisi', 23, 'B');
let emp3 = new Employee('Wangwu', 120, 'C');
console.log('总共创建了${Employee.count}个员工对象')   //输出员工人数
```

执行程序，输出结果如下：

总共创建了 3 个员工对象

 提示

ES6 为 new 命令引入 new.target 属性，该属性一般用在构造函数中，返回 new 命令作用的构造函数。如果构造函数不通过 new 命令或 Reflect.construct()调用，new.target 会返回 undefined，因此使用该条件，可以判断构造函数是如何调用的。而在 class 的主体内调用 new.target，将返回当前的类。

 注意

在函数外使用 new.target 将抛出异常。

12.5.2 判断点与矩形的位置关系

扫一扫，看视频

【案例】编写一个矩形类 Rectangle，包含两个属性：width 和 height；两个方法：计算矩形的面积 area()、计算矩形的周长 perimeter()。然后编写一个具有位置参数的矩形类 PlainRectangle，继承 Rectangle 类，包含两个坐标属性：startX 和 startY；设计方法 isInside(x, y)，判断指定坐标点是否在矩形内，其中参考位置使用矩形的左上角坐标表示。

```
class Rectangle {                                   //定义矩形类
    constructor(width = 10, height = 10) {          //初始化类
        this.width = width;
        this.height = height;
    }
    area() {return (this.width * this.height).toFixed(2);}   //定义面积方法
    perimeter() {return (2 * (this.width + this.height)).toFixed(2);}
                                                    //定义周长方法
}
class PlainRectangle extends Rectangle {            //定义有位置参数的矩形
    constructor(width, height, startX, startY) {    //初始化类
        super(width, height);                       //调用父类的构造方法
```

```
            this.startX = startX;
            this.startY = startY;
        }
        isInside(x, y) {                              //定义点与矩形位置方法
            let is_x = x >= this.startX && x <= (this.startX + this.width);
                                                      //判断 x 轴是否符合
            let is_y = y >= this.startY && y <= (this.startY + this.height);
                                                      //判断 y 轴是否符合
            if (is_x && is_y) return true;            //点在矩形上的条件
            else return false;
        }
    }
    let plainRectangle = new PlainRectangle(10, 5, 10, 10); //实例化类
    console.log('矩形的面积: ' + plainRectangle.area());     //调用面积方法
    console.log('矩形的周长: ' + plainRectangle.perimeter()); //调用周长方法
    if (plainRectangle.isInside(15, 11)) console.log('点(15, 11)在矩形内');
                                                      //判断点是否在矩形内
    else console.log('点(15, 11)不在矩形内');
```

执行程序，输出结果如下：

```
矩形的面积: 50.00
矩形的周长: 30.00
点(15, 11)在矩形内
```

扫一扫，看视频

12.5.3 控制类的存取操作

【案例】设计一个 Bank 类，通过取值函数和存值函数控制 curr 属性的读写行为，避免用户恶意输入，限制只能输入大于 0 的币值。同时在读取数字时，以本地化人民币格式显示。

```
class Bank {
    constructor(curr=0) {this._curr = curr;}      //默认值为 0，保存用户输入的值
    get curr() {return "¥" + this._curr.toFixed(2);} //取值函数，格式化数字显示
    set curr(value) {                             //存值函数
        if(typeof value === "number" && value > 0)  //设置监测条件
            this._curr = value;
    }
}
let test = new Bank();
console.log(test.curr);                           //¥0.00
test.curr = 123;
 console.log(test.curr);                          //¥123.00
```

扫一扫，看视频

12.5.4 为 String 扩展 toHTML()原型方法

【案例】为 String 扩展一个 toHTML()原型方法，该方法能够将字符串中的 HTML 转义字符替换为对应的 HTML 字符，以便在网页中正确显示标记信息。

首先为 Function 增加 method 原型方法。

```
Function.prototype.method = typeof Function.prototype.method === "function" ?
    Function.prototype.method :                   //先检测是否已经存在该方法，否则定义函数
```

```
function (name, func) {
    if(!this.prototype[name]){              //检测当前类型中是否存在指定名称的
                                            //原型
        this.prototype[name] = func;        //绑定原型方法
    }
    return this;                            //返回类型
};
```

然后为 String 增加 toHTML 原型方法。

```
String.method('toHTML', function() {
    var entity = {                          //过滤的转义字符实体
        quot : '"',
        lt : '<',
        gt : '>'
    };
    return function() {                     //返回方法的函数体
        return this.replace(/&([^&;]+);/g, function(a, b) {
                                            //匹配字符串中的 HTML 转义字符
            var r = entity[b];              //映射转义字符实体
            return typeof r === 'string' ? r : a;       //替换并返回
        });
    };
}());                                       //生成闭包体
```

在上面的代码中，为 String 类型扩展了一个 toHTML 原型方法，它调用 String 对象的 replace 方法来查找以 "&" 开头和以 ";" 结束的子字符串。如果这些字符可以在转义字符实体表 entity 中找到，那么就将该字符实体替换为映射表中的值。转义字符实体表 entity 被封闭在闭包体内，作为私有数据不对外开放，管理人员可以根据需要扩充或更新实体表。最后，应用 toHTML 方法。

```
console.log('&lt;&quot;&gt;');             //&lt;&quot;&gt;
console.log('&lt;&quot;&gt;'.toHTML());     //<">
```

12.5.5 设计序列号生成器

扫一扫，看视频

【案例】设计一个序列号生成器：toSerial()，该函数返回一个能够产生唯一序列字符串的对象，这个字符串由两部分组成：字符前缀+序列号。这两部分可以分别使用 setPrefix 和 setSerial 方法进行设置，然后调用实例对象的 get 方法来读取这个字符串。每执行该方法，都会自动产生唯一一个序列字符串。

```
var toSerial = function() {                 //包装函数
    var prefix = '';                        //私有变量，前缀字符，默认为空字符
    var serial = 0;                         //私有变量，序列号，默认为 0
    return {                                //返回一个对象直接量
        setPrefix : function(p) {           //设置前缀字符
            prefix = String(p);             //强制转换为字符串
        },
        setSerial : function(s) {           //设置序列号
            serial = typeof s == "number"? s : 0;//如果参数不是数字，则设置为 0
        },
        get : function() {                  //读取自动生成的序列号
            var result = prefix + serial;
```

255

```
            serial += 1;                         //递加序列号
            return result;                       //返回结果
        }
    };
};
var serial = toSerial();                         //获取生成的序列号对象
serial.setPrefix('No.');                         //设置前缀字符串
serial.setSerial(100);                           //设置起始序号
console.log(serial.get());                       //"No.100"
console.log(serial.get());                       //"No.101"
console.log(serial.get());                       //"No.102"
```

serial 对象包含的方法都没有使用 this 或 that，因此没有办法损害 serial，除非调用对应的方法，否则无法改变 prefix 或 serial 的值。serial 对象是可变的，所以它的方法可能会被替换掉，但是替换后的方法依然不能访问本地成员。如果把 serial.get 作为一个值传递给第三方函数，那么这个函数只能通过它产生唯一字符串，却不能通过它来改变 prefix 或 serial 的值。

12.5.6 设计链式语法

扫一扫，看视频

jQuery 框架最大的亮点之一就是其链式语法。实现方法：设计每一个方法的返回值都是 jQuery 对象（this），这样调用方法的返回结果可以为下一次调用其他方法做准备。

【案例】下面的代码演示了如何在函数中返回 this 来设计链式语法。分别为 String 扩展了 3 个方法：trim、writeln 和 log，其中 writeln 和 log 方法的返回值都为 this，而 trim 方法的返回值为修剪后的字符串。这样就可以用链式语法在一行语句中快速调用这 3 个方法。

```
Function.prototype.method = function(name, func) {
    if(!this.prototype[name]) {
        this.prototype[name] = func;
        return this;
    }
};
String.method('trim', function() {
    return this.replace(/^\s+|\s+$/g, '');
});
String.method('writeln', function() {
    console.log(this);
    return this;
});
String.method('log', function() {
    console.log(this);
    return this;
});
var str = " abc";
str.trim().writeln().log();
```

本 章 小 结

如果把学习 JavaScript 的过程比作一条曲线，那么本章就是最陡的那一段，因此攀爬起来比较辛苦，而一旦越过，就会进阶到新的境界。不管学习哪一种编程语言，最终都交汇于编程思想，语言仅是表现思想的工具。回顾本章内容，需要理解 4 个基本概念：类、对象、继承和原型，用好 3 个工具：this、super 和 prototype。再借助大量的实战练习，慢慢领悟到每个知识点的内涵和妙用。

课 后 练 习

一、填空题

1. 面向对象编程有_____、_____和_____三大特征。
2. 在 ES6 中，使用_____命令可以定义一个类。
3. 在 ES5 中，使用_____函数可以模拟一个类。
4. 在 ES6 中，使用_____关键字可以实现类的继承。
5. 在 ES5 中，使用_____属性可以设计对象之间的继承关系。
6. 使用_____、_____或_____方法可以强制绑定 this 指代的对象。
7. 构造函数通过_____命令创建实例对象。
8. 实例对象通过_____属性访问构造函数。

二、判断题

1. 面向过程编程比面向对象编程更灵活、更有扩展性。 （　　）
2. 面向过程编程适合项目规模小、功能少的问题。 （　　）
3. 多态是指一个接口可以拥有可变的参数，当参数不同时，有不同的执行结果。
　（　　）
4. 封装就是将类的使用和实现分开，只保留有限的接口与外部联系。 （　　）
5. 继承简化了类的创建，提高了代码的可重用。 （　　）

三、选择题

1. （　　）不是面向对象的特性。
   A. 继承性　　　　B. 封装性　　　　C. 扩展性　　　　D. 多态性
2. 下列四个选项中，关于类和对象的描述错误的是（　　）。
   A. 类是对象的抽象，对象是类的实现
   B. 类可以理解为模板，对象类似于模具
   C. 源于同一个类型的多个对象都拥有相同的结构和功能
   D. 类也可以是对象，所以类也有自己的实例方法
3. 下面针对定义类相关的说法正确的是（　　）。
   A. 类声明与类表达式定义的类结构是不同的
   B. 类名的首字母应以大写形式书写
   C. 在类中定义方法时，不需要使用 function 关键字
   D. 类的实例字段应在构造函数内声明
4. 下面四种说法，错误的一项是（　　）。
   A. 每个对象都有一个 prototype 属性

B．每个对象都有一个 constructor 属性，该属性指代构造函数

C．通过实例对象的 __proto__ 私有属性可以访问该对象的原型对象

D．通过原型对象的 __proto__ 私有属性可以访问该对象的原型对象

5．执行 console.log(Object.prototype.__proto__)的结果是（　　）。

　　A．Function　　　　B．String　　　　C．undefined　　　　D．null

6．定义实例对象 obj，访问 obj 的原型对象的语句是（　　）。

　　A．console.log(obj.prototype);　　　　B．console.log(obj.constructor);

　　C．console.log(obj.__proto__);　　　　D．console.log(obj.prototype.__proto__);

四、简答题

1．在不同的运行环境中，this 会指代不同的对象，请具体说明。

2．请简单说明一下构造函数、原型和实例之间的关系。

五、编程题

1．定义一个学生类，包含学生姓名、性别、学号等信息，实例化之后，允许调用 introduce()方法介绍个人信息。

2．使用构造原型模式创建 Person，包含姓名、年龄、工作和朋友圈字段信息。

3．设计一个自行车类 Bike，包含品牌字段、颜色字段和骑行功能，然后再派生出以下子类：折叠自行车类，包含骑行功能；电动自行车类，包含电池字段，骑行功能。

4．设计一个父类 Teacher 和一个子类 Student，然后为父类和子类填充具体实现，要求体现如下知识点：声明类、命名表达式类、构造函数、静态方法、实例方法、箭头函数、模板表达式。

拓 展 阅 读

扫描下方二维码，了解关于本章的更多知识。